恐龍一億五千萬年

看古生物學家抽絲剝繭，用化石告訴你恐龍如何稱霸地球

史提夫·布魯薩特　著　　黎湛平　譯

The Rise and Fall of the Dinosaurs: A New History of a Lost World

by **Steve Brusatte**

獻給賈庫布恰克，
我在古生物學界第一位、也最了不起的恩師。

獻給我的妻子，
以及所有作育英才、教育下一代的師長們。

目次

恐龍年代表

古生代	中生代								新生代	
二疊紀	三疊紀			侏儸紀			白堊紀		古近紀	
	早期	中期	晚期	早期	中期	晚期	早期	晚期		
（單位： 百萬）	252- 247	247- 237	237- 201	201- 174	174- 164	164- 145	145- 100	100- 66		

恐龍系譜樹*

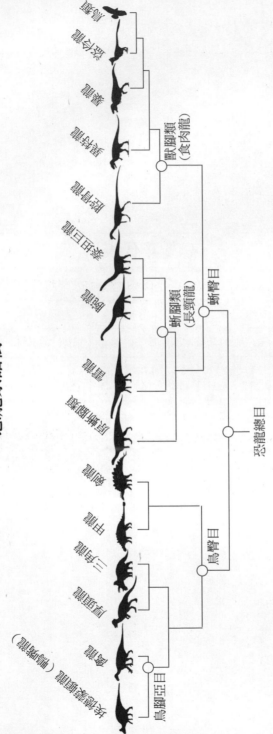

*「亞目」(suborder)，拉丁文無固定字尾，一般界於「目」(order)與「科」(family)之間。有時亞目與科之間會再分「下目」(infra-order)，而下目用於動物時亦無固定拉丁文字尾。另外，本書中外文採斜體字。本書若外文若無固定字，為屬名或學名。

史前時代地球板塊分布圖

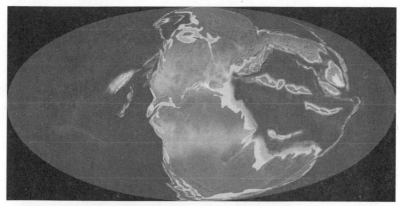

三疊紀（約兩億兩千萬年前）

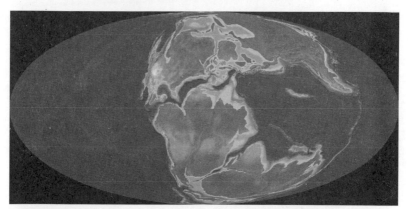

侏儸紀晚期（約一億五千萬年前）

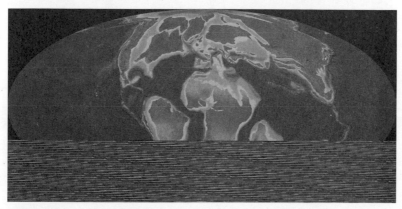

白堊紀晚期（約八千萬年前）

序 曲

大發現的黃金時代

　　二〇一四年，一個寒冷的十一月天，我在破曉前幾個鐘頭下了計程車，朝北京中央車站前進。我緊抓車票，擠過大清早成千上萬的通勤旅客；列車出發的時間分秒迫近，我也越來越煩躁：我完全不知道該往哪兒去。我隻身一人，理解的中文字彙寥寥可數，是以我只能搜尋月台上的符碼、再試著與車票上的象形文字兩相比對。我陷入隧道視野（tunnel vision）效應，衝上衝下電扶梯、經過書報攤與麵攤，活像狩獵中的掠食者。沉甸甸的行李箱（塞了相機、三腳架和其他科學儀器）在我身後彈跳，不是輾過別人的腳就是撞上小腿；憤怒吼罵似乎從四面八方衝著我來，但我一步未停，繼續前進。

　　此刻，汗水已滲透羽絨外套，我在柴油煙霧中奮力喘息。前方某處，車頭引吭嘶吼，接著響起一記長哨音。列車即將開動。我跌跌撞撞地衝下通往月台的水泥階梯——同時認出月台上的符碼——好不容易鬆了口氣。這班車正是我尋尋覓覓的列車，即將載著我奔向中國東北、舊滿州地區的遼寧省錦州市——距北韓邊界只有數百公里，一座規模與芝加哥差不多的城市。

　　接下來四個小時，我試著讓自己舒心安適。列車緩緩經過一座座水泥工廠和霧濛濛的玉米田，我不時打盹，實際上並未順利補眠——我太興奮了。就在這趟旅程的終點，有一道神祕謎題正在等著我：一塊化石。某位農民在收割作物時偶然發現了它。我的好友兼研究伙伴呂君昌（1965-2018，中國地質學家與古生物學家）先傳了幾張模糊的照片來。君昌是中國數一

數二的「恐龍獵人」，而我們都認為這塊化石似乎相當重要，或許會是恐龍化石中的聖杯───一個全新物種（species）。化石保存的方式幾近完美。我們幾乎能想像得到，牠數千萬年前還會呼吸的時候，大概是頭什麼樣的生物。但我們必須親自瞧上一眼，才能斷定。

君昌和我在錦州下車，一群當地政要已等在車站迎接我們。眾人接過我們的行李、催促我們坐上兩台黑色休旅車，一眨眼就來到此地的博物館───一棟出奇平庸的郊區建築物。館內人員引導我們穿過霓虹閃爍的長廊（氣氛嚴肅得有如參加政治高峰會），進入邊間；這房間只有幾張桌椅，其中一張小桌擱著一塊很沉的岩石，而桌腳似乎就快承受不住石頭的重量，瀕臨彎曲。在場一位當地人以中文和君昌交談，爾後君昌轉向我、迅速點點頭。

「走吧。」君昌在中國長大，他的英文腔很妙，融合中文的抑揚頓挫與德州人喜歡拖長尾音的習慣（那是他去美國念研究所時學來的）。

我倆並肩朝小桌前進。我能察覺到每一個人的目光。我們一步步靠近眼前的寶藏，房裡一陣靜默。

這是我此生見過最美麗的化石。一副骨骸。大小跟騾子差不多，巧克力色的骨架襯著石灰岩的暗灰背景，顯得十分突出。肯定是恐龍沒錯。而牠牛排刀狀的牙齒、尖銳利爪和長尾巴，無疑就是電影《侏儸紀公園》裡惡名昭彰的「盜伶龍」（*Velociraptor*）的近親。

　　但這一頭並非普通恐龍：牠的骨頭中空且質輕，後肢像蒼鷺（heron）一樣又長又細，如此纖細的骨架正是動物活躍、靈敏、移動迅速的正字標記。但牠不平凡的地方不只骨架：牠全身覆滿羽毛。頭頸部羽毛濃密，尾部是分岔的長羽，前肢部的羽毛則是如筆一般的粗刺，根根並排、層層鋪疊組成翅膀。

　　這恐龍看起來活像隻鳥。

　　約莫一年後，君昌和我將這副骨骸定為新物種，定名為「孫氏振元龍」（*Zhenyuanlong suni*），而牠已經是我十年來鑑定的第十五種新恐龍。這些年來，我投身古生物學界，離開美國中西部老家前往蘇格蘭的大學任教；我的工作是發現和研究恐龍，足跡踏遍全世界。

　　振元龍與我在小學時代、成為科學家以前所學到的恐龍完全不同。小時候，老師說恐龍是體積龐大、皮膚帶鱗、笨重兇殘的野獸，後來因為對環境適應不良，只能四處遊蕩，等著滅亡。牠們是演化的失敗案例，是地球生命史走進死胡同的殘篇斷簡；在人類還未登上地球舞台之前，這群原始野獸在與現今相比大不相同、幾乎可謂外太空星球的原始世界來了又走。恐龍只是博物館裡引人好奇探看的存在，或是看完電影害你頻作噩夢的恐怖怪獸，再不然就是孩提時代的新奇幻想，總之就是和你我今日生活毫不相干、亦不值得認真探究的老玩意兒。

　　這種想法根本大錯特錯，荒謬極了。過去幾十年來，由於新一代科學家以史無前例的飛快速度採集到各式各樣的恐龍化石，終於逐步推翻前述的刻板印象。目前，從阿根廷沙漠到阿

拉斯加的永凍荒原，在世界數不清的角落中，恐龍物種正以
「平均一週發現一個新種」的破天荒速度飛快累積。請容我再
說一遍：每個禮拜發現一種恐龍。也就是一年大概會增加五十
個新物種，而振元龍只是其中之一。除了發現新物種以外，研
究方法也推陳出新──當代古生物學家在各種新興科技的輔助
之下，以前輩們無法想像的方式探索、理解恐龍生物學及其演
化過程。我們用電腦斷層掃瞄（CAT scanners）研究恐龍的腦
和感官知覺，透過電腦模擬牠們如何移動，而高倍顯微鏡則為
我們揭曉某些恐龍的真實顏色；凡此種種，多不勝數。

此為振元龍化石。

君昌和我，以及振元龍不可思議的美麗化石。

　　能夠參與如此令人興奮激動的大事，是我的榮幸。我們這個世代的年輕古生物學家有男有女，背景各不相同，來自全球各地，全都是在電影《侏儸紀公園》（Jurassic Park）時代長大的孩子。我們這一大票二、三十歲的研究人員和上一代導師們並肩工作，隨著每一次新發現、每一次新研究，一點一滴學習更多與恐龍及其演化有關的種種故事。

　　這就是本書想告訴各位的故事，描述恐龍來歷這則遼闊史詩：介紹牠們如何崛起並主宰地球，某些物種何以變得魁梧巨大，或是長出羽毛及翅膀、變成鳥類，以及其餘物種何以消失，為現代世界的我們打好基礎、做好準備。在說故事的同時，我也想告訴大家，我們如何利用手邊的化石線索拼湊故事全貌，讓各位對專職尋找恐龍的「古生物學家」有個概括了解。

　　不過，我最想讓各位明白的是：恐龍並非外星生物，也不是演化的失敗案例──恐龍與「失敗」兩字根本八竿子打不著。牠們前所未有地成功，在地球興盛繁衍了一億五千萬年，甚至還演化出有史以來最驚奇、最不可思議的物種──包括上萬種「現代恐龍」：鳥類。恐龍的地球也是我們的地球，當年牠們突然遭遇的氣候與環境變遷和我們正在面對（或有朝一日必須解決）的問題一模一樣。地球不斷在變，牠們也隨之演進改變，應付凶猛的火山爆發、小行星衝擊、大陸板塊移動、海平面持續波動和氣溫反覆無常劇烈起伏等種種難題。恐龍曾經相當完美地適應地球環境，但是到了最後，牠們大多無法應付

突如其來的危機，走上滅絕一途。這對人類來說無疑是寶貴的
一課。

　　然而最最重要的是，恐龍的崛起與衰亡實在是一則相當不
可思議又令人著迷的故事。過去曾有一段時間，世界完完全全
屬於這群巨獸和其他珍奇生物；牠們踏過你我腳下的每一寸土
地，牠們的化石此刻正封存在岩石中。這些化石全是故事線
索。對我來說，恐龍化石是這顆星球有史以來最精采的篇章。

　　　　　　　　　　　　史提夫・布魯薩特　於蘇格蘭愛丁堡

　　　　　　　　　　　　二〇一七年五月十八日

第 一 章

恐龍現蹤

　　「有了！」格奇戈茲・尼茨威茲基（Grzegorz Niedźwiedzki）
大喊，一手指向一道細細的泥岩與正上方布滿粗大卵石的岩
層，之間夾著一條薄如刀片的分隔線。我們所在的這座採石場
位於波蘭小鎮札合米（Zachelmie）近郊，一度生產質佳量稀
的石灰石，然已廢棄多年。採石場周圍盡是衰敗頹圮的工廠煙
囪與波蘭中部往昔工業榮景的餘暉。地圖上的名稱「聖十字山
脈」（Holy Cross Mountains）有詐欺之嫌──此地美其名是
「山脈」，雖一度壯闊，但經過數億年侵蝕，現在已變成幾近平
緩且不甚起眼的丘陵地。天空暗灰，蚊蚋叮擾，採石場熱氣蒸
騰，除了我們以外，只有幾名誤入歧途（肯定在哪兒轉錯彎）
行蹤飄忽的健行客。

　　「這就是那次大滅絕。」尼茨威茲基說。那一臉因為埋首
田野而多日未理的濃密鬍渣，忽地裂開一抹巨大笑容。「下方
有許多大型爬行類和哺乳類近親的腳印，然後全部消失。至於
上方，好一段時間什麼都沒有。然後出現恐龍。」

　　我們看起來只是在研究幾塊從雜草叢生的採石場挖出來的
石頭，事實上，擺在我們眼前的是一場革命：岩石記錄歷史，
訴說人類橫行地球許久許久以前，已逝去的遠古先祖們之故
事；而眼前石頭所講述的，無疑叫人震驚。這個重要轉捩點就
藏在岩石裡，當中記載著地球史上數一數二的戲劇時刻，或許
唯有訓練有素的科學家才看得出來：約莫兩億五千二百萬年
前，世界瞬間改變──那是比人類、毛絨絨的猛瑪象、以及恐
龍還要久遠的年代，但影響深遠、延續至今。假如當年的事件

發展出現些許偏差，誰曉得現代世界會變成什麼模樣？這就好
比揣想要是斐迪南大公*從未遇刺，世界會不會有所不同？

　　假如我們站在兩億五千二百萬年前，也就是地質學家所稱
「二疊紀」（Permian period）某個時間帶的同一地點，你肯定認
不出自己身在何處。四周沒有工廠廢墟，亦杳無人跡；天空沒
有飛鳥，腳邊沒有奔竄的老鼠、也沒有搔人的開花灌木或在莖
葉切口邊緣吸吮的蚊蟲。這些物種要再晚一點才會出現。不過
我們大概仍免不了汗流浹背，當時天氣勢必極熱、潮濕難耐，
搞不好比邁阿密的仲夏更難以忍受。洶湧河流從聖十字山脈奔
騰而下——當年的聖十字確實是名副其實的山脈，海拔數千公
尺的白頭尖峰昂然突入雲端。河流迂迴穿過廣大的古針葉林
（今日松柏的近親），注入山丘之間的寬闊流域和星羅棋布的湖
泊；這些湖泊在雨季時潰堤泛濫，卻在雨季結束後乾涸見底。

　　這些湖泊可謂當地生態系的命脈，猶如酷熱疾風中的豐沛
綠洲。各種動物齊聚水塘邊，但沒有一種是你我熟知的物
種——譬如全身滑不嘰溜且體型比狗還大的蠑螈，蟄伏在岸
邊、伺機咬下游經的魚兒；還有粗壯敦實、蹣跚搖步，名喚
「頰龍」（pareiasaurs）的野獸。牠們長滿疙瘩的皮膚、厚胸窄
臀的身材和十足蠻橫的外貌，看起來活像瘋狂且陰陽怪氣的美

---

* 斐迪南大公遇刺為第一次世界大戰的導火線。

式足球攻擊線衛。至於像小豬一樣肥嘟嘟並且到處亂拱亂翻的「二齒獸類」（dicynodonts），則用牠們的尖銳長牙撬挖美味的根莖來吃。雄踞這條食物鏈頂端的是體型如熊的巨獸「麗齒獸」（gorgonopsians），牠們擁有軍刀狀的犬齒，能撕裂頰龍與二齒獸類的肚腹血肉。在恐龍出現以前，這群怪角色曾經主宰整個地球。

然後，地心深處開始躁動。我們在地表上感覺不到——至少在兩億五千二百萬年前、事件剛發生的時候，地表毫無動靜。躁動的原點在「地函」，也就是地表下方八十或甚至一百六十公里處，夾在地殼與地心之間。地函由堅硬岩石組成，溫度極高、壓力極大，因此在地質時間的長期作用下，地函能像超黏稠橡膠泥（Silly Putty）一般流動。這種熔岩流能驅動地球板塊的傳動帶系統，產生的力量能將薄薄的地殼扯裂成數片板塊，隨著時間的推移彼此相對移動。沒有地函流就沒有山嶽或海洋，也不會有供生物棲居的地表；只不過，每隔一段時間就會有一道地函流突然「抓狂」——高溫的液態岩石「地函柱」（mantle plumes）會掙脫束縛，蜿蜒上竄，終而經由火山口衝破地表。這種破口稱為「熱點」（hot spots），數量稀少，而美國黃石公園（Yellowstone）是今日仍在活動的熱點之一。地球深處源源不斷的熱能正是「老忠實間歇泉」（Old Faithful）及其他間歇泉的動力來源。

二疊紀末也發生過同樣的狀況，但規模直逼大陸等級：當時的西伯利亞底下出現一個巨型熱點，熔岩流衝出地函與地

殼，從火山口溢流噴發。這種火山不像我們熟知的「聖海倫」
（Saint Helen）或「皮納土波」（Pinatubo）等錐形火山——安
安靜靜蹲個數十載，然後偶爾噴出一堆火山灰和岩漿；它們的
威力甚至不及許多人在學校科展做過的火山爆發裝置（把醋跟
蘇打粉加在一塊兒就行了）。這種火山完全不一樣。它們充其
量不過是地表的巨大裂隙，通常數公里長，年復一年、數十年
或甚至數百年如一日地不斷冒出岩漿。二疊紀末的火山噴發持
續了數十萬年，搞不好長達數百萬年；期間有過幾次大爆發，
其他時候則是安定地緩慢溢流。總而言之，地球在這段時期吐
出的大量岩漿，足以覆蓋北亞、中亞近數百萬平方公里的土
地。即使到了兩億五千萬年後的今天，西伯利亞仍有近一百萬
平方哩的區域（約二千五百八十九平方公里）——相當於西歐
的面積——覆蓋著當年岩漿硬化後所形成的黑色玄武岩。

　　請想像一塊被岩漿覆蓋而燒焦的大陸。這毫無疑問是低成
本大爛片裡的末日災難場景。不用說，所有棲息在西伯利亞的
頰龍、二齒獸類、麗齒獸全都沒了。但情況比這還糟：火山爆
發不僅會噴出岩漿，還會放出高熱、火山塵和有毒氣體。這些
物質與岩漿不同，有能力影響整個星球，毫無疑問是二疊紀末
真正的「末日因子」。它們引發一連串毀滅破壞，持續數百萬
年，徹底且不可逆地改變全世界。

　　火山塵射入大氣層，汙染高空氣流並隨之散布至整個地
球，阻絕陽光，導致植物無法行光合作用。一度蓊鬱茂盛的古
針葉林大片死亡，先是頰龍與二齒獸類沒了植物可吃，接著就

輪到麗齒獸沒有肉吃。食物鏈開始崩潰瓦解。部分火山塵穿過大氣層，和水滴結合形成酸雨、從天而降，讓已經很糟糕的地表環境更形惡化。越來越多植物枯死，景觀更為貧瘠不穩定；泥石流橫掃一片又一片腐朽的森林，侵蝕大片土地。這就是札合米採石場的細緻泥岩（泥岩象徵環境平靜無擾）何以突然把舞台讓給布滿粗大卵石、且能明顯看出快速流動及酸蝕風暴的岩層。野火四起，在滿目瘡痍的大地上恣意蔓延，使得植物與動物更難生存。

　　但這些都是短期效應，只是西伯利亞裂隙在某次大量溢出岩漿後幾天、幾個星期、或幾個月之內會發生的事。長期效應比這些都還要致命。一團團窒息的二氧化碳隨岩漿釋出地表——你我今日都已萬分熟知，二氧化碳是相當強大的溫室氣體，會吸收大氣層裡的輻射、再發射回地表，緩緩加熱地球。西伯利亞裂隙噴出的二氧化碳不只讓地球溫度提高區區幾度——它引發失控的溫室效應，沸騰整個星球。但二氧化碳的影響不僅如此。二氧化碳會大量逸入大氣層，但也有不少溶入海洋，此舉引發連鎖化學反應，酸化海水——這就不妙了，對於外殼容易溶解的海洋生物而言更是如此。（這也是我們不會拿醋酸泡澡的原因。）這種連鎖反應還會把氧氣逼出海洋，對所有生活在水中或水域附近的生物，又是另一項嚴峻挑戰。

　　末日晦暗的悲慘景象，再多篇幅也描述不完；但重點是，二疊紀末實在是一段非常糟糕的生存時期，這是星球史上最大規模物種死亡的一段時間，將近百分之九十的物種都消失了。

這類事件——也就是全球各地的動植物在短時間內大量死亡——在古生物學上有個專門術語：大滅絕（mass extinction）。過去五億年來，地球有過五次特別嚴重的大滅絕事件，而發生在白堊紀（Cretaceous period）末、距今約六千六百萬年的那一次，應該是史上最有名的大滅絕事件：因為恐龍被徹底消滅了（這部分我們稍後再提）。二疊紀末的慘況跟白堊紀末那次差不多：兩億五千二百萬年前的那一刻，也就是波蘭採石場地質紀錄從泥岩變成礫岩的那條界線，大概是地球生命最接近徹底毀滅的時刻吧。

後來，情況逐漸好轉。世事總是如此。萬物復甦，某些物種總是有辦法熬過最糟最慘的大災難。持續噴發數百萬年的火山終於停歇，因為熱源的蒸氣沒了。岩漿、火山塵、二氧化碳的恐怖陰影退散，生態系日趨穩定；植物重新生長，並且更趨多樣化。植物為植食動物提供新的食物，而肉食動物也因此得到植食動物的滋養。食物網再次重建。這一次的復原與鋪陳大概花了至少五百萬年，然而當一切終於就緒，世界不只變得更好、也和以往大不相同。先前主宰地球的頰龍、麗齒獸及其親屬不再蟄伏於波蘭或甚至任何一處湖畔，因為熬過這場浩劫的倖存者已接收整座地球。這是個極盡空曠、有待繁衍興旺的新疆域。二疊紀已然過渡至下一個地質年代「三疊紀」（Triassic period），世界從此不同：恐龍即將登場。

　　身為年輕一代的古生物學家，我渴望了解二疊紀末的滅絕事件如何改變整個世界。哪些物種死亡、哪些倖存，理由為何？生態系復原的速度有多快？有哪些前所未見的新物種在浩劫後的黑暗期悄悄現身？今日的地球又有哪些部分首見於二疊紀末的熔岩流？

　　要想回答這些問題，方法只有一個：走入曠野，挖掘化石。偵探在處理謀殺案的時候，最先做的也是研究屍體和犯罪現場，尋找指紋、毛髮、衣物纖維或其他可能透露事件開展、指向起因或嫌犯的重重線索。對古生物學家來說，化石就是線索。化石是古生物界的貨幣與通行證，也是指出絕跡已久的生物如何生存及演化的唯一紀錄。

　　遠古生命留下的任何遺跡都可稱為化石，形式多元，最常見的是骨骼、牙齒與殼，也就是構成動物骨架的堅硬部分。動物埋進泥砂之後，這些堅硬部分會逐漸被礦物取代、變成岩石，故而留下化石。有時候，某些軟質有機體（譬如葉子或細菌）也會化石化，形式通常是在岩石上留下體印（或「印痕」〔impressions〕）。動物的軟組織偶爾也會留下印痕，譬如皮膚、羽毛，甚至連肌肉、內臟都有可能。然而，這些組織、體印要成為化石，還得夠幸運才行：埋葬的速度必須非常快，讓這些脆弱質地沒時間腐朽，或者被掠食動物吃掉。

　　前段描述的這類化石，我們統稱為「實體化石」（body fossils），由植物或動物的實際部分直接變成石頭保存；但化石還有另外一種，即「生痕化石」（trace fossils）。生痕化石是記

錄有機體存在、或其行為、或保存有機體產物的一種化石——
足跡就是最好的例子。其他還包括獸徑或行跡、咬痕、糞化石
（石化的糞便）、卵蛋還有巢穴。這些紀錄特別有價值、特別重
要，因為它們能闡述絕跡動物的互動方式與生存環境，包括牠
們怎麼移動、吃什麼、住哪裡，以及如何繁衍後代。

　　我個人最感興趣的動物化石要屬恐龍、還有緊連在恐龍之
前出現的物種。在地質史上，恐龍生存的時期跨越三個地質年
代，分別是三疊紀（Triassic period）、侏儸紀與白堊紀（這三
個時期組成「中生代」〔Mesozoicera〕）。二疊紀——也就是那
群奇異絕妙的動物在波蘭湖畔嬉鬧玩耍的年代——之後緊接著
就是三疊紀。我們常以為恐龍是很古老的生物，事實上，牠們
在地球史上算是相對新來的傢伙呢。

　　地球約莫在四十五億年前形成，但是直到數億年後才演化
出第一個生命：細菌。從此大概有二十億年的時間，整個地球
可謂「細菌的世界」，沒有植物也沒有動物，幾乎沒有肉眼可
見的生物（要是我們的「肉眼」在場的話）。後來，約莫在十
八億年前，有些簡單細胞發展出群聚能力，組成更大、更複雜
的有機體。接下來，幾乎讓整個地球（遠及赤道地區）覆上
厚厚冰層的冰河時期來了又走；就在冰河期結束後，地球上第
一批動物終於現身。剛開始，牠們的構造蠻簡單的——先是一
群黏黏、軟軟的袋狀生物（譬如海綿和水母），後來才造出外
殼和骨骼。到了五億四千萬年前左右的「寒武紀」（Cambrian
period），這些有骨骼生物呈現爆炸式的多樣化發展，數量極

為龐大；這些生物開始互食，漸漸在海洋形成複雜的生態系統。其中，有些動物出現骨質骨架──即最早的脊椎動物，看起來像又薄又小的鰷魚類（*minnows*）；但牠們也繼續多樣化發展，最後有些物種的鰭變成四肢，長出手指腳趾，然後在三億九千萬年前左右登上陸地。這些就是最早的四足類動物（*tetrapods*），其後代包括現今所有在陸上生活的脊椎類動物：青蛙、蠑螈、鱷魚和蛇，然後還有恐龍和我們。

我們之所以知道這段歷史，是因為歷代古生物學家在全球各地發現成千上萬副骨骼、牙齒、足跡及蛋化石。我們沉迷於尋找化石，竭盡所能發現新化石（有時甚至蠢事做盡，臭名昭彰），探索的地點可能是波蘭石灰岩坑、沃爾瑪超市後方的懸崖峭壁、建築工地上的廢石堆、或是垃圾掩埋場內的惡臭岩壁。只要能找到化石，總會有勇猛（或愚蠢）的古生物學家不畏炎熱或寒冷、不畏大雨滂沱或暴雪紛飛、不畏強風、潮濕或飛沙撲面、不畏蚊蟲侵襲或惡臭撲鼻，執意走訪探究；甚至就連烽火連天的戰區也無法阻撓這份決心。

這也是我啟程前往波蘭的原因。二○○八年夏季──當時我二十四歲，即將念完碩士、準備申請博士班──我初次來到波蘭，研究幾年前在「西利西亞」（Silesia）出土的神祕爬行類化石。（西利西亞位於波蘭西南部。多年來，波蘭人、德國人與捷克人為其爭戰不斷。）化石收存在華沙的博物館，宛如國家寶藏。我搭火車從柏林出發，列車誤點，但我仍記得火車逐漸接近波蘭首都中央車站時，那股瀰漫全身的興奮感：夜幕

降臨在這座重建於戰後的城市，籠罩在車站醜陋的史達林時代建築上。

　　下了火車，我掃視人群，照理說應該有人拿著寫了我名字的名牌在等我。出發前，我透過多封正式電子郵件與一位德高望重的波蘭教授聯繫，請他代為安排，而他則是拜託他指導的一名研究生來車站接我，再帶我前往本次落腳處：波蘭科學院古生物學中心的小客房（客房就在收藏化石的庫房上方幾層樓）。我完全不知道我要找誰，因為火車誤點超過一個鐘頭；我猜那個學生大概早就溜回實驗室，留下我一人在這座異國城市的薄暮時分，靠著旅行指南詞彙表那幾頁波蘭單字，獨自尋找方向。

　　就在我逐漸感覺驚慌之際，突然瞥見一張在風中飄揚的白紙，上頭龍飛鳳舞寫著我的名字。拿紙的人很年輕，頭髮像軍人一樣理得極短（但他的髮際線也跟我一樣開始後退）；他的眼珠是深色的，此刻正瞇著眼四處張望。他臉上覆著薄薄一層鬍渣，而他的膚色似乎比我認識的多數波蘭人都還要再深一點，幾近棕褐色。這人隱約流露某種凶狠的氣質，但是就在他發現、並認出我走向他的那一刻，神情丕變——他露出大大的笑容，一把抓過我的背包、堅定握住我的手。「歡迎來到波蘭，我是尼茨威茲基。咱們先去吃晚餐吧？」

　　我們兩個都很累。我是因為長途跋涉，尼茨威茲基則是工作了一整天——幾星期前，他和大學部的助理團隊在波蘭東南部發現一批骨骼化石（所以才曬得那麼黑），而他正忙著描述

建檔。但後來我們跑了好幾家酒吧、喝了一堆啤酒，聊了好幾個鐘頭的化石。這傢伙和我一樣，都對恐龍懷抱赤裸裸的熱情，而且對二疊紀末大滅絕之後的發展，他有許多非主流、反傳統的想法。

尼茨威茲基和我立刻結為莫逆。那個禮拜，我們一起研究波蘭的恐龍化石；接下來的四年，我每年夏天都去波蘭和他一起去田野（通常還有咱們這組「三劍客」的第三人：年輕的英國古生物學家理查・巴特勒〔Richard Butler〕）。我們前前後後發現為數不少的化石，也因此想出一些新點子，推測在二疊紀末大滅絕過後、萬物復甦的那段日子裡，恐龍如何踏上演化之路。幾年下來，我看著尼茨威茲基從一名熱切謙和的研究生，逐步成為波蘭最頂尖的古生物學家之一。他不到三十歲（還差好幾年）就在札合米採石場另一隅發現一條「行跡」（trackway）──約莫是三億九千萬年前，首批類魚生物之一離開水中、爬上陸地時所留下的。這項發現登上世界首屈一指的科學期刊《自然》（Nature）封面，他也因此受邀謁見波蘭總理，並且在 TED 發表演講。他那張堅毅無畏的臉龐──不是他發現的化石喔，是他本人的臉──也成為波蘭版《國家地理雜誌》（National Geographic）某期封面。

尼茨威茲基儼然成為某種科學界名人，不過最重要的是，他始終非常享受去田野、找化石的樂趣。他說自己是「田野動物」，藉此表明心跡：比起華沙的上流社會，他更喜愛露營、在灌木叢裡披荊斬棘。他就是忍不住想往外跑。他在波蘭的

「凱爾采」（Kielce）附近長大（聖十字山脈地區的主要城市），從小開始蒐集化石，並且逐漸磨練出一種獨特天賦，他能找到經常被多數古生物學家忽略的「生痕化石」——舉凡足跡、掌印或尾巴拖行跡，這些都是恐龍或其他動物在泥地或沙地移動，進行捕獵、躲藏、交配、社交、餵食和遊蕩等每日例行公事時所留下的痕跡。尼茨威茲基簡直對動物生痕上了癮。一隻動物只有一副骨骼，卻能留下數百萬個足跡——他總是如此提醒我。尼茨威茲基就跟情報特工一樣，永遠知道該上哪兒去找這些痕跡。說到底，這地方可是他的勢力範圍，他從小到大幾乎都在這一帶鑽進鑽出；不僅如此，這個區域在二疊紀、三疊紀期間有不少引來動物大量出沒的季節性湖泊，無疑是保存足跡獸徑最完美的環境。

　　那四個夏天，我們縱情沉溺於尼茨威茲基鍾愛的足跡世界。巴特勒和我跟著尼茨威茲基探訪多處私藏地點，其中大多是廢棄的採石場、突出溪流的岩石尖端、以及許多新建道路溝渠旁的垃圾堆（鋪柏油的時候，工人會把刨下來的石片扔在路邊）。我們——或者該說是尼茨威茲基——找到一大堆足跡化石。至於我和巴特勒則逐漸練就眼力，多少能看出蜥蜴、兩棲類、早期恐龍和鱷魚近親留下的小掌印或小足跡；但是跟大師相比，我們差遠了。

　　綜合尼茨威茲基二十多年來蒐集到的足跡化石，再加上巴特勒和我偶然發現的零星新證據，最後竟然成為一篇精采故事。我們找到各型各類的足跡，分屬於許許多多不同種類的動

物，而且這些足跡並非來自同一時期，而是從二疊紀開始持續
至大滅絕與三疊紀，甚至延伸至下一個地質年代（即始於兩億
年前左右的侏儸紀），總共累積達數千萬年之久。這是因為季
節性湖泊乾涸後，湖底剩下大量泥巴，動物行經時遂留下足跡
掌印；而河流會持續帶來新的沉積物，覆蓋原本的泥地，將痕
跡掩埋並化為石頭。這種循環年復一年不斷重複，最後成為我
們此刻在聖十字山脈所見、層層覆疊的足跡紀錄。看在古生物
學家眼裡，這根本是座金礦，讓我們有機會窺見動物和生態系
如何依時更迭，特別是在二疊紀末那場大滅絕災難之後。

　　鑑定哪種動物留下哪一類特定足跡，這部分相對容易，只
消比對足跡形態與掌足外型就成了：足跡上有幾根指頭或腳
趾？哪一根最長？朝哪個方向？留下印跡的只有指頭和腳趾、
還是連足弓腳掌也留下印記？左右兩條足跡靠得很近（肢體在
軀幹下方、直立行走），抑或離得很遠（四肢向外開展的動
物）？照著這份檢查表逐一檢視，一般都能釐清哪一類動物會
留下哪些足跡。若要精確指出是哪一隻動物的足掌跡，幾乎不
可能；不過要區分爬蟲和兩棲類、或是恐龍和鱷魚類的行跡，
那就簡單多了。

　　我們在聖十字山脈發現的二疊紀足跡種類繁多，各不相
同；其中大多是兩棲類、小型爬行類、早期合弓綱動物
（*synapsids*）所留下的。（合弓綱是哺乳類的祖先，長相大多不
討喜，在童書與博物館展覽中常被錯誤描述成「像哺乳動物的
爬行類」，但牠們根本不是爬行類。）麗齒獸和二齒獸類即屬

於這種原始的合弓綱動物。許多資料指出，二疊紀末的生態系十分強健，而且氣候乾燥、動物種類繁多（體型有小有大，大的長過三公尺、重達上千公斤）；大夥兒聚在這些季節性湖泊周圍，一起生活、欣欣向榮。然而在二疊紀岩層中，我們找不到恐龍或鱷魚、或甚至任何狀似這些動物祖先的足跡紀錄。

在二疊紀邁入三疊紀的分界線上，一切都變了。追蹤這些越過大滅絕事件的動物足跡，猶如閱讀一本晦澀難懂的書，好似前一章以英文書寫，下一章卻變成梵文。二疊紀最末期與三疊紀最初期根本是兩個世界，證據十分明顯：因為足跡全都落在同一岩層，環境與氣候條件亦完全一致。時間一分一秒從二疊紀進入三疊紀，而波蘭南部始終是一塊潮濕的湖泊區，來自山上的洶湧溪流源源不絕灌入湖中——環境沒變，變的是動物本身。

望著三疊紀最初的動物足跡，我全身起雞皮疙瘩。我甚至能感覺到遠古以前的那份死亡與恐懼。我們幾乎找不到任何足跡，只有零星幾個分散的小腳印，不過卻有大量深入岩層的洞穴遺跡。看來，當時的地表世界已徹底摧毀；不論有哪些動物還活在這片鬼魅一般的大地上，牠們也只能遁地生活。這時期的紀錄幾乎清一色屬於小型蜥蜴和哺乳類近親（大小可能跟土撥鼠差不多）。二疊紀那種多變的足跡形態大多消失無蹤——尤其是較大型的原始哺乳類動物（合弓綱），牠們再也不曾出現在地球上。

沿著地質年代向上尋索，情況逐漸好轉。岩層出現的行跡

形態越來越多，有些印記越來越大，洞穴遺跡則越漸稀少。整個世界顯然正脫離二疊紀末的火山摧殘，逐漸復原。然後又過了數百萬年（約莫是兩億五千萬年前），岩層中開始出現一種新型足跡──尺寸較小，大概幾公分長，差不多跟貓掌一樣大。掌足間距較窄，掌有五指、置於稍大的足印前方；足部則有三根長中趾，兩側各懸有一枚小小趾頭。波蘭小鎮「史特丘維札」（Stryczowice）無疑是尋找這種足印的最佳地點。你可以把車子停在橋上，設法爬過荊棘灌木叢，然後沿著窄溪畔翻找（河畔有石板小路）。尼茨威茲基在他年輕的時候就發現這處地點，並且曾經在某個悲慘的七月天──潮濕得要命、蚊蟲多到不行，又打雷又下雨──驕傲地帶我去過一次。我們才突入野草叢不到幾分鐘便全身濕透，而我的野外考察本也漸漸扭曲變形，油墨一頁滲過一頁。

　　尼茨威茲基在這裡發現的足跡屬於「怪趾足跡龍屬」（Prorotodactylus）的動物，不過他不太確定這究竟是哪一動物留下來的。這些足跡顯然跟周圍其他足跡截然不同，而且全都來自二疊紀。但是怪趾足跡屬到底是什麼樣的動物？當時，尼茨威茲基直覺認為牠們可能跟恐龍有親屬關係，因為早在一九六〇年代，有位德高望重的古生物學家哈爾穆‧豪博德（Hartmut Haubold）曾在德國找到類似足跡，並且發表報告主張它們可能是早期恐龍或其近親所留下的。只是尼茨威茲基並不全然信服。他的年輕歲月泰半都在研究足跡，沒花多少時間接觸真正的恐龍骨骼，若要拿足印與製造足跡的動物直接比

對，對他來說相當困難。這時候就換我登場啦。我的碩士論文就是建立三疊紀的爬行類系譜，也就是透過系統學（或系譜學〔genealogy〕）呈現第一代恐龍如何與同時代的其他動物搭上關係。我花了好幾個月的時間泡博物館，研究骨骼化石，因此我對初代恐龍的解剖構造可謂瞭若指掌；巴特勒也一樣，他的博士論文也是研究恐龍的早期演化。於是我們三個把腦袋湊在一起，設法搞清楚到底是誰該為怪趾足跡屬的足跡負責，最後也確實做出結論，認為怪趾足跡屬應該是某種非常像恐龍的動物。二〇一〇年，我們把闡釋的內容寫成論文，公開發表。

　　不用說，線索就藏在這些足跡細節裡。第一眼看見怪趾足跡屬行跡時，腦中最先閃過的念頭是「極窄」：左右兩條連續足印之間的距離很近，大概只有幾公分寬。動物要想留下這種軌跡，只有一種移動方式：直立行走，也就是前後肢都必須在軀幹下方。人類也是直立行走，因此我們在沙灘留下足跡時，左右腳的足印貼得很近。馬匹也一樣。下回有機會去馬場（或者去賽馬場玩一把），瞧瞧飛馳而過的馬匹所留下的蹄鐵印，各位就會明白我的意思了。然而，這種移動方式在動物界其實相當罕見，蠑螈、青蛙和蜥蜴的移動方式與此截然不同，牠們的前後肢從軀幹兩側伸出，採爬行姿，表示牠們的行跡比較寬；因為肢體外張，所以左右兩條足印的間距比較大。

　　爬行類（或稱「爬行動物」）是二疊紀的主宰。然而在大滅絕之後，某種新型爬行類從大群爬行動物中演變進化，發展為直立姿──牠們就是演化史的里程碑「祖龍類」（archosaurs）。

尼茨威茲基正在審視「怪趾足跡屬」足印的實物模型。怪趾足跡屬是與
恐龍祖先形態十分相似的一種原始恐龍。（感謝尼茨威茲基提供照片）

波蘭的怪趾足跡屬足跡，掌印與足印交疊（掌印約一吋長）。

對於不需要快速移動的冷血動物而言，爬行很好，沒什麼大問題；然而若能把肢體塞在軀幹下方，等於就此開啟一個充滿無限可能的嶄新世界——動物可以跑得快一點、移動距離更遠、更容易追捕獵物，而且一切都非常有效率，因為柱狀肢體能有秩序地前後擺動，不像爬行動物那樣必須大幅扭曲，故而節省更多體力。

　　為何有些爬行類開始以四肢直立的方式移動，我們可能永遠都不會知道原因，但這大概是二疊紀末滅絕事件的結果。其實我們很容易就能想像得到，在大滅絕過後的混亂期間，直立姿讓祖龍類獲得相當的優勢；當時，地球生態系拚了命要從火山迷霧中恢復過來，氣溫高得受不了，到處都是空蕩蕩且有待填補的生存空間，一切只待某些特立獨行的傢伙能繼續演化，熬過這場地獄浩劫。看來，這個星球在歷經火山爆發的震撼教育之後，直立行進似乎是動物復原、甚至是改良進化的一種方式。

　　這群四肢直立的祖龍類類不僅熬過大滅絕，更進一步興盛繁衍。牠們低調地在三疊紀早期的悲慘世界嶄露頭角，後來逐漸開枝散葉，繁衍出令人吃驚的多樣面貌。最剛開始的時候，牠們先分裂成兩大種主要的演化支系，然後在三疊紀接下來的時間裡，兩大支系彼此糾纏對抗，在演化路上互相較勁。不可思議的是，這兩條支系皆順利延續至今：第一支是偽鱷類（*pseudosuchians*），爾後演化成鱷魚。為方便速記，這支常被稱為祖龍類的「鱷魚支序」（crocodile line，鱷支祖龍類）；

而另一支「蹠鳥類」（*avemetatarsalians*）則演化成翼龍目
（*pterosaurs*，會飛的爬行類大多稱為翼手龍〔*pterodactyls*〕）；
然後是恐龍，再延續至今日你我所見，從恐龍演化而來的鳥
類。這群動物被歸入祖龍類的「鳥類支序」（bird line，鳥支祖
龍類）。我們在史特丘維札發現的怪趾足跡屬足跡是祖龍類初
次現身的化石紀錄，也是這一大票野生動物的曾曾曾祖母之生
活痕跡。

　　話說回來，怪趾足跡屬究竟屬於哪一種祖龍類？牠們的足
印有幾點怪異之處，隱含重要線索：怪趾足跡屬的足印只有趾
頭留下痕跡，不見構成足弓的蹠骨；三根中趾緊貼在一起，另
外兩趾退化成小瘤一樣的構造，足印末端則是筆直切齊、如剃
刀銳利。這些看起來或許只是解剖學上的小細節，從許多方面
來說也確實如此；可是，誠如醫師能根據症狀診斷疾病，我也
能認出這些都是恐龍的特徵，意即怪趾足跡屬跟恐龍是關係極
近的親戚。恐龍的足部骨架有個獨一無二的特徵，而怪趾足跡
屬與恐龍的關係就建立在這項特徵上：足趾結構（digitigrade
setup）。恐龍屬於趾行動物（*digitigrade*），意即這類動物在行
進時，僅足趾接觸地面（蹠部懸空）；牠們的足部極窄（蹠骨
和趾骨呈束狀緊貼在一起），外側趾可憐兮兮地萎縮變小，而
蹠骨與趾骨之間的關節則近似樞紐關節（hinge-like joint）──
這點也反映在恐龍和鳥類特有的踝部構造上，致使牠們的踝關
節只能前後動作，就連最輕微的轉動也辦不到。

　　怪趾足跡屬的足印源自一種與恐龍關係十分接近的鳥支祖

龍類。就科學術語來說，這種關係讓怪趾足跡屬被列入「恐龍形類動物」（*dinosauromorphs*）。（恐龍形類包括恐龍和少數極近親。在系譜樹上，這些支系就畫在恐龍宛如百花齊放的濃密分支底下。）自爬行動物演化出四肢直立的祖龍類之後，恐龍形類動物的起源就成為演化史的下一樁重要大事：這群動物不僅擁有昂然豎直的後肢，還擁有長長的尾巴和粗壯的腿肌，就連髖部也多了幾根連接腿部與軀幹的骨頭；一切的一切都讓牠們比其他直立型祖龍類移動得更快、更有效率。

　　怪趾足跡屬不僅是初代恐龍形類動物的一員，亦好比恐龍版的「露西」──即那位非洲出土、非常像人類卻還不算是我們的一員、稱不上真人類（即「智人」〔*Homo sapiens*〕）的著名化石。就如同露西長得很像人類，怪趾足跡屬的外表與行為也與恐龍非常相似，但是照規矩來說，牠們仍舊不能算是真正的恐龍。這是因為科學家在很久很久以前就做成一個決定：所謂的恐龍必須屬於吃草的「禽龍」（*Iguanodon*）或吃肉的「斑龍」（*Megalosaurus*）這兩大族群，或是這兩種恐龍共同祖先的後代。（科學家在一八二○年代發現了第一批恐龍，而禽龍和斑龍為其中兩種。）由於怪趾足跡屬並非演化自這兩種恐龍的共祖，而是再早一點的動物，因此在怪趾足跡屬定義上不算是真正的恐龍。不過這也只是雞蛋裡挑骨頭，硬找語意上的麻煩而已。

　　在怪趾足跡屬身上，我們看見動物逐漸往恐龍形態演化所留下的痕跡。牠們的體型跟家貓差不多，吃飽的話，體重可達

十磅。怪趾足跡屬以四足行走，故會留下掌印與足印；從同一副掌足留下的連續印記推斷，這種動物的四肢可能頗為修長，因為掌足間距相當大。牠們的後肢肯定特別細長，理由是足印常置於掌印之前，這種跡象顯示後腳會與前掌交疊。前掌較小，可能擅於抓物，而扁長的足部則相當適合奔跑。怪趾足跡屬可能長得高高瘦瘦，速度媲美獵豹，身材比例卻怪如樹獺；各位大概想像不到這種動物最後竟然會演化成雄偉的暴龍（*Tyrannosaurus*）和雷龍（*Brontosaurus*）。此外，怪趾足跡屬在當時也不算是太常見的動物。在史特丘維札發現的所有足跡中，僅有不到百分之五屬於怪趾足跡屬，顯示這種原始恐龍在剛出現時，數量不是特別多、或者適應得並不特別成功。牠們的數量遠遠不及小型爬行類和兩棲類，就連其他幾種原始祖龍類的數目也比牠們多。

隨著地球環境逐漸好轉，這種稀有、奇特、不是真恐龍的恐龍形類動物亦持續演化，度過三疊紀的初、中期。波蘭境內的足跡遺址像書頁一樣按時序堆疊排列，將一切記錄下來。譬如，我們在維歐雷（Wióry）、薄溫吉（Pałęgi）、巴拉努夫（Baranów）等地找到大批同樣陌生的恐龍形類動物足跡，包括旋趾類（*Rotodactylus*）、鞘足類（*Sphingopus*）、對掌類（*Parachirotherium*）、阿特雷足足跡屬（*Atreipus*），隨著時間演進而益發多樣化。這些足跡形態多變，尺寸也越來越大；掌足跡的外型差異遽增，有些動物的外側趾幾乎完全消失，只剩中間幾根趾頭留下足印。有些行跡不再出現掌印，顯示這些恐

龍形類動物僅以後肢著地行走。來到兩億四千六百萬年前左右，體型如狼的恐龍形類動物開始以雙足奔跑，並以帶爪的前掌抓取獵物，肢體動作像極了縮小版霸王龍（*T. rex*）*。這類動物不僅生活在今日的波蘭境內，法國、德國、美國西南部也都發現牠們的足跡；而牠們的骨骸先是在東非出土，後於阿根廷與巴西亦有所斬獲。牠們大多屬於肉食動物，不過有些後來開始吃素。牠們動作快，代謝快、長得也快，與同處一個時代卻始終懶洋洋的兩棲爬行類相比，牠們是非常活潑好動的動物。

在某個時間點，其中一種原始恐龍形類動物演化成真正的恐龍。這兩類動物只是在名稱上發生劇變，但非恐龍與恐龍之間的界線其實非常模糊，甚至相當人為，根本是科學傳統的副產品（就跟你越過州界，從伊利諾州走進印第安納州差不多）。當某一種體型似犬的恐龍形類動物跨過系譜上的界線，演化成另一種同樣跟犬差不多大小、且日後註定變成恐龍的恐龍形類動物時，兩者之間並未出現極端的演化大躍進。這種過渡僅僅涉及骨骼變化，冒出幾項新特徵：前肢出現長長的瘢痕，可固定肌肉，使前肢能向內或向外動作；頸椎長出像標牌一樣的凸緣，能支撐更強壯的肌肉與韌帶；最後就是大腿骨與骨盆銜接處變成「開窗式」（open-window-like）關節。這些都是很細微的變化，而且老實說，我們並不真的知道是哪些原因

---

* *T. rex* 亦名暴龍。為避免與文中大量提及的「暴龍超科」、「暴龍科」混淆，在此譯為「霸王龍」。

促成這些改變，但我們確實知道，從「恐龍形類」過渡到「恐龍」的演化歷程中，並未出現任何躍進或劇變。與這段過程相比，比祖龍類跑得更快、後肢更強壯、生長更快速的恐龍形類動物到底源自何方，應該才是更大宗、更重要的演化事件。

　　第一代「真恐龍」大約出現在距今兩億四千萬至兩億三千萬年前。出現時間的不確定性反映了兩個問題，也困擾我好些年（只好留給下一代古生物學家解決囉）。首先，最早的恐龍與牠們的恐龍形類親屬極為相似，兩者的骨骼幾乎無從區別，更別說是足跡了。舉例來說，令人迷惑的「尼亞薩龍」（*Nyasasaurus*）——我們僅在坦尚尼亞境內幾塊約兩億四千萬年歷史的岩石中發現部分前肢和幾塊脊椎骨，因而得知其存在——可能是世上最古老的恐龍，卻也可能只是另一種恐龍形類動物，唯獨在系譜分類上劃錯了邊。波蘭境內的某些足印也有類似狀況，尤其是那些後肢行走的動物留下了大型足印；其中有些說不定就是貨真價實、再真切不過的恐龍一族留下來的，只是目前我們還沒想出一套好辦法，無從區別最早的恐龍與其關係最近的非恐龍親屬足跡，因為兩造的足部骨骼太相似了。話說回來，搞不好這也不是什麼太嚴重的問題，因為比起恐龍形類動物的起源，真恐龍的起源其實沒那麼重要。

　　另一個比較明顯的問題是，許多有化石的三疊紀岩層，定年做得很糟糕，尤其是三疊紀早期至中期的岩層。要想得知石頭的年紀，最好的方式是利用「放射性定年法」（radiometric dating），透過比較岩石中兩種元素（譬如鉀和氬）的比重來測

定年份，其原理如下：當岩石從液態冷卻成固態時，礦物亦隨之形成。這些礦物由幾種元素組成，以這個例子來說就是鉀。鉀有一種不太穩定的同位素「鉀^{40}」，在歷經緩慢的「放射性衰變」後會變成「氬^{40}」，並釋出少量輻射（也就是讓「蓋革計數器」〔Geiger counter〕嗶嗶叫的玩意兒）。打從岩石固化的那一刻起，不穩定的鉀^{40}就開始變成氬^{40}；這個過程持續進行，使得岩石內累積許多氬原子，並可藉由儀器定量。接著我們再透過實驗測得鉀^{40}衰變為氬^{40}的速率（即所謂「半衰期」），一旦知其半衰期，往後只要能測出任何一塊岩石中這兩種元素的比例，就能推算這塊岩石的年紀。

二十世紀中期，放射性定年法在地質學界引發一場突破性變革，英國學者亞瑟・荷姆斯（Arthur Holmes）是這場革命的開拓先鋒。（荷姆斯以前在愛丁堡大學的辦公室，就在我現在的辦公室隔壁幾間而已。）而今天，我的學界同僚在新墨西哥理工學院（New Mexico Tech）或格拉斯哥附近的蘇格蘭大學環境研究中心（Scottish Universities Environmental Research Centre）所主持的實驗室，都是超現代的高科技研究單位；身穿白袍的科學家操作動輒好幾百萬美元、體積比我曼哈頓舊公寓還要大的精密儀器，為一塊塊小到只能用顯微鏡觀察的岩石結晶定年。透過這些精良的現代技術，數億年歷史的岩石年份可以精確至極小的誤差範圍（介於數千至數萬年之間）；由於這種方法已微調得十分徹底，故許多獨立實驗室經常進行盲測校正，定期計算同一塊岩石樣本年齡。優秀的科學家會利用這

種方式檢查自己的作業內容，以確認他們採用的方法值得信賴，而反覆試驗的結果亦顯示放射性定年法確實準確牢靠。

但是放射性定年法有一項非常大的限制：它只能用於測定從液態熔岩固化的岩石（譬如玄武岩或花崗岩）。然而藏有恐龍化石的岩石（譬如泥岩與砂岩）並非以這種方式形成，它們多半是風吹或水流帶來的沉積物所形成的，要為這種岩石定年，難度極高。有時候，古生物學家幸運地在兩層可定年的火山岩之間找到恐龍化石，這兩層岩石即成為時光膠囊，明確指出這頭恐龍活在哪個年代。雖然也有其他方法可為砂岩和泥岩中的單晶定年，可是這些方法大多曠日廢時，且要價高昂。這也就是說，要準確定出恐龍生存的年代，通常不太容易。如果恰巧有足夠的火山岩穿插在岩層間，充作時間軸，又或者成功以單晶定年技術測得岩齡，確實有部分恐龍化石得以明確定出年代──但三疊紀的化石除外。我們手邊僅有少數明確定年的化石樣本，因此對於某些恐龍形類動物的出現順序（尤其還得設法比較這些遙遠世界的物種年齡），或是真恐龍從一大群恐龍形類動物之中冒出頭來的確切時間，學界並不十分有信心。

撇開這些不確定因素不談，我們確實知道：約莫在兩億三千萬年前，真恐龍已踏進世界版圖。我們在一些明確定年的岩塊中找到幾種動物化石，而這些化石毫無疑問都擁有恐龍的關鍵特徵。這些化石出土的地點跟波蘭──恐龍形類動物最早開

始活躍的地區——相距十萬八千里，遠在阿根廷的峽谷中。

　　「伊沙瓜拉斯托自然公園」（Ischigualasto Parovincial Park）位於阿根廷東南的聖胡安省（San Juan Province），看起來像是一塊曾被恐龍大舉肆虐的地方。這裡別名「月谷」（Valle de la Luna），各位應該很容易就聯想到一片布滿風雕奇岩、狹窄蝕溝、紅銹絕崖和砂塵惡地的異星世界。安地列斯山脈（Andes）聳立在月谷西北方，而遙遠的南邊則是覆蓋大部分國土的乾草原（阿根廷的美味牛肉即來自此處放牧的牛隻）。數百年來，伊沙瓜拉斯托一直是牲口往來智利與阿根廷的重要通道；定居此地的人口不多，其中大多經營牧場。

　　這片令人瞠目結舌的大地，碰巧也是全世界最容易找到古早恐龍的地區。理由是這些紅棕帶綠、被大自然鑿穿刻蝕成奇形怪狀的岩石，皆成形於三疊紀，同時也是生機盎然、十分適合保存化石的完美環境。從許多方面來看，這裡都跟保存怪趾足跡屬及其他恐龍形類動物足跡的波蘭湖區十分相似：此地氣候炎熱潮濕（可能稍微再乾燥一點），不受強烈季風襲擊侵擾。河流蜿蜒鑽入山谷盆地，僅在罕見的暴風雨期間潰堤泛濫；前後大概有六百萬年時間，河水在河道上打造層層鋪疊的砂岩，而顆粒更小的泥岩則脫離河道、在附近的泛濫平原逐漸成形。許多恐龍和大量動物——包括大型兩棲類、像豬一樣大的二齒獸類（這群二齒獸類的祖先設法熬過二疊紀末大滅絕），喙頭龍（*rhynchosaurs*，以植物為食的有喙蜥蜴，也是祖龍類的原始親屬）以及全身毛絨絨、看起來像大鼠和綠鬣蜥混

種的小型犬齒獸類（*cynodonts*）──在平原上樂活嬉戲，只不過偶爾會有洪水入侵，淹死恐龍和牠的朋友們，並且將屍骨埋藏在這座樂園裡。

時至今日，這片遭自然力嚴重侵蝕的區域少有建築物、道路或其他可能掩蓋化石遺跡的人類瑣事給破壞，因此相對容易找到恐龍化石──至少跟世上其他地方相比，確實如此。（有時我們苦行數日，只求能覓得些許蛛絲馬跡，就算只是一根牙齒也好。）首度在月谷發現化石的是牧童或其他當地人，然後要到一九四〇年代左右，科學家才開始正式採集、研究、描述來自伊沙瓜拉斯托的化石，之後又過了幾十年，學界才密集組成探險隊，來此挖寶。

最初幾次重要的採集作業均由二十世紀古生物學巨擘、哈佛大學教授阿佛烈德‧羅莫（Alfred Sherwood Rome）領軍。目前我在愛丁堡大學教碩士班，但我還在用他寫的教科書。羅莫在一九五八年首次出征時，年紀已六十有四，而他也是學界眼中的傳奇人物。他駕著一輛快要散架的老爺車橫越月谷惡地，因為他直覺認為伊沙瓜拉斯托會是下一個重要的古生物學疆域。那一回，他找到部分顱骨和「體型偏大但還算合理」的動物骨骼──他措辭謹慎地在野外考察本記下這一筆。他盡可能刷掉岩塊，覆上一層報紙，然後再加一層塑膠板強化並保護骨骼，最後才小心翼翼地鑿出地面。他把這些骨骼寄回布宜諾艾利斯，打算從那裡裝船運回美國，這樣他就能在自己的實驗室裡仔細清理並研究這些寶藏。無奈好事多磨。這批化石在港

口被海關沒收，直到兩年後才終於放行；待化石終於抵達哈佛大學，羅莫的心思早已不在這上頭，一直要到許多年後才有其他古生物學家認出來，原來大師早就在伊沙瓜拉斯托發現第一隻恐龍了。

不過，有些阿根廷人為此不甚開心，因為竟然有個「北美佬」（norteamericano）直衝他們的領土挖寶，而且還把化石從阿根廷運回美國研究。兩名未來大有前途的本地科學家──奧斯瓦爾多‧雷奇（Osvaldo Reig）與荷西‧波拿巴特（José Bonaparte）──受此激勵，決定自組探險隊。兩人於一九五九年成立隊伍，出發前往伊沙瓜拉斯托，並且在六〇年代初期又去了三次。一九六一年間，雷奇與波拿巴特團隊在田野時巧遇當地一名牧場主人兼藝術家維多里諾‧艾雷拉（Victorino Herrera），他對伊沙瓜拉斯托的每一寸山丘裂隙皆瞭若指掌，就像因紐特人（Inuit）深諳雪的脾性一樣。艾雷拉想起曾在某處砂岩上看過碎裂的骨頭，遂領著這群年輕科學家前往一探究竟。

艾雷拉發現的這批骨骼保存完好，數量不少，而且顯然都屬於某一頭恐龍身體末端的骨頭。經過數年研究，雷奇將這批化石描述為新物種，並取名「艾雷拉龍」（*Herrerasaurus*）──體型跟騾子差不多，能以後肢跳躍──以感念艾雷拉的貢獻。後續調查顯示，當年羅莫那批遭扣押的化石也屬於同一種動物；而科學家也進一步發現艾雷拉龍是一種凶猛的掠食動物，擁有武器般的尖齒和利爪，幾已具備霸王龍或盜伶龍的

原始雛型。艾雷拉龍是科學家發現的第一批「獸腳類」恐龍
（*Theropods*，或稱「獸腳類」）的其中一種，而獸腳類乃恐龍
時代的創始成員——這群聰明、敏捷的掠食者，其子孫未來將
站上食物鏈頂端，終而演化成鳥類。

　　各位或許以為，這項發現會促使阿根廷各地的古生物學家
湧入伊沙瓜拉斯托，颳起某種瘋狂的「恐龍熱潮」；其實不
然。隨著雷奇與波拿巴特的探險任務告終，一切也歸於平寂，
這是因為在六〇年代末至七〇年代期間，恐龍研究並非顯學，
不僅挹注的資金不多（信不信由你），社會大眾也興趣缺缺。
爾後一直要到八〇年代末期，時年三十出頭、出身芝加哥的古
生物學家保羅・塞瑞諾（Paul Sereno）集合一群充滿企圖心的
年輕好手（大多是研究生或年輕教授），組成「阿根廷—美國
聯隊」之後，學界才重拾這方面的興趣。他們跟隨羅莫、雷奇
與波拿巴特的腳步，而波拿巴特甚至還和這群年輕人會合數
日、帶他們去他最喜歡的幾處地點。這次探險不僅極為成功，
亦鼓舞人心，因為塞瑞諾又發現一頭艾雷拉龍及其他許多恐龍
的化石，證明伊沙瓜拉斯托還有大量化石等待挖掘出土。

　　三年後，塞瑞諾重回故土，帶著許多原班人馬來到伊沙瓜
拉斯托探索新天地。團隊中有個叫里卡多・馬汀尼茲（Ricardo
Martínez）的助理，此人才思敏捷，妙語如珠。有一天，大夥
兒出門探勘，馬汀尼茲隨手撿起一塊形狀大小似拳頭、表面幾
乎覆滿含鐵礦物的石塊；又是一塊垃圾，他如是想，然而就在
他準備放手扔開之際，他注意到某種尖銳、閃亮的物體突出石

頭表面：牙齒。他轉而瞥瞥腳下，這一看簡直驚恐：他竟然把恐龍腦袋給扯下來了。那是一副近乎完整的恐龍骨骼，大小如黃金獵犬，腿長且身體輕盈，一看就是動作迅捷的野獸，一行人將其命名為「始盜龍」（*Eoraptor*）。後來他們才知道，那些突出顎骨的牙齒竟是極不尋常的特徵。下顎後方的牙齒外型尖銳，邊緣像牛排刀一樣有小鋸齒，肯定用來切穿肉塊無誤；然而鼻吻前端的牙齒卻像葉片一樣，而且帶有名為「小齒」（denticles）的粗糙凸起──這部分的牙齒跟某些脖子長長、肚子大大的蜥腳亞目恐龍（*Sauropods*，以下稱「蜥腳類」）一模一樣，主要用來咬下植物。這表示始盜龍屬於雜食動物，而且可能是蜥腳類的極早期成員，說不定是雷龍和梁龍（*Diplodocus*）的原始親戚。

　　許多年後，我有幸與馬汀尼茲見上一面，約莫是在我初次看見始盜龍那副美麗骨骼化石的時候。當時我是芝加哥大學的學生，在塞瑞諾的實驗室受訓，而馬汀尼茲碰巧也來進行一項祕密計畫（後來計畫公開：他們又在伊沙瓜拉斯托發現新物種「曙奔龍」〔*Eodromaeus*〕，一種狹犬大小的原始獸腳類動物）。我一見到馬汀尼茲就立刻喜歡上這個人。那天，湖濱大道（Lake Shore Drive）大塞車，塞瑞諾遲到大概一小時，而馬汀尼茲就窩在實驗室角落玩拇指打發時間；他這副漠然抽離、事不關己的模樣，實在很難跟稍後我眼前那位滿腔熱血、說話飛快、熱愛化石的旋風型人物聯想在一起。這位老兄有點像電影《謀殺綠腳趾》（The Big Lebowski）裡的人物：一頭亂髮、

滿臉鬍渣，時尚品味相當特殊。他熱情地告訴我一大堆在阿根廷田野的精采故事，誇張地舞動雙手，描述他和飢腸轆轆的隊友們駕駛越野車獵捕流浪牛，再拿探勘地質用的石錘送上最後一擊。他看出我對阿根廷已然萌生浪漫想像，於是便告訴我，假如我有機會造訪阿根廷，可以去找他。

　　五年後，我前往聖胡安參加一場史上最酷、也是最開心的科學學術會議，之前我也在此發表過演講，這次也接下他的工作提案。學術會議一般都很枯燥乏味，大多辦在德州的達拉斯、北卡羅來納州的羅里（Raleigh）這種大城市的大飯店。眾科學家齊聚一堂，在宛如洞穴、通常用來舉辦婚禮的大宴會廳聆聽彼此演講，同時暢飲酒店提供但價格翻倍的啤酒，分享彼此的田野故事。但馬汀尼茲和他同事主辦的這場會議截然不同，最後一晚的惜別宴更堪稱傳奇，活脫脫是饒舌音樂錄影帶裡「家庭狂歡派對」的翻版：晚會由掛著綬帶的政治人物揭開序幕，語不驚人死不休地拿外籍賓客大開玩笑。主菜是一塊跟電話簿一樣大的草飼牛肉，搭配大量紅酒讓我們狂嚼大嚥。晚餐之後是舞會，一跳就是好幾個鐘頭，一旁還有開放式酒吧供應上百瓶伏特加、威士忌、白蘭地以及一種我記不得名字的當地烈酒，讓與會者隨時補充燃料。到了凌晨三點左右，場外擺上自助式墨西哥煎玉米捲餐檯，酒味瀰漫的舞廳頓時充滿食物香氣，這一串慶祝活動至此終於告一段落；然而直至破曉時分，眾人才搖搖晃晃走回飯店。馬汀尼茲說的沒錯，我一定會喜歡上阿根廷的。

在這一夜狂歡之前，我已經窩在博物館好幾天、鎮日研究馬汀尼茲的收藏。這座博物館位於聖胡安這座可愛城市的「科學博物館暨研究所」（Instituto y Museo de Ciencias），來自伊沙瓜拉斯托的豐富寶藏幾乎都收存在這兒；除了艾雷拉龍、始盜龍和曙奔龍之外，還有其他許許多多恐龍化石：譬如艾雷拉龍的近親「聖胡安龍」（Sanjuansaurus），牠也是個性凶猛的掠食動物；還有「泛食龍」（Panphagia），牠和始盜龍一樣，都是未來巨型蜥腳類的小體型原始親戚。再來是「顏地龍」（Chromogisaurus），雷龍的大型親戚，約莫能長到數公尺長，屬於食物鏈中段的植食型恐龍。此外還有一種大小如犬、齒顎特徵與鳥臀目動物（Ornithischians）相近、名喚「皮薩諾龍」（Pisanosaurus）的零星碎片。（鳥臀目是一群種類多樣的植食恐龍，從有角的「三角龍」〔Triceratops〕到嘴形像鴨子的「鴨嘴龍」〔Hadrosaurs〕都屬於鳥臀目。）目前科學家仍持續在伊沙瓜拉斯托找到更多新物種恐龍，將來各位若是有幸造訪該地，誰知道咱們還能為恐龍家族添上哪些新成員呢？

我輕輕拉開標本櫃小門，小心翼翼取出化石秤量並拍照，這時我感覺自己好像某種歷史學家，將無數光陰投入不見天日的檔案室，埋首研究古代手稿。如此類比應該不算冒失，伊沙瓜拉斯托的化石確實是歷史文物無誤，有助於我們描述遠古史前故事的第一手資料（這些化石比修道院僧侶寫的羊皮卷還要早數百萬年）。羅莫教授、雷奇和波拿巴特、塞瑞諾及馬汀尼茲以及其他許多工作伙伴，他們接力在伊沙瓜拉斯托這片月之

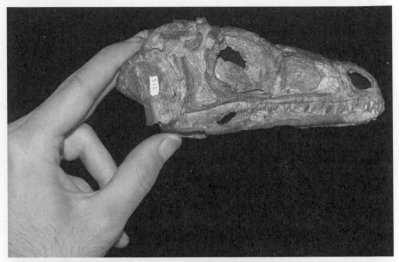

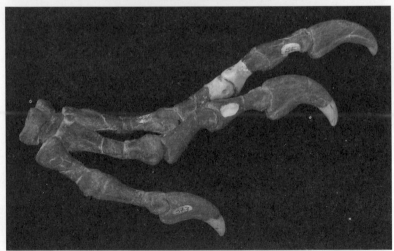

兩種最古老的恐龍：始盜龍（頭骨）與艾雷拉龍（前掌）。

大地挖出多種恐龍骨頭，而這些骨頭真真切切是真恐龍的首批紀錄：牠們在這裡生活、演化，展開未來統治地球的漫長進程。

　　這批初代恐龍還不是世界霸主。當時的牠們還籠罩在體型更大、數量更多的兩棲類、哺乳類以及牠們自己的鱷魚親屬的陰影之下。因此在三疊紀時，牠們低調地在這些乾燥、偶有洪水泛濫的平原上過活，甚至就連艾雷拉龍可能也都還沒站上食物鏈頂端──牠只能把這個頭銜讓給同樣殘暴凶猛、體長二十五呎的鱷支祖龍類「蜥鱷」（Saurosuchus）。無論如何，恐龍這時已經登上歷史舞台，而恐龍的三大族群──食肉的「獸腳類」、長脖子的「蜥腳亞目」和吃草的「鳥臀目」──也在系譜上分道揚鑣，各自繁衍後代，昌盛興旺。

　　恐龍霸業自此揭開序幕。

第 二 章

恐龍崛起

「請想像一處沒有疆界的世界。」我可不是在學約翰・藍儂說話*，我的意思是，請想像一個「所有陸地全部連在一起」的地球──各大陸並未像拼布一樣被海洋隔開，而是單獨一整塊、延伸擴展於兩極之間的乾地。只要時間充裕、再加上一雙好鞋，各位絕對有辦法從北極圈向南橫越赤道、一路走到南極；如果不小心太深入內陸，你會發現最近的海邊竟然在數千、或甚至數萬公里外。但你若是游泳愛好者，你也可以從大陸的一側海岸下水、跳進包圍廣袤陸地的遼闊大洋，然後划水繞過地球一圈，最後從另一邊上岸（理論上是如此），全程無須步行。

這樣的地球聽起來很不可思議，但這的確是恐龍成長的世界。

大概在兩億四千萬到兩億三千萬年前，最初代恐龍（譬如艾雷拉龍或始盜龍）從牠們貓咪大小的恐龍形類先祖演化成形的時候，地球上沒有所謂的「五大洲」──沒有澳洲，沒有亞洲也沒有北美洲。沒有隔開美洲、歐洲與非洲的大西洋，地球的另一面也沒有太平洋。相反的，當時只有一塊超大、厚實且連續的陸地，地質學家稱之為「超大陸」（supercontinent）。超大陸周圍則是唯一一片環繞全球的海洋。當時的地理課肯定簡單得要命：大陸就叫「盤古」（Pangea），海洋就叫「泛古洋」（Panthalassa）。

---

*〈Imagine〉為 John Lennon 約翰・藍儂名曲。前一句話在仿照其歌詞。

　　而恐龍就誕生在這個對你我來說全然陌生的世界。在這樣的地方生活，大概是何種景況？

　　咱們先從自然地理學（physical geography）的角度切入。在三疊紀時代，超大陸從北極延伸至南極，跨越半個地球。超大陸看起來像個巨大的字母「C」，中段有一處大凹洞，而泛大洋的分支剛好從這兒探進來。巍峨聳立的山脈以怪異角度蜿蜒越過大地，猶如縫線，標記昔日一片片拼圖般的小塊地殼曾經彼此碰撞、爾後造出眼前這片巨大陸地。這一大片拼圖並非在短時間內兜好的，過程也不容易；前後大概有數億年時間，地球深處的熱能不斷推擠多個面積較小的陸塊（也就是恐龍誕生前、歷代動物們的家），直到這些陸塊全部集結在一起，變成廣袤無垠、沒有分界的世界。

　　那麼氣候呢？最早的恐龍住在一座超大型三溫暖中——眼前似乎沒有更貼切的詞彙可形容了。三疊紀時代的地球比今日熱得多。部分是因為當時的大氣層含有較多二氧化碳，溫室效應更強，故有更多熱輻射投入地面與海洋；但盤古大陸本身的條件也使得這種情況更加嚴重。地球若分東西兩面，一面的旱地由北極向南極伸展，而另一面則是一望無際的海洋。也就是說，洋流可以不受阻礙地從赤道一路伸進極區，形成一條讓低緯度陽光直接加熱高緯度地區的直通水道，兩極也因此無法形成冰帽。與今日相比，三疊紀的南北極氣候溫和宜人，夏季氣溫和倫敦或舊金山差不多，冬季則鮮少降至攝氏零度以下；早期的恐龍和其他共享地球的生物都能在極區舒適棲居，自在

生活。

假如極區很溫暖，那麼世界上其他地方肯定熱得像火爐；即便如此，地球若想變成一片浩瀚沙漠——盤古大陸的地理條件再一次把情況搞得很複雜。由於這塊超大陸的中央基本上位在赤道附近，因此有一半的陸地永遠受夏日曝曬，另一半則持續維持冬季涼爽。如此明顯的南北溫差造成一股強勁氣流，規律吹過赤道；每到換季時分，這股氣流也隨之改變方向。今天，地球上還有一些地區會出現這種狀況，尤其是印度和東南亞——即乾季和雨季（持續的暴雨和強烈風暴）輪流交替，形成季風。各位或許在報章雜誌或晚間新聞看過這種影像：洪水淹沒房屋，人們在暴雨中倉皇逃離，土石流滅村毀鎮。今日的季風屬於區域性風暴，然而三疊紀的風暴每每擴及全球。三疊紀的季風破壞力超強，地質學家甚至還特別發明「超級季風」（megamonsoons）這個詞來描述它。

超級季風可能使恐龍遭洪水捲走、或被土石流掩埋，但效應不只這些，它還把盤古超大陸分成幾個不同的環境區塊，各區的年雨量（深受季風影響）和年均溫各不相同。赤道地區極濕極熱，宛如熱帶地獄；相較之下，今日的亞馬遜夏日有如聖誕老公公的家一樣涼爽舒適。再來是寬廣的沙漠地帶，從南北緯三十度左右朝赤道反方向伸展，就如同今日的撒哈拉沙漠，只不過覆蓋地區更廣。此地氣溫動不動就超過攝氏三十五度，甚至可能終年如此；至於不時在其他地區降下的季節性豪雨，在這兒可是完全看不到，因此盤古大陸沙漠區的年雨量頂多只

有幾滴水而已。至於中緯度又是截然不同，季風對這塊區域影響甚鉅；此處雖然比沙漠只涼一些，卻極為潮濕，遠比沙漠區更適合動植物生存。艾雷拉龍、始盜龍和伊沙瓜拉斯托的其他恐龍就是在這種環境裡生活——位置剛好落在盤古大陸南部、中緯度、潮濕地帶的正中央。

　　盤古大陸雖是一塊聯合大陸，但它的惡劣天氣與極端氣候令其極度危險且不可預測。這地方並不特別安全，也不會舒適到讓我們願意以「家園」稱之，但開天闢地以來的第一批恐龍卻別無選擇。牠們一腳踩進的世界正值二疊紀末大滅絕過後的恢復期，大地不僅得承受暴風的猛烈鞭笞，也總是在酷熱氣溫下化為焦土。在大滅絕肅清整個星球之後出現的其他新型動植物，也面臨相同慘況。這些新來物種被迫面對殘酷的演化戰場，而恐龍更是無法確定能不能成功竄出頭來，畢竟早年牠們剛出現的時候，體型小、個性溫和，離食物鏈頂端更是遙遠；牠們只能跟和其他同在食物金字塔中層的中小型爬行類、早期哺乳類和兩棲類混在一起，擔心高踞王位的鱷支祖龍類（*crocodile-line archosaurs*）痛下毒手。恐龍毫無先天優勢。牠們得靠自己打拼，爭取地位。

　　有好幾年的夏天，我多次深入盤古大陸北部的亞熱帶乾燥帶，尋找恐龍化石。當然，那塊超大陸早就不存在了。自兩億三千多萬年前、原始恐龍踏上演化之路的那天起，盤古大陸就

逐漸裂開成今天這副模樣。而我探索的區域其實是盤古大陸殘餘的部分——位於歐洲最西南隅，陽光普照的葡萄牙阿爾加維省（Algarve）。在恐龍家族頂著三疊紀超級季風尋找方向、對抗沸騰熱浪的演化初期，阿爾加維省這一帶當時只離赤道頂多十五至二十緯度，差不多是今日中美洲所在的位置。

　　一如其他多次古生物歷險之旅，葡萄牙之所以進入我的雷達範圍，純屬偶然。自首次結伴短暫闖蕩波蘭、拜訪尼茨威茲基並研究少數恐龍的恐龍形類先祖化石之後，我和英國伙伴巴特勒逐漸對某個題目上了癮：三疊紀。我們深深著迷於三疊紀，想知道在恐龍剛出現且不堪一擊的年代，世界到底是何模樣。於是我們攤開歐洲地圖，尋找其他能取得三疊紀岩石的地區；可以想見的是，這類沉積岩裡應該會有恐龍及其他共存動物的化石。巴特勒無意間在一本不太有名的科學期刊上翻到一篇簡短論文（short paper），描述某德國地質系學生於一九七〇年代，曾經在葡萄牙南部採集到一些骨骼碎片。當年，這個學生在葡萄牙南部製作岩層地圖（這是所有主修地質學大學生的必經歷程），對化石不太感興趣，隨手就把這堆標本扔進背包、帶回柏林，最後鎖進博物館；一直要到近三十年後，才有幾位古生物學家認出它們竟是某種遠古兩棲類的頭骨碎片。「三疊紀」的兩棲類，光是這三個字便足以令我倆熱血沸騰——在歐洲某風光明媚的地方仍保有三疊紀化石，而且數十年來沒人想過要上那裡去找。咱們非去不可。

　　那篇鮮為人知的論文引領巴特勒和我在二〇〇九年夏

末——一年之中最熱的時節——抵達葡萄牙，並找來另一位朋友奧塔維歐‧馬提厄斯（Octávio Mateus）組隊出發。馬提厄斯當時還不到三十五歲，卻已被視為葡萄牙首屈一指的恐龍獵人。馬提厄斯從小在里斯本北方、多風的大西洋岸小鎮「洛里尼亞」（Lourinhã）長大，雙親是業餘考古學家暨歷史學家，周末幾乎都在鄉間挖掘探索；巧的是，這裡到處都是侏儸紀恐龍化石。馬提厄斯一家和當地熱心人士組成的雜牌軍採集到許多恐龍骨頭、牙齒和恐龍蛋，數量多到得找個地方收存，因此在馬提厄斯九歲那年，他爸媽著手成立自家博物館。今天，「洛里尼亞博物館」（Museu da Lourinhã）的化石名列世界上最重要的恐龍化石收藏之一，其中許多都是馬提厄斯本人和他日益擴展的學生群（後來馬提厄斯繼續攻讀古生物學，成為里斯本新大學〔Universidade Nova de Lisboa〕的教授）、志願者和家鄉諸多幫手們所蒐集來的。

　　馬提厄斯、巴特勒和我選在熾熱的八月天出發，倒也合適，因為我們要找的動物（化石）當年就生活在盤古大陸最熱、最乾燥的區域；但是就我們的實際情況而言，這個策略有待商榷。有好幾天，我們徒步穿越烈日下的阿爾加維丘陵，汗水浸透地圖。我們期盼地圖能指引我們找到寶藏，幾乎踏遍地圖上所有標示有三疊紀岩石的地點，也重新標記當年那個地質系學生找到兩棲類骨骼的位置，怎料一路所見盡是化石碎屑。為期一週的野外勘查逐漸接近終點，我們又熱又累，垂頭喪氣，挫折滿腹；在即將承認失敗的最後一刻，我們認為應該回

到當年發現化石的地點，再巡一遍。那天是個超級大熱天，咱們的手持GPS顯示氣溫高達攝氏五十度。

三人集體行動約莫一小時後，我們決定分頭探勘。我留在山腳附近，在地面四散的骨頭碎片中急切地仔細翻找，想找出碎片源頭，無奈運氣不佳。後來，我聽見山脊某處傳來振奮的呼喊——我隱約聽出那充滿感情的葡萄牙口音——肯定是馬提厄斯。我快步衝向我判定的聲音來源處，但那裡啥都沒有，一片安靜。難道只是我的想像？天氣炎熱害我腦子都糊塗了嗎？後來，我看見站在遠處的馬提厄斯，他頻頻揉眼睛，像在大半夜被電話吵醒似的，而且他步伐蹣跚，活像喪屍，整個人感覺詭異極了。

然而就在馬提厄斯看見我的那個瞬間，他重振精神，突然唱起歌兒來——我找到啦！我找到啦！我找·到·啦！——他不斷重複這句話，手裡握著一根骨頭。這下說得通了：他之所以舉止怪異，是因為沒帶水壺（他忘在車上了，在這種大熱天可說是相當不妙），不過卻意外發現兩棲類骨骼露出的岩層。馬提厄斯因為一時激動再加上脫水，昏厥了幾分鐘，好在現已恢復意識。又過了一會兒，巴特勒終於排除萬難、穿過灌木叢趕來會合。我們三人先是興奮地互相擁抱、擊掌慶賀，接著再前往路邊的小咖啡廳喝啤酒，算是補充水分外加二次慶祝。

馬提厄斯找到的是一層約五十公分厚、填滿骨骼化石的泥岩。往後數年，我們多次返回當地，謹慎勘查並挖掘那塊地方，這根本是件苦差事：因為這片骨骼化石層似乎無止盡地朝

山坡綿延。我不曾見過單一區域內集中出現如此大量的化石，簡直堪稱巨型墳場；數不清的方顎蜥（*Metoposaurus*）──兩棲類，貌似現代蠑螈的超級放大版，體型跟一輛小型車差不多──亂七八糟堆疊在一起，少說有數百隻。約莫在兩億三千萬年前，這群黏呼呼又醜頭怪臉的巨獸，因賴以為生的湖泊突然乾涸（受到盤古大陸反覆無常的氣候影響），害牠們集體暴斃。

　　在三疊紀的盤古世界裡，像方顎蜥這種巨型兩棲類算是舞台要角。牠們潛伏在幾乎遍布整塊超大陸的湖濱與河岸，其中又以亞熱帶乾燥區和中緯度潮濕帶為主。假如你是始盜龍這類瘦小的原始恐龍，你肯定會無所不用其極、設法遠離水邊，因為那裡是敵方地盤。方顎蜥蟄伏在淺水區等待，隨時準備突擊任何膽敢接近水邊的動物：牠的腦袋跟茶几一樣大，下顎長滿上百顆參差不齊的利牙，而牠又寬又大、幾近扁平的上下顎如活頁相連，能像馬桶蓋一樣啪地瞬間闔上，一口吞下任何牠想吞的東西。只消大嚼幾口，一頓美味的恐龍饗宴輕鬆下肚。

　　乍聽之下，「比人還大的蠑螈」像是某種瘋狂幻想，但牠們雖然奇怪，卻是不折不扣的地球生物。方顎蜥和牠們的親屬為地域型掠食動物，是今日青蛙、蟾蜍、水螈（newts）和蠑螈的祖先。牠們的 DNA 仍在你家後院那些蹦蹦跳跳、或躺在高中生物課解剖桌上的青蛙血液中流動。事實上，現存且可辨識的動物大多都能追溯至三疊紀，最早的龜、蜥蜴、鱷魚或甚至哺乳類都是在這時候來到世界上的。這些動物數種繁多，都

我和馬提厄斯、巴特勒組隊前往葡萄牙阿爾加維挖掘方顎蜥的骨骼化石。

是我們的家「地球」架構下的一分子，也全都和恐龍一起在史前盤古大陸的嚴苛環境中崛起。二疊紀末的滅絕災難留下一個超級空曠的遊樂場，有充足的空間讓各種新生物演化繁衍，而這股繁榮昌盛的勢頭在三疊紀近五千萬年的時間內從未減弱，持續不滅。那是一段重要的大規模生物實驗時期，徹底改變整座星球，影響延續至今。難怪有許多古生物學家都說三疊紀是「現代世界的破曉時刻」。

　　如果各位有辦法看見我們小巧、毛絨絨、像老鼠一樣大的三疊紀哺乳類祖先眼中的世界，你會發現，三疊紀已顯現今日

世界的些許端倪。就這顆星球的物理條件而言，當時與今日確實截然不同——彼時只有一塊超大陸，特徵是高熱和猛烈極端的氣候。儘管如此，仍有少數未遭沙漠吞沒的地區，覆蓋著蕨類與松林：蜥蜴在樹冠層飛奔疾走，龜在河中划水悠游，兩棲類瘋狂亂竄，許多你我都熟悉的昆蟲嗡嗡飛舞。然後還有恐龍——在這幅遠古場景中，牠們還只是小角色，但總有一天注定成為偉大巨獸。

挖掘出葡萄牙的超級蠑螈大墳場數年後，我們繼續採集到一大堆方顎蜥骨骼化石，足以塞滿馬提厄斯博物館的工作室。不過，我們也找到一些隨著史前湖泊乾涸而死亡的動物屍骨，包括一頭「植龍類」（*phytosaur*）的部分頭骨（鱷魚近親，鼻吻頗長，能在水中與陸上獵食），多種魚類的牙齒與骨骼（大概都是方顎蜥的主要食物來源），還有一些小型骨頭（可能屬於某種體型像獴的爬行類）。

但我們始終沒找到任何顯示恐龍活動的跡象。

這就怪了。我們知道恐龍曾經生活在赤道以南、伊沙瓜拉斯托的潮濕河谷中；約莫在同一時期，方顎蜥則占據三疊紀時代的葡萄牙湖畔。我們還知道有許多不同種類的恐龍曾經在伊沙瓜拉斯托一起生活——我在馬汀尼茲那邊（阿根廷的博物館）研究過的恐龍全都生活在一起：譬如吃肉的艾雷拉龍、曙奔龍，或長頸恐龍的始祖泛食龍、顏地龍，還有早期的鳥臀目

動物（頭上長角或嘴巴像鴨子的恐龍親戚）。這些動物都不在食物鏈頂端，在數量上也遠遠不及巨型兩棲類和其他鱷魚親戚，但至少牠們終於開始出名了。

所以，我們在葡萄牙為什麼沒瞧見牠們的蹤跡？當然，有可能只是我們還沒找到；缺乏證據不代表證據不存在，每個有經驗的古生物學家都必須反覆提醒自己這一點。或許下一次我們重回阿爾加維的灌木林地、挖到另一片骨骼化石岩床時，說不定就會找到恐龍了。不過，我敢說實情可能並非如此（也樂意為此打賭），理由是隨著古生物學家在全球各地挖出越來越多三疊紀化石，某種模式也逐漸浮上檯面：在兩億三千萬年前至兩億兩千萬年前這個時間帶內，恐龍似乎只出現在氣候溫和的潮濕區域（尤其是南半球），緩慢演化出多樣物種。我們不只在伊沙瓜拉斯托找到恐龍化石，也在巴西、印度等過去屬於盤古大陸的潮濕區內發現恐龍蹤跡。然而在此同時，靠近赤道的乾燥帶不是找不到恐龍，就是數量極為稀少。西班牙、摩洛哥及北美東岸也像葡萄牙一樣，有許多規模龐大的化石出土區；科學家在這些地方找到大量兩棲類、爬行類的化石，獨獨沒有恐龍。當恐龍在更適合生存的潮濕地帶興盛繁衍的一千萬年間，前述這些地區全都位於盤古大陸上極度缺水的乾燥帶。照這樣看來，這群初代恐龍似乎沒辦法應付沙漠炎熱乾燥的氣候條件。

這條故事線完全出乎意料；恐龍發跡之際，並不像某些病毒傳染一樣瞬間橫掃盤古大陸。牠們的分布具有地理上的局限

性，惟限制條件並非實質地理障礙，而是牠們無法忍受的氣候條件。在這近千萬年間，恐龍彷彿是某種外省鄉巴佬，卡在超大陸南邊的某塊區域內動彈不得；牠們就像年事已高卻仍懷抱褪色美夢的前高中美式足球明星，成天幻想當初若能離開家鄉小鎮，今日肯定能闖出一番名號。

　　早期這群熱愛潮濕環境的恐龍們，說穿了只是「弱勢團體」，無論數量或力量都不是非常有影響力。牠們不只被沙漠圍困，即使在那些勉強湊合也能熬過去的其他環境裡，牠們也鮮少能順利存活；至少剛開始是如此。這是真的，當時的伊沙瓜拉斯托確實有數種恐龍同時存在，數量卻只占整個生態系的百分之十到二十；牠們的族群規模遠遠不及早期哺乳類（譬如外型像豬、嗜食根葉的二齒獸類），也不如其他爬行類（最出名的就是能以鋒利喙部削斷植物的喙頭龍，或是鱷魚近親、強大的掠食王者蜥鱷）。約莫同一時期、再往東邊走一點（今日巴西境內），情況亦大致相同。這裡有好幾種恐龍都算是伊沙瓜拉斯托的龍族至親——食肉的「南十字龍」（*Staurikosaurus*）是艾雷拉龍表親；體型小、脖子長的「農神龍」（*Saturnalia*）長相與泛食龍極為相似。但牠們同樣非常罕見，在數量上也完全不敵壓倒性存在的原始哺乳類和喙頭龍。即便再往東走——這裡開始有潮濕帶突入今日印度境內——依然只有少數幾種長脖子的原蜥腳類近親（譬如「南巴爾龍」〔*Nambalia*〕和「加卡帕里龍」〔*Jaklapallisaurus*〕），但是在這些由其他物種主宰的生態系裡，牠們同樣只能扮演跑龍套的角色。

　　然後，就在所有條件都顯示恐龍注定無法擺脫命運的局限時，發生了兩件大事，這兩件事讓恐龍有了掙脫宿命的出口。

　　首先，生活在潮濕帶的優勢物種（如喙頭龍、二齒獸類等大型植食動物），數量逐漸變少，在某些地區甚至完全絕跡；目前我們還未完全理解個中原由，至少結果確認無誤。這些植食巨獸的衰落給了其他同為植食一族的原蜥腳類近親（如泛食龍、農神龍）一個好機會，讓牠們在某些生態系裡掙得新地位；沒多久，牠們就成為赤道南、北潮濕帶最主要的植食動物了。在阿根廷的「洛斯科羅拉多層」（Los Colorados Formation）中，有一組約莫在兩億兩千五百萬至兩億一千五百萬年前形成的沉積岩（時間正好接在伊沙瓜拉斯托的恐龍化石層之後），裡頭數量最多的脊椎動物就屬蜥腳類的祖宗們了。這種體型介於牛和長頸鹿之間的大型植物處理機──包括萊森龍（*Lessemsaurus*）、里奧哈龍（*Riojasaurus*）、科羅拉多斯龍（*Coloradisaurus*）──化石數量遠多於其他動物。總括算來，恐龍大概占整個生態系的百分之三十，而一度具主宰地位的哺乳類近親則驟降至百分之二十以下。

　　這樣的故事不只發生在盤古大陸南方。在赤道另一邊的原始歐洲地區，以及北半球的部分潮濕帶，也有其他長頸恐龍正逐漸壯大聲勢。一如洛斯科羅拉多層呈現的景象，這群恐龍在棲地裡也是最常見的大型植食動物──譬如「板龍」（*Plateosaurus*）。我們不僅在德國、瑞士、法國境內超過五十處地點挖出板龍化石，甚至還找到規模與葡萄牙方顎蜥骨層

（bone bed）規模相當的巨型墳場——氣候劇變導致數十頭板龍（可能更多）集體死亡——跡象顯示，這類動物不僅為數眾多，且大多成群結隊、四處遊走。

第二項重大突破約莫發生在兩億一千五百萬年前：恐龍首度涉足北半球的亞熱帶乾燥區。當時大概在北緯十度左右，地點是目前的美國西南部。科學家還未掌握恐龍這會兒又為何能踏出潮濕帶舒適圈、走進炎酷沙漠的確切理由，但這項改變極可能與氣候變遷有關——季風和大氣層二氧化碳含量雙雙出現變化，使得潮濕帶與乾燥帶的差異縮小，恐龍也能更自在地在兩區之間遊走。不論理由為何，恐龍終於踏進熱帶，將勢力拓展至先前將牠們排除在外的世界。

三疊紀恐龍在沙漠區留下的生活紀錄，就屬美國亞歷桑那州北部和新墨西哥州保存得最好；今天，這塊區域再度變成沙漠。在這片美如風景明信片的大地上，奇岩處處、惡地遍布，還有河流切穿多彩岩層所形成的峽谷。這些砂岩與泥岩都屬於「欽利層」（Chinle Formation）——這組岩層厚達半哩，成形於三疊紀後半葉（距今兩億兩千五百萬至兩億年前左右），由盤古大陸熱帶區的古老沙丘和綠洲組成。所有造訪美國西南部且熱愛恐龍的遊客，都應該把這裡的「化石森林國家公園」（Petrified Forest National Park）排進行程，因為欽利層最漂亮的露頭之一就在這裡：約莫就在恐龍開始落腳此地的那段期間，曾有成千上萬的巨木遭洪水連根拔起並掩埋，然後變成化石。

　　過去十年來，有不少堪稱古生物學界最精采的野外考察工
作都以欽利層為目標；接連不斷的新發現組成一幅驚人新圖
像，呈現最早定居沙漠的恐龍是何模樣，以及牠們如何適應並
融入更廣泛的生態系統。帶起這股風潮的，是一群初探欽利層
時都還只是研究生的年輕學者。這個團隊有四名核心人物：藍
迪・艾爾米斯（Randy Irmis）、斯特林・內斯彼特（Sterling
Nesbitt）、內特・史密斯（Nate Smith）和亞倫・透納（Alan
Turner）。艾爾米斯戴著眼鏡、極度內向，骨子裡卻是勇猛的
野外地質學家；內斯彼特專長化石解剖學，總是戴著一頂棒球
帽、酷愛引用電視喜劇台詞；史密斯來自芝加哥，衣冠楚楚，
喜歡從統計學研究恐龍演化史；至於透納則是建構絕種族群系
譜樹的高手，而那一頭長髮、濃密的鬍子再加上中等身材，為
他博得「小耶穌」的渾號。

　　這組四人幫在古生物學的學術路上足足領先我半個世代。
我才剛進碩士班做研究時，他們已是博士班學生。當時，年
紀輕輕的我對他們極為敬畏，彷彿他們是古生物學界的「鼠
黨」（Rat Pack）*。他們總是集體行動，也常與他們在欽利合
作的伙伴一起出席研討會。這群朋友包括：莎拉・韋爾寧
（Sarah Werning），她是恐龍與其他爬行類的成長發育專家；
聰明絕頂、專攻大滅絕與地質時間的地質學家潔西卡・懷賽德
（Jessica Whiteside）；任職於化石森林國家公園的古生物學家比

---

* 一九五〇年代左右，幾位出身紐約的美國演員所組成的好友團體。

爾‧帕克（Bill Parker），專長是某種跟早期恐龍同時代的鱷魚近親；還有研究另外幾種原始鱷魚的蜜雪兒‧史托克（Michelle Stocker）。（後來，內斯彼特說服史托克嫁給他──而且還是在某次野外考察時求婚的──組成名副其實的「三疊紀夢幻隊伍」。）他們個個學識超群，全都是我十分景仰的年輕科學家，當時我一心期盼自己有朝一日也能成為像他們一樣的研究高手。

有好幾年，這群「欽利鼠黨」都跑來新墨西哥州北部小村「阿比酷」（Abiquiú）附近的乾地度夏。一八〇〇年代中期，這裡是聯絡聖塔菲（Santa Fe）和洛杉磯的商道「老西班牙古道」（Old Spanish Trail）的重要關口，而今天只剩數百人留居此地，使這裡感覺像與世隔絕的國度、最難以抵達的閉塞之地。不過，就是有人喜歡這份與世隔絕的蒼涼──譬如以描繪花朵聞名、畫風隱約帶有抽象概念的美國現代主義藝術家喬琪亞‧歐姬芙（Georgia O'Keeffe）。阿比酷宛如粉彩畫的曠野吸引歐姬芙前來，驚人美景和無與倫比的自然色調深深觸動她的心。她在附近買下一棟房子（位於這片開闊沙漠區一處名為「幽靈牧場」〔Ghost Ranch〕的隱僻處），不受干擾地盡情探索自然，實驗各種新畫風。她在此地完成的作品經常可見沐浴在熾熱、耀眼陽光下的紅色峭壁，以及牧場上多彩如條紋棒棒糖的巨大峽谷。

一九八六年，歐姬芙過世，「幽靈牧場」遂成為藝術愛好者的朝聖地，盼能一睹這片帶給已故大師豐沛靈感的沙漠祕

境。不過，這群頗具文化素養的旅人們大概都不知道，幽靈牧場還有多到爆的恐龍化石。

但欽利鼠黨曉得這件事。

他們知道，一八八一年，出身美國費城的古生物學家艾德華‧柯普（Edward Drinker Cope）曾差遣一名科學傭兵（大衛‧鮑德溫〔David Baldwin〕）前往新墨西哥州北部，而此行唯一的任務就是尋找恐龍化石，讓柯普能打臉他的耶魯對手奧賽內爾‧馬許（Othniel Charles Marsh）。這兩位美東佬後來捲入一場史稱「化石戰爭」（Bone Wars）的長期競爭（這場戰爭容後再敘）；不過雙方在這段時期還未撕破臉，也還不敢挑戰驍勇善戰的美國原住民（即傳奇人物「傑洛尼莫」〔Geronimo〕：當時他仍稱霸新墨西哥州與亞利桑那州一帶，直至一八八六年投降為止）。這兩位不僅親自出馬找化石，還仰仗帶武器的人手助其一臂之力。鮑德溫就是他們經常僱用的這類人物——神出鬼沒如孤狼，隨時都能上馬直奔惡地深處，一連數月，即便是淒冷隆冬也照去不誤，最後總能揹著一大袋恐龍骨頭凱旋而歸。事實上，鮑德溫與這兩位針鋒相對的古生物學家都有合作關係。他曾是馬許的心腹，但現在效忠柯普，所以這回的幸運兒正是柯普——因為鮑德溫在幽靈牧場附近的沙漠挖到小而中空的恐龍骨頭了。這群骨頭屬於一種原始的三疊紀恐龍，而且是全新物種：牠體型似犬、重量輕、跑得快、牙齒銳利，後來柯普命名為「腔骨龍」（*Coelophyis*）。腔骨龍跟數十年後在阿根廷出土的艾雷拉龍一樣，都是獸腳類王朝——後來衍生出霸

王龍、盜伶龍和鳥類──的早期成員。

　　欽利鼠黨也知道，在鮑德溫發現腔骨龍的半個世紀後，另一位來自美國東岸的古生物學家艾德溫・柯伯特（Edwin Colbert）也對幽靈牧場一帶產生興趣；與柯普跟馬許比起來，這傢伙親切多了。柯伯特在一九四七年出發前往幽靈牧場時，年紀才四十出頭，卻已坐上這行數一數二的頂尖位置：他是紐約市「美國自然史博物館」古脊椎動物館研究員（American Museum of Natural History, Vertebrate Paleontology）。那年夏天，歐姬芙在幾公里外畫平頂山、畫岩石雕刻，柯伯特的野外考察助手喬治・維塔克（George Whitaker）也同時有了驚人的發現：他偶然挖到一處腔骨龍墳場，計有上百副骨骼，推測這群掠食者當年應是慘遭洪水沖走掩埋。我能想像維塔克當時的心情，肯定和我們在葡萄牙發現方顎蜥骨層時一樣欣喜若狂。一夜之間，腔骨龍成為三疊紀恐龍的典型代表。當人們想像恐龍最早的模樣、如何行動、生活在哪種環境時，就會立刻浮現「腔骨龍」三個字。接下來好幾年，工作人員挖個不停，撬出一塊又一塊骨層，送往世界各地的博物館。今天，各位若是參觀大型恐龍展，應該都會見到幽靈牧場出土的腔骨龍化石。

　　欽利鼠黨還知道最後一項、或許也是最重要的線索。由於這一大批腔骨龍遺骸幾乎都在同一處發現，數十年來，這座大型墳場的挖掘工作牢牢抓住眾人目光，不僅引來大批資金，也占去野外考察人員大部分的時間與精力。可是，這個地方只是廣大幽靈牧場地區的單一挖掘點，而這一帶還有廣達數十平方

公里的土地屬於含有大量化石的欽利層，代表其他地方肯定還有更多化石。所以當欽利鼠黨得知二〇〇二年，約翰·海登（John Hayden）這名退休森林管理員在離幽靈牧場主入口不到一公里處健行時，意外發現了一些骸骨，他們壓根不覺得意外。

若干年後，艾爾米斯、內斯彼特、史密斯和透納這四人組重返海登發現骨頭的地點，並拿工具開挖。他們費了一番工夫，也流了不少汗水。有一回，我在紐約的愛爾蘭酒館巧遇四人組；史密斯轉向我，抬高下巴朝天花板努了努，不可一世地暗示一句：「那年夏天，我們搬過的石頭……呵，大概可以堆滿這間酒吧。」

但這份體力活可說是相當值得。四人幫確認那處地點確實藏有恐龍化石，並且持續挖出更多骨頭，數目上百、甚至上千——原來，那裡曾是河道沉積帶，許多在兩億一千二百萬年前不幸被沖進河裡的倒楣鬼，被水流帶來、堆在這裡。儘

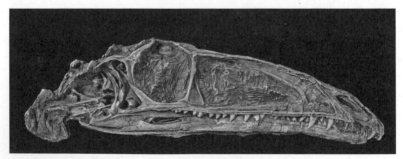

腔骨龍頭骨。這種原始的獸腳類動物在幽靈牧場大量出土。

管這四人都還只是學生，他們憑著一股想要自己挖出名堂的驅策力，又有完美的勘查分工，欽利鼠黨一舉挖出這座三疊紀化石的超級寶庫；而這裡——暱稱「海登採石場」（Hayden Quarry），這是用以紀念那位森林管理員，眼尖發現突出地表、磨蝕嚴重的第一塊化石——也成為世界上最重要的三疊紀化石採集地之一。

　　海登採石場猶如一張遠古生態系快照，呈現恐龍首度跨足沙漠的部分生活景象；然而這幅景象與欽利鼠黨預期的截然不同。二○○○年代中期，這群特立獨行的年輕好手動手開挖時，學界普遍認為恐龍在三疊紀晚期來到沙漠之後，沒有多久便迅速征服這片區域。當時已有其他學者在新墨西哥州、亞利桑那州、德州等地質年代相近的岩層中，採集到大量化石，且種類似乎多達十餘種——有粗壯的掠食王者、也有小型食肉恐龍，另外還有多種成天咀嚼植物的鳥臀目動物（即三角龍與鴨嘴龍的祖先），看起來到處都是恐龍；可是海登採石場的情況完全不同。這裡有巨型兩棲類（葡萄牙方顎蜥的近親），原始鱷魚，以及鼻吻較長、身披鎧甲、腿短又瘦巴巴的鱷魚親戚（名為「范克里夫鱷」（Vancleavea）的爬行類，看起來像長了鱗片的臘腸狗），此外還有像變色龍一樣掛在樹上、長像滑稽的小型爬行類「鐮龍」（Drepanosaurus）。這些都是海登採石場最常見的動物。那恐龍呢？不像其他動物種數繁多，欽利鼠黨在這裡只找到三種恐龍化石：一種是腳程極快的掠食恐龍（非常近似鮑德溫發現的腔骨龍），還有動作敏捷的肉食恐龍「太陽

神龍」（*Tawa*），再來就是體型再大、再粗壯一點，和阿根廷艾雷拉龍是親戚、同樣也吃肉的「欽迪龍」（*Chindesaurus*）。而且，每一種都只挖到幾副而已。

這個結果令四人幫大吃一驚。三疊紀晚期的熱帶沙漠區竟然沒幾隻恐龍、而且幾乎只有吃肉的恐龍在這一帶走逛。此地完全沒有植食恐龍，沒有半隻在潮濕帶相當常見的長頸原始恐龍、沒有三角龍的鳥臀目祖先。這裡只有一小群恐龍，周圍盡是其他體型更大、更凶猛、數量更多、種類更多元的動物。

那麼其他科學家在美國西南部確認的數十種三疊紀恐龍，組成分子又有哪些？艾爾米斯、內斯彼特、史密斯和透納詳細檢視既有證據，造訪研究人員存放化石的每一間小鎮博物館，發現最常見的是分散的牙齒和骨頭碎片──這些全都不是為新物種定名的最佳依據。然而令他們訝異的不只這些。隨著四人幫在海登採石場挖出越來越多化石，四人腦中的圖像也越來越清晰；他們逐漸能依直覺辨別恐龍、鱷魚與兩棲類。經過一連串呼喊「有啦！」、「找到啦！」的時刻之後，四人終於明白，其他人在這附近採集到的「疑似」恐龍化石大多不屬於恐龍，而是比較原始的恐龍形類近親或早期鱷魚（及其親屬），只是碰巧看起來非常像恐龍而已。

所以在三疊紀晚期，恐龍不只數量稀少，甚至還跟年長不知好幾輩的老親戚們生活在一起（近四千萬年前在波蘭湖區留下小腳印的那幾種動物）──這份認知著實叫人震驚。在這之前，幾乎每個人都以為原始的恐龍形類動物只是一群沒什麼意

思、只為孕育偉大的恐龍王朝而曇花一現的古早生物，一旦完成工作便迅速消逝絕跡；實際上牠們卻屹立不搖，遍布於三疊紀晚期的北美地區。四人幫甚至還在海登採石場發現一種體型跟貴賓犬差不多的新物種「*Dromomeron*」[*]，與恐龍相伴近兩千萬年。

馬汀・艾茲庫拉（Martín Ezcurra）大概是唯一對這項發現不覺得驚訝的人吧。這名阿根廷學生打從一開始就跟前述四位美國研究生抱持著不同想法：對於老一輩古生物學家在北美採集到的某些「恐龍」化石，他認為鑑定結果可能有問題，只是他既無資源也無門路，因為他出身南美，英文也不夠好。而且，他還不到二十歲。

不過，拜馬汀尼茲和多位博物館館長的慷慨之賜（眾人對這名高中生想一探館藏的不尋常請求，全都予以正面回應），艾茲庫拉得以見識大量來自家鄉的伊沙瓜拉斯托恐龍化石。艾茲庫拉蒐集了不少神祕的北美恐龍照片，並仔細與阿根廷的恐龍照片對照比較，結果發現兩者之間存在幾項重大差異，其中以一種瘦巴巴的北美肉食動物「真腔骨龍」（*Eucoelophysis*）最為明顯——科學家原以為牠屬於獸腳類，但牠其實應該是原始的恐龍形類動物。二〇〇六年，艾茲庫拉將這項發現發表在科學期刊上，比艾爾米斯、內斯彼特、史密斯和透納的發表還要早了一年；寫下這篇論文時，艾茲庫拉年僅十七歲。

---

[*] 尚未正式定名，屬於兔蜥科。

　　眼見有這麼多動物──包括多種恐龍形類先祖──順利適應沙漠區生活，要想探究恐龍何以如此適應不良，實在困難。為了找出原因，欽利鼠黨決定與技藝超群的地質學家懷賽德合作（她也是我在葡萄牙實地探勘的隊友）。懷賽德是閱讀岩理的大師級人物，比我所知的任何人都還要厲害；她只消看一眼就能滔滔描述眼前的岩石有多老、形成環境與溫度，就連當時下了多少雨她都曉得。若是放任她在化石採集場四處走逛，懷賽德肯定能從遠古時代開始描述這裡的氣候變遷、天氣變化、演化大爆發和大滅絕等精采故事。

　　根據第六感，懷賽德認為幽靈牧場（或海登採石場）的動物過得並不輕鬆。雖然居住環境並非全是沙漠，該地氣候卻會隨著季節更迭而劇烈波動──一年之中大多乾到見骨，其餘時候則又濕又冷──懷賽德與鼠黨四人稱之為「超季節」氣候（hyperseasonality），罪魁禍首是二氧化碳。懷賽德的測量結果顯示，在海登採石場這群動物生存的年代，盤古大陸熱帶區的大氣層每一百萬個分子中即有兩千五百個二氧化碳分子，足足是今日的六倍。請各位靜下心來想一想：目前，地球溫度驟升的問題已令世人萬般焦慮，對未來的氣候變遷憂心忡忡；但是跟前述那段時期相比，今天大氣層中的二氧化碳含量已經少很多了。在三疊紀晚期，如此高濃度的二氧化碳引發連鎖效應──氣溫與降雨量劇烈波動，大地時而野火燎原、時而潮濕多雨，導致植物群很難建立穩定的植被。

　　這是盤古大陸上較為混亂、無法預測且環境條件極不穩定

的地區。生活在這裡的動物，有些適應得好，有些適應得差；恐龍似乎勉強過得去，不過還不到真正興盛繁衍的程度。體型較小的獸腳類食肉動物還算有辦法應付，但是體型大、生長快速、比較需要穩定進食的植食恐龍大概就熬不過去了。即使自演化誕生伊始已過了兩千萬年，即使牠們在潮濕生態系已穩坐大型植食動物的王座、逐步朝比較炎熱的熱帶地區擴張勢力，但天候對恐龍而言仍是一大挑戰。

假如你在三疊紀晚期鬧洪水的時節，站在安全地帶看著海登採石場的動物們被季節性河流掃入水中、相繼滅頂，那麼當牠們的屍體漂過眼前時，各位大概很難分辨誰是誰。當然，如果是巨大的超級蠑螈、或是某種長得像變色龍的奇怪爬行類，應該不難辨識；但如果是腔骨龍或欽迪龍這類源自某些鱷魚或其近親的恐龍，恐怕就束手無策了吧。就算你見過牠們活著的樣子，研究過牠們怎麼吃、怎麼行動或彼此互動，大概還是會搞混，很難辨別清楚。

為什麼？理由跟上一代古生物學家在美國西南部（或是歐洲及南美）常把鱷魚化石誤判成恐龍化石的原因一模一樣：因為在三疊紀晚期，地球上有太多動物真的、真的很像恐龍——不只外表像，行為也像。就「演化生物學」（evolutionary biology）來說，這叫「趨同演化」（convergence）：不同生物因為生活方式與生活環境相似，在形態或行為上會變得越來越

相似。正因為趨同演化，鳥類和蝙蝠都有翅膀、都會飛，而蛇和蠕蟲都變得細細長長、沒有腳，成天在地下鑽來鑽去，鑿穴挖洞。

而恐龍與鱷魚之間的趨同演化更叫人吃驚。就長相而言，潛行於密西西比河三角洲的短吻鱷與蟄伏在尼羅河畔的長吻鱷，看起來隱約有點像史前動物，但牠們和霸王龍、雷龍可謂天差地別；不過，三疊紀晚期的鱷魚跟現在完全不一樣。

各位或許還記得，恐龍和鱷魚都源自「祖龍類」——祖龍類是一群不再貼著地面行走的爬行動物，於二疊紀末大滅絕後開始大量繁殖。祖龍類之所以快速崛起，理由是牠們比同期的其他爬行類移動速度更快、更有效率。來到三疊紀初期，祖龍類分成兩大主系：一支是朝恐龍形類動物及恐龍演化的「鳥蹠類」，另一支則是演化成鱷魚的「偽鱷類」。在滅絕後的演化大爆發期間，偽鱷類這一族另外還繁衍出好幾個支群，於三疊紀朝多樣化演化發展，但最後全數絕跡；由於牠們不像鱷魚及恐龍，其後代並未延續至今（恐龍以鳥類的形態延續），因此大多遭人遺忘，被認為是來自遙遠過去的怪奇生物，象徵無緣開花結果的演化死胡同。但這個刻板印象是不對的，因為在三疊紀期間，鱷魚支序這邊的祖龍類類動物不僅活得相當好，甚至大量繁衍。

三疊紀晚期的主要幾種偽鱷類動物，各位在海登採石場幾乎全都找得到：譬如「劍鼻鱷」（*Machaeroprosopus*）。這種蟄伏型掠食動物屬於植龍類一族，鼻吻較長、半水生，我們在葡

萄牙也曾發現牠的骨骼化石。劍鼻鱷的體型比汽艇還大，嗜食
魚類（偶爾也吃路過的恐龍），長長的下顎長了上百顆棘牙。
劍鼻鱷有個鄰居叫「正體龍」（*Typothorax*），這頭專吃植物的
大個兒像坦克一樣，全身覆滿鎧甲，頸後還長出一根根尖刺。
正體龍屬於「堅蜥類」（*Aetosaurs*），這群體型中等的植食動
物在演化上相當成功，勢力龐大，與數百萬年後才出現、同樣
自備盾甲的「甲龍」（*Ankylosaurus*）在外型上十分相似；而且
正體龍很會挖東西，甚至還會築巢、護巢並照顧子代。除了上
述兩種偽鱷類動物之外，還有好幾種貨真價實的鱷魚，但是都
跟今日你我熟悉的鱷魚完全不一樣：這些活在三疊紀的原始物
種（現代鱷魚即是從牠們演化來）看起來像格雷伊獵犬，不僅
體型差不多、以四足站立，就連身材都像超模一樣細長削瘦，
個個都是短跑冠軍。這種原始鱷魚以甲蟲和蜥蜴為食，跟掠食
王者完全沾不上邊。當年，這個頭銜屬於凶猛的「勞氏鱷」
（*Rauisuchians*），牠們動輒長到二十五呎長，比今日體型最大
的鹹水鱷魚還要大。我們在前幾段就見過一種——伊沙瓜拉斯
托生態系的第一把交椅、初代恐龍的恐怖夢魘——蜥鱷。請想
像一頭比霸王龍小一號、撐著四條粗腿乖張巡行的動物，頭頸
肌肉強健，排排利牙如軌，還有能一口咬碎骨頭的怪力。

　　此外，也有人在幽靈牧場附近（非屬海登採石場區域）的
腔骨龍墳場內，找到另一種屬於鱷魚支序的祖龍類動物。時間
是一九四七年，就在維塔克發現腔骨龍骨層後不久，而且當時
才開挖幾個禮拜就立刻有所斬獲；當時，自然史博物館團隊不

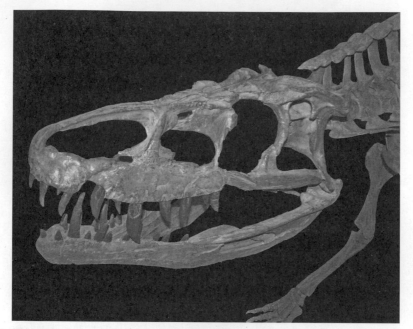

屬於鱷魚支序（勞氏鱷目）的祖龍類動物：撕蛙鱷（*Batrachotomus*）。
個性凶猛，掠食對象包括剛演化成形的早期恐龍。

斷挖出腔骨龍骨骼化石，因此沒過多久，興奮感消失了，大夥
兒越來越無聊，不管看見什麼都覺得像腔骨龍，因此他們並未
注意到其中一副大小與腔骨龍相似，同樣是長腿、骨架輕盈的
動物，其實有那麼一點點不同──這傢伙沒有軍刀利牙，取而
代之的是「喙狀」構造。可惜紐約的技術人員也沒留意到這項
差異。他們從石塊鑿出一具具化石標本，一經判定是腔骨龍就
急著停手，連同其他標本送進倉庫。

　於是這份化石就這麼棄置在博物館深處，無人聞問，直到

二○○四年才鹹魚翻身。當時，四人幫之一的斯特林・內斯彼特來到紐約哥倫比亞大學，準備攻讀博士；他正在規劃一項三疊紀恐龍的研究計畫，故決定把柯伯特、維塔克及其團隊在一九四○年代採集到的化石全部重新檢視一遍。這些化石大多還封在石膏裡，顯然乏人問津；不過，前面提到那副一九四七年出土的骨骼標本碰巧有人開過、館方人員亦部分處理過，因此內斯彼特有機會好好研究一番。憑著他那雙興奮激動的雙眼、再加上半世紀前那群疲憊的野外工作者已不復存的熱情，內斯彼特發現，眼前這一副並非腔骨龍骨骼。他看見鼻吻部的喙，也意識到身材比例不同（前肢很小）；接著，他發現這頭動物的踝部構造幾乎和鱷魚一模一樣。所以這根本不是恐龍，而是一頭在演化上跟恐龍極為相近（趨同演化）的偽鱷類動物。

　　這是所有年輕科學家（獨自在博物館標本抽屜間翻翻找找、只與自己的思緒為伴）夢想中的大發現。既然這是內斯彼特發現的，他得為牠起個名字，而他挑中的是讓人能聯想到發現地點的暱稱：「*Effigia okeeffeae*」（靈鱷）。「effigia」是拉丁文「幽靈」的意思，代表「幽靈牧場」；至於第二字（okeeffeae）則是向歐姬芙致敬。一時之間，靈鱷躍上國際版面──媒體極愛長相怪異、沒有牙齒、前肢幾乎完全退化又想偽裝成恐龍的古代類鱷動物。脫口秀主持人史蒂芬・柯伯特（Stephen Colbert）甚至還在自己的節目特闢一節，以開玩笑的口吻抱怨這頭動物不是該以艾德溫・柯伯特命名嗎？（這位古生物學家碰巧跟主持人同姓）怎麼會取個女性主義藝術家的名字？我記

得我看過這段節目，那是我念大學的最後一年，差不多要開始
規劃自己的研究所生涯；對於這個年紀輕輕的研究生竟能造成
這麼大的衝擊，我深受震撼。

　　這件事也同時激勵了我。在那一刻以前，我研究的對象只
有恐龍，但後來我逐漸領悟：靈鱷與其他恐龍形類、偽鱷類是
幫助我了解恐龍何以登上權力顛峰的關鍵。於是我開始研讀許
多和恐龍有關的經典文獻，其中不乏古生物學巨人羅伯特・巴
克（Robert Bakker）和艾倫・查里（Alan Charig）的著作，理
解他倆激辯恐龍獨特地位的過程。不論在速度、敏捷度、代謝
與智力等各方面，恐龍皆優於其他動物，使牠們得以完勝三疊
紀其他所有物種──包括巨大的超級蠑螈、合弓綱（早期似哺
乳動物）與鱷支祖龍類。恐龍是上帝欽點的優勢物種。牠們生
來就是要征服其他較弱的物種，擊敗牠們，建立全球霸業。這
些文稿流露出某種近似宗教的狂熱感，不過考量到巴克本身也
是普世教會牧師、並以慷慨激昂的講道聞名，那麼他會以這種
向會眾布道、作見證的方式撰寫學術論文，應該也沒什麼好意
外的。

　　在三疊紀晚期的戰場上，恐龍智取敵眾──這是篇好故
事，但這篇故事無法滿足、亦無法說服我。學界的新發現可能
推翻這條敘事脈絡，其中大多跟偽鱷類有關。這群來自鱷魚支
序的祖龍類動物，有許多種類與恐龍極為相似；但實情可能正
好相反──說不定是三疊紀的恐龍想變成偽鱷類動物？無論如
何，假如這兩種動物在許多方面都非常相似，那我們又怎能斷

定恐龍是比較厲害的物種？此外，有問題的不只是恐龍與偽鱷類的趨同演化，事實上在三疊紀晚期，世上的偽鱷類動物比恐龍還要多；在各個獨立生態系中，偽鱷類的種類和數量皆高於恐龍。幽靈牧場的鱷氏族樂園——包括植龍類、堅蜥類、勞氏鱷類、類靈鱷類動物與真鱷魚等等——並非只是局部現象。這類動物組成多樣族群，遍布地球的大部分區域。

　　然而，誠如科學家若想不著痕跡地批評他人時，經常端出的一句話：這全是「未經證實」的說法。那麼我們能不能找到辦法，明確比較恐龍和偽鱷類在三疊紀晚期如何演化？有什麼方法能驗證其中一方強過另一方、又或者兩方勢力依時消長？我一頭埋進各種統計文獻（像我這種成天與恐龍為伍，對其他領域和技術幾乎毫無概念的人，統計著實陌生），這才汗顏地發現：原來，無脊椎動物古生物學家——和我們同樣熱情、急切，潛心研究蛤蜊、蚌殼、珊瑚等等無骨（內骨骼）動物的旁系手足們——早在二十多年前就發明了一套方法，但我們這群恐龍工作者卻始終視而不見。這套方法叫作「形態變異度」（morphological disparity）鑑別法。

　　「形態變異度」聽來煞有其事，其實只是測量或計量變異性而已，方法很多，譬如「物種數目」就是其中一種。你可以說，南美的物種比歐洲更多樣化，因為南美的物種數目比較多。或者，你也可以從「豐富度」（abundance）計算生物多樣性，譬如昆蟲的多樣性就勝過哺乳類，因為不論在哪個生態系裡，昆蟲的數量皆多於哺乳動物。「形態變異度」的做法是以

解剖特徵為依據，計量或測量物種的變異程度（多樣性）。若以這種方式思考，你可能就會認為鳥類的變異程度大於水母，因為鳥類的身體構造可以分成好多部分、也比較複雜，而水母充其量就只是一團黏呼呼的袋狀玩意兒而已。透過計量多樣性，我們就能進一步理解演化的奧祕，因為動物的生物機制、行為、飲食、生長、代謝等等有太多層面都深受解剖構造的控制與影響。如果各位真心想了解某個族群如何隨時間演進，又或者想比較兩個族群的變異程度，我會說，形態變異度鑑別是最有力、最強大的方法。

　　要計算物種數或個體數並不困難，只需要一雙眼睛和一只計數器就行了。但「形態變異度」要怎麼計算或測量？該如何納入動物全身的複雜度、轉換成統計數字？我決定仿效無脊椎古生物學先鋒的做法，步驟大致如下：先整理出一份包含所有三疊紀恐龍和偽鱷類的動物名冊（也就是我想比對的對象），然後再花好幾個月研究這些動物的化石，列出數百項骨骼特徵或差異——譬如有些是五趾，有些是三趾；有些以四足行走，有些為雙足；有些有牙，有些無齒。我仿照電腦程式設計師，將這些特徵項目全部以「〇、一」編碼：艾雷拉龍以雙足行走，註記為「〇」；蜥鱷藉四足移動，註記為「一」。如此作業近一年後，我得到一份三疊紀物種資料庫，裡頭囊括七十六個物種，每一物種皆依四百七十項骨骼特徵鑑別判定。

　　花了這麼長時間、鍥而不捨地把資料蒐集好以後，接下來該做做數學題了，也就是建立「距離矩陣」（distance matrix）

——意即以前述解剖特徵資料為基礎，量化每一物種與其他物種之間的差異。假如某兩物種的解剖特徵完全重疊，那麼兩者的距離分數為〇，代表牠們一模一樣；假如某兩物種沒有任何共同的解剖特徵，距離分數為一，代表兩者完全不同。至於部分相同、部分不同者——就拿艾雷拉龍和蜥鱷為例——假設牠倆相同的骨骼特徵有一百項，但其他三百七十項不同，兩者的距離分數為〇‧七九（將具差異性的三百七十項除以整個資料庫的四百七十項）。若要想像這份距離矩陣圖，最貼切的例子是公路圖集裡的距離表：芝加哥—印第安納波利斯，一八〇哩；印第安納波利斯—鳳凰城，一七〇〇哩，鳳凰城—芝加哥，一八〇〇哩。這就是距離矩陣。

這就是地圖集距離矩陣的巧妙之處。各位可以把這些各城市道路距離的表格貼進統計軟體裡，再跑個「多變量分析」（multivariate analysis），最後電腦會吐出一張圖給你。在這張圖上，每座城市都化成一個點，而這些點會以距離為基準、依照最完美的比例彼此區隔。換句話說，這張圖就是地圖——就地理學而言完全正確——每一座城市都在正確的位置上，相對距離亦正確無誤。所以，要是我們把地圖集的矩陣資料，換成那份濃縮了三疊紀恐龍與偽鱷類骨骼差異的距離矩陣，結果會怎樣？統計軟體也會做出一張圖給我，圖上的每個點都代表一個物種——科學家管這份圖叫「生物形式空間」（morphospace）。事實上，這只是一份「地圖」，呈現這群待確認的動物在解剖變異上的分布狀態。兩個在分類上非常接近的物種，骨骼特徵

也十分相似；就如同在地理位置上，芝加哥和印第安納波利斯相對而言是比較近的。至於位在圖表上兩處偏遠角落的兩個物種，牠們的解剖構造肯定極為不同，一如芝加哥到鳳凰城那般遙遠。

　　這張三疊紀恐龍與偽鱷類的距離矩陣圖，讓我們能夠估量兩者的形態變異。先將圖表上的動物依所屬族群──恐龍或偽鱷類──分成兩組，計算哪一組占據較大的區域，藉此判定哪一組在解剖構造上更具多樣性。同理，我們可以進一步將這些動物依時間分組（譬如三疊紀中期與三疊紀晚期），看看在三疊紀中後期，恐龍或偽鱷類的構造差異是否越來越大、或者越來越小。我們確實這麼做了，也得到十分驚人的結果（這項結果在二○○八年某研討會上公開發表，對我的事業也帶來偌大幫助）。在整個三疊紀期間，偽鱷類的形態變異明顯高於恐龍。牠們占據圖表上大部分的區域──即解剖特徵的分布範圍更大──代表牠們嘗試更多種飲食、表現更多行為，維生方式也更多元。隨著三疊紀逐漸開展，兩大族群的形態都變得更多樣化，但偽鱷類總是超前恐龍好幾步。在與偽鱷類共存的三千萬年裡，三疊紀恐龍完全籠罩在鱷類大軍對手的陰影之下；當時牠們完全不是殺敵無數的超級戰士，根本差遠了。

　　請各位再一次躲進咱們三疊紀哺乳類先祖那毛絨絨的小身體，從牠們的視野望出去，瞧瞧盤古大陸近兩億一百萬年前的

景象：你應該會看見恐龍，但恐龍不會團團圍住你，有時候你甚至不會注意到牠們存在（依各位所在的區域而定）。恐龍在潮濕地區的形態變異相對比較大：原蜥腳類長得跟長頸鹿一樣大，也是此地數量最多的植食動物；至於吃肉的獸腳類和植食、雜食的鳥臀目，體型相對較小、也較不常見。往更乾燥的區域移動，你只會看見小型食肉恐龍，因為植食和體型較大的恐龍無法耐受超季節氣候和超級季風；此外，這時候也還沒有任何在體型上接近霸王龍或雷龍等級的恐龍（連牠們的尾巴都比不過）。放眼整片超大陸，恐龍徹底活在形態更多樣、適應更成功的偽鱷類對手鼻息之下。各位或許認為，這時期的恐龍活得還挺「邊緣」的。牠們的確還算過得去，但其他新近演化的動物不也都一樣？若你偶爾喜歡賭一把，那麼你或許會把賭注押在其他動物身上——極有可能是那些又醜又討厭、屬於鱷魚支序那邊的祖龍類動物——賭牠們總有一天會長成體型超大的優勢物種，征服全世界。

　　恐龍誕生至今已三千多萬年，但牠們還沒有能力發動一場全球革命。

第 三 章

恐龍攻城掠地

　　大約在兩億四千萬年前左右，陸塊開始龜裂。那時，真正的恐龍還未演化成型，牠們像貓一般大小的恐龍形類先祖倒是經歷了這段過程；其實沒什麼好體驗的，至少那時候還沒有。頂多來點小地震，尚不致驚動這群恐龍形類動物，因為牠們還有其他更重要的事要忙──譬如對抗超級蠑螈、設法熬過超級季風等等。在這些恐龍形類動物逐漸演化成恐龍的過程中，地殼持續破裂，深度超過好幾百公尺。地殼破裂引發的震動在地表難以察覺，地表裂隙緩慢分裂、交會，對艾雷拉龍、始盜龍及其他初代恐龍而言，猶如潛伏在地底深處的巨大危機。

　　盤古大陸的基磐正在分裂。不到屋倒樓塌的那一刻，這群天真的地球房客渾然不覺地下室裂了一大條縫。恐龍完全沒料到牠們的世界即將面臨一場驚天動地的大改變。

　　在三疊紀末的三千萬年間，恐龍斷斷續續逐漸演化，雷霆萬鈞的地質作用力也從東西兩側不斷拉扯盤古大陸。這些星球尺度的巨力──重力、熱與壓力的組合──足以使陸塊持續移動。由於兩股拉力方向相反，使得盤古大陸開始延展並逐漸變薄，且每一次小地震都留下裂痕。各位不妨把盤古大陸想成一大塊披薩，然後有兩個餓到發狂的傢伙隔著餐桌、面對面搶食，於是披薩（地殼）越來越薄、然後裂開，最後變成兩半。超大陸的情形也一樣。歷經數千萬年緩慢且穩定的東西拉扯戰之後，地底的裂縫終於探及地表，巨大的陸塊也逐漸卸成兩半。

　　正因為東盤古大陸和西盤古大陸在古早以前就決定分手

了，北美沿海才會與西歐遙遙相望，而南美則與非洲分隔兩地；大西洋也是這麼來的（海水衝進並填滿陸塊之間的鴻溝，形成今日的大西洋）。這些兩億年前的巨力與破裂，形塑你我熟知的現代地理樣貌，但是整個過程並不簡單——陸塊不會說分開就分開、轉眼變成今天這副模樣。誠如人與人的感情問題，陸塊和陸塊決定分家的時候，情況通常非常糟糕。因此，從小在盤古大陸長大的恐龍與其他動物，也因為家園即將拆成兩半，面臨著天翻地覆的巨變。

　　情況之所以嚴峻，主要原因在於陸塊破裂時會流出岩漿。這是很基本的物理問題：當地球最外層的地殼被扯裂、變薄，施與地球內部的壓力即隨之下降；壓力降低，地底深處的岩漿即上升至地表，從火山口噴發釋出。假如地殼只是稍微扯動——譬如兩片小陸塊彼此分離——情況大概不會太糟，也許會有幾座火山噴發數次，送出熔岩和火山灰，在火山附近造成些許破壞，然後就結束了。今天的非洲東部仍不時發生這種小規模火山活動，跟災難完全搭不上邊；不過，如果即將被大卸八塊的是整塊超大陸，那麼絕對是世界末日級的大災難。

　　在三疊紀即將結束的時候（約兩億一百萬年前），整個地球變成另一副模樣，過程相當激烈。前後大概有四千萬年的時間，盤古大陸一天天分崩離析，下方蓄滿蠢蠢欲動的岩漿。最後當超大陸終於徹底分裂，積壓已久的岩漿終於有了出口——熔岩池內的岩漿宛如飛越天際的熱氣球，急急往上竄，衝破盤古大陸破碎的表面、湧出地表。三疊紀末的火山噴發形式也是

「溢流」，與五千萬年前左右、造成二疊紀末大滅絕的全球火山噴發模式相同（也就是讓恐龍與祖龍類近親站上演化舞台那次），完全不同於人類目睹過的所有火山爆發事件（譬如挾帶高熱火山灰衝上雲霄的皮納土波火山〔Pinatubo〕）。從此之後近六十萬年間，地球總計上演過四次劇烈溢流事件；火山裂縫冒出大量岩漿，猶如來自地獄的海嘯。如此描述不算誇張，因為當岩漿匯流之後，其厚度達三千呎，就算把兩棟帝國大廈疊起來也照樣淹沒。總而言之，當時盤古大陸中央有近三百萬平方哩的土地遭熔岩覆蓋。

不用說，對恐龍或其他任何一種動物而言，當時的日子肯定很難熬，畢竟那可是地球史上名列前茅的大型火山噴發事件呢！岩漿不只令大地窒息，伴隨岩漿噴出的有毒氣體亦毒害大氣層，造成失控的溫室效應。這些巨變又一次引發地球生命史的大規模滅絕事件，超過三成（或許更多）的物種全數死亡；然而矛盾的是，恐龍同樣也是藉由大滅絕事件擺脫牠們早期的頹廢蕭條，一躍而成體型超乎想像的巨大，主宰地球的動物。

走在紐約百老匯，若你碰巧瞥見摩天樓之間的空隙，應該能直直越過哈德遜河、一眼望穿紐澤西；這時你可能會注意到，澤西市（Jersey）那一邊的河岸多為百呎高的淡棕色陡峭崖壁，壁面布滿垂直裂隙。當地人稱為「帕利塞茲」（Palisades）。夏季期間，這地方被濃密的樹林和緊緊攀

附陡坡的灌木叢吞沒，完全是另一副模樣。澤西、李堡（Fort Lee）這些屬於大都市外圍的通勤小鎮（commuter town）就棲踞在峭壁頂上，而舉世最繁忙的跨水通道「喬治華盛頓大橋」（George Washington Bridge）西端亦深深嵌入崖壁，把帕利塞茲當作理想的定錨地點。各位若有興趣，也可以徒步從史泰登島（Staten Island）沿著哈德遜河一路走進紐約上州（New York upstate），走完帕利塞茲全長約五十五哩的峭壁地形。

　　每個星期，大概有好幾百萬人會看見這片崖壁，另外還有好幾萬人就住在那上頭。但其中鮮少有人知道，帕利塞茲是遠古那場扯裂盤古大陸、開啟恐龍時代的火山爆發遺跡。

　　帕利塞茲是地質學家所稱的「岩床」（sill）——熔岩突入位於地底深處的兩層岩體之間，結果還來不及衝出地表即硬化成石。岩床是火山內部管道系統的一部分。在還未硬化成岩石以前，它們是管道，讓熔岩能四處流動。有時候，岩床能將熔岩送往地表；有時則是火山系統內的死胡同，讓熔岩進得去出不來。帕利塞茲岩床大概在三疊紀末成形；當時，盤古大陸正沿著今日的北美東岸裂隙斷開，離紐約市不過數公里遠。這段岩床正是超大陸裂成兩半之際，吐自地底深處、猶如詛咒的熔岩所形成的。

　　構成帕利塞茲地貌的岩床始終未能抵達地表，無緣加入厚達三千呎的熔岩流，衝破盤古大陸裂隙、淹沒生態系、釋出二氧化碳，並為這座星球大部分區域招來末日厄運。話說回來，在帕利塞茲西邊約二十哩處，倒是有熔岩流順利噴出地表——

新澤西州北部的「華昌山脈」（Watchung Mountains）──得以看見當時岩漿噴發所形成的玄武岩。稱這群石頭是「山脈」還真「高估」了它們；說到底，這座山脈不過是標高一、兩百公尺的低矮丘陵，從北到南不過四十哩。然而在這塊全球最都市化的地區中，華昌山脈卻是一處受人鍾愛、充滿自然之美的寧靜綠洲。

「利文斯頓」（Livingston）就坐落於華昌山脈，是個居民約三萬人的市郊住宅區。一九六八年，幾名當地人在小鎮北方數哩的廢棄採石場內，發現恐龍腳印（那裡出產的紅頁岩是在遠古火山口附近的湖水、河底形成的），當地報紙一度大肆報導。有位母親注意到這則消息，轉述給她十四歲的兒子聽。「恐龍竟然曾經住在離我們家這麼近的地方」──這個名叫保羅・奧森（Paul Olsen）的男孩目瞪口呆，他立刻去找朋友東尼・雷薩（Tony Lessa），兩人跳上單車，火速衝往採石場。那裡不過是一處雜草叢生、滿地碎岩的荒地，但報紙上的驚奇發現不僅引起當地人注意，也招來幾位業餘蒐藏家，大夥兒埋頭獵尋更多恐龍足跡。奧森和雷薩立刻與其中幾人交上朋友，習得採集化石的基本知識：譬如辨認恐龍腳印、如何取出化石、如何研究足跡等等。

兩位少年逐漸迷上這檔事，一次又一次造訪採石場。沒過多久，他們已經習慣在採石場忙到深夜，就著火光拆卸模板，連大冬天也不例外（白天得上學，所以他們只能選擇晚上作業）。兩人做了近一年的粗活，比其他業餘蒐藏家堅持得更

久；待新發現的興奮感逐漸消褪，那些業餘人士也就一個個消失了。兩個男孩採集到數百份足跡化石，種類繁多，有食肉恐龍（近似幽靈牧場出土的腔骨龍）、植食恐龍、還有同時期一些長有鱗甲的毛茸茸小生物。然而，隨著採集作業日益浩大，兩人心情也越來越沮喪，因為晚上勘採的時候，常有非法傾倒垃圾的卡車冒出來打斷他們工作；而白天他倆在學校的時候，也常有無恥之徒溜進採石場、盜走他們還沒來得及移取的足跡化石。

　　所以，眼見自己心愛的化石採集地遭人破壞，這位六〇年代的少年會怎麼做呢？奧森連跳數級，直接找上最高層——他寫信給尼克森總統（當時尼克森才剛贏得大選，也還沒做出種種丟人醜事），而且不只一封，他寫了一大堆。奧森請求尼克森動用總統權，將採石場劃為保護區，他甚至還寄給白宮一份動物足跡（獸腳類）的玻璃纖維灌模標本（fiberglass cast）。奧森也推動媒體宣傳，《生活》雜誌（Life）甚至還在某篇文章側寫這號人物。他持續不懈的努力終於有了回報：一九七〇年，擁有該採石場的私人企業決定將土地捐給地方政府，後者旋即設立恐龍公園「瑞克丘化石場」（Riker Hill Fossil Site）。翌年，瑞克丘獲得官方認證，成為美國國家自然地標，奧森也因為相關貢獻而獲頒總統褒揚令。奧森可能不知道，其實他離踏進白宮謁見總統僅一步之遙。當時，幾位公關幕僚認為，和這個對科學充滿熱情的年輕人一起合照，或許對總統的古板形象有些許加分作用；只不過，這項提案在最後一刻遭尼克森的

顧問約翰・埃利希曼（John Ehrlichman）否決──這傢伙正是
「水門案」（Watergate）的幾位大魔頭之一。

　　就一個孩子來說，奧森的成就相當了不起──他蒐集到一
大堆恐龍足跡化石，又讓採集地獲得保護、留給子孫後代，甚
至還跟總統成為筆友──但他並未就此滿足。奧森進大學研讀
地質學與古生物學，在耶魯取得博士學位，最後應聘哥倫比亞
大學（隔著哈德遜河與瑞克丘化石場遙遙相望），當上教授。
奧森成為世界首屈一指的古生物學家，並獲選為美國國家科學
院院士（那可是美國科學界最大的榮耀之一呢）。不過他還肩
負另一項重任，惟其光榮程度遠不及前者：我在紐約攻讀博士
時，奧森是我博士論文指導委員會的成員。那段期間，他成為
我最信任的精神導師，不論我提出多瘋狂的研究構想，聰明絕
頂的他都能給我最棒的回饋與建議。前後大概有兩年時間，我
在他哥大大學部開設的恐龍學程擔任助教。他的課超熱門，總
是有許多外系學生跑來加簽。學生大多慕名而來──這位蓄著
李維拉式（Geraldo Rivera）*白色八字鬍的教授無時無刻不蹦蹦
跳跳、熱情洋溢（這得歸功於上課前一連數杯提神飲料）。而
我個人精力充沛、活潑生動的授課風格大抵也是受到奧森的影
響。

　　奧森延續少年時代的熱情，成就一生事業。他的研究大多
著重在「恐龍於紐澤西留下足跡」那段時期的重要事件：盤古

---

* 美國保守白人脫口秀主持人，八字鬍為其招牌。

大陸於三疊紀尾聲的劈天裂地、人類無法想像的火山岩漿洪流、物種大滅絕、還有恐龍崛起——從三疊紀過渡至接下來的侏儸紀——成為全球霸主等等。

當年奧森騎著腳踏車奔赴採石場時，心裡完全沒有底，但這片他從小長大的土地其實是全世界最適合研究三疊紀晚期與侏儸紀早期的地方。奧森年少時期到處走的區域，正好位於地質結構「紐沃克盆地」（Newark Basin）內，這個缽狀淺坑填滿了三疊紀與侏儸紀留下的岩石。這類「張裂盆地」（rift basins）——因盤古大陸分裂而成形，故得其名——綿延北美東岸數千哩，紐沃克盆地只是其中之一。最北從加拿大「芬迪灣」（Bay of Fundy）開始，芬迪灣就靠在張裂盆地的邊緣；再往南一點是「哈佛德盆地」（Hartford Basin），切過康乃狄克州與麻塞諸塞州中部大部分區域；再來就是紐沃克盆地。接在紐沃克之後是「蓋茨堡盆地」（Gettysburg Basin）——美國南北戰爭時期的著名戰場，此處的地形地貌有助主將擬定戰略，保全南方高地。蓋茨堡以南碎裂成許多小盆地，散布在維吉尼亞州和北卡羅萊納州的偏遠地區。最後，這道張裂盆地結構在北卡境內、巨大的「深河盆地」（Deep River Basin）畫下句點。

這些張裂盆地沿著分隔東、西盤古大陸的裂隙分布，故其本身就是分隔線、是邊界，也是超大陸扯裂之處。東、西兩股力量開始拉扯盤古大陸之際，地殼深處的斷層也逐漸成形，切穿一度相當堅硬的岩石。每一次拉扯都會引發地震，而每一次

地震都會導致斷層兩邊的岩層微微錯動。經過數百萬年的牽扯移動，斷層終於延伸至地表。由於其中一側持續陷落，盆地於是成形：上升的這一側形成山脈，環繞著下降這側形成的凹地。北美東部的每一處張裂盆地都是這樣形成的，它們全是壓力、張力與微震歷經三千多萬年作用的結果。

目前，非洲東部正在上演完全相同的劇碼，非洲大陸正以每年一公分的速度與中東地區分離。大約在三千五百萬年前，這兩塊陸地本是連在一起的，但現在有一道瘦長的紅海隔開兩地；紅海逐年加寬，總有一天變成汪洋。至於在紅海南邊的非洲大陸，也有一個南北走向的帶狀盆地，同樣隨著每一次扯開非洲與阿拉伯半島的地震而逐漸變寬變深。幾個名列全球最深的湖泊——譬如「坦干伊喀湖」（Lake Tanganyika）——就在這些盆地裡；還有些盆地則是急流怒川交錯，河水從盆地邊緣的高山奔瀉而下，灌溉下方整片浩瀚的熱帶生態系，孕育不少非洲最常見的動植物種。而「吉力馬札羅火山」（Mount Kilimanjaro）這類隨機突出地表的火山則沿著裂隙零星散布，讓陸塊破裂而蓄積的地底熔岩有個掙脫壓力的出口。有時候，其中一座火山突然大爆發，噴出的岩漿和火山灰瞬間撲向鄰近幾處盆地，使盆地裡的居民和動植物慘遭活埋。

奧森鍾愛的紐沃克盆地，以及其他沿著北美東岸分布的眾多盆地，也曾經歷類似的演化進程。這些盆地在一次又一次的地震中逐漸成形，並且遭河水沖刷（卻也仰賴河水維持多樣的生態系）、積水、形成深湖；後來，氣候變遷導致湖水乾涸，

河流再度浮現，整個過程亦從頭再來一遍，如此不斷反覆循環。恐龍、鱷魚的偽鱷類近親、超級蠑螈和哺乳類的早期親屬在河畔大量繁殖，魚類則塞爆湖泊；這些動物一一在數千呎厚的砂岩、泥岩或河湖形成的沉積岩留下了紀錄（也就是奧森從年少時期開始採集的動物足跡與骨骼化石）。後來，盤古大陸終於被拉扯至極限，地殼破裂，火山噴發，終而淹沒盆地、埋葬所有在盆地生活的物種。

　　盤古大陸的首處火山噴發點不在紐沃克盆地附近，而是在今日的摩洛哥境內。當時的摩洛哥仍緊挨著北美東岸，離紐約僅數百公里遠。後來，盤古大陸龜裂處不斷冒出岩漿，譬如紐沃克盆地、今日的巴西、還有我們在葡萄牙發現超級蠑螈墳場的湖區；這些地方全都在破裂帶上，而這條破裂帶在數百萬年後變成大西洋。地底湧出岩漿洪流的事件總計發生過四次，每一次都把一度碧綠蒼翠的張裂盆地變成焦土，還散播毒氣包圍整個星球，讓已經很糟糕的地球環境因此雪上加霜。短短五十萬年後（從地質年代來看，這確實只是一眨眼的時間），火山終於不再噴漿吐氣，地球卻從此徹底變了模樣。

　　那些生活在河畔的恐龍、鱷魚的偽鱷類近親、大蠑螈和哺乳類早期親屬渾然不覺厄運將至。一切發生得迅雷不及掩耳，情勢瞬間惡化。

　　摩洛哥的最初幾波噴發釋出大量二氧化碳（強大的溫室氣體），使地球迅速增溫。由於溫度太高，導致埋在全球海床底下、由氣體和水組成的奇妙冰層「晶籠化合物」（clathrates）

同步融化。這種「晶籠化合物」和我們熟悉的堅冰不同，不是放在飲料裡的冰塊、也不是派對上的花俏冰雕。這種化合物有許多孔隙，是水分子凍結後形成的格狀或柵狀結構物，能鎖住其他物質——譬如甲烷。甲烷持續自地球深處漏出、滲入海洋，卻在逸入大氣層之前給鎖進晶籠裡了。這種氣體很討厭，它是比二氧化碳還要強大的溫室氣體，增溫效應達二氧化碳的三十五倍。所以，最初幾次爆發所噴出的二氧化碳，導致全球增溫、融化晶籠，原本鎖在晶籠裡的甲烷瞬間重獲自由，啟動全球暖化的失速列車。自此數萬年間，不僅大氣的溫室氣體濃度三級跳，地球溫度也提高攝氏三、四度。

陸地與海洋生態系皆無法應付如此快速的變化。氣溫變高使得許多植物無法生長，事實上，有將近九成五的植物因此滅絕；仰賴植物維生的動物漸漸沒東西吃了，導致大量爬行類、兩棲類和早期哺乳類相繼死亡，猶如食物鏈的骨牌效應。而化學連鎖反應則使海水變酸，有殼生物大量死亡，亦瓦解食物網。地球氣候劇烈多變，往往在一連串酷熱天氣之後突然轉為嚴寒。這種現象使得盤古大陸南北溫差更加明顯，導致超級季風不斷增強，令沿海地區更加潮濕、內陸地區更為乾燥。盤古大陸的生存環境原本就不理想，但現在，那些早已受制於季風、沙漠的早期恐龍和牠們的偽鱷類競爭對手，此刻正面臨更嚴峻的生存挑戰。

這些在演化階段仍相對年輕的恐龍族群，又是怎麼適應當時瞬息萬變的世界？線索就在奧森研究超過五十年的足跡化石

裡。奧森在紐澤西挖到恐龍足跡的採石場，類似地方在美國與加拿大東部沿岸大概有七十多個。這些地區依地質順序一個個往上疊，前後大概跨越三千萬年。從初代恐龍在今日南美現蹤（惟北美仍不見蹤影）、延續至三疊紀晚期，再到火山溢流噴發的大滅絕時期，然後來到侏儸紀。泥砂反覆在張裂盆地沉積、形成岩床，而一代又一代的恐龍與其他動物則在岩床留下足跡。若依地質年代研究這些化石，我們就能知道這些生物如何演化繁衍了。

　　岩石記載的故事相當驚人。三疊紀晚期（始於兩億兩千五百萬年前左右），張裂盆地才剛形成，恐龍也開始留下足跡，但數量稀少。第一種是小型動物「鷸龍足跡屬」（*Grallator*）的足跡：三趾、食肉、體長從二吋到六吋不等，移動速度快，像幽靈牧場腔骨龍一樣以雙腿行走。第二種歸類為「阿特雷足足跡類」：體型跟鷸龍足跡屬差不多，但是在三趾足印旁還採集到小小掌印，顯示這類動物是以四足行走。這兩種動物可能都屬於原始的鳥臀目恐龍（三角龍和鴨嘴龍最古老的親戚），或者也可能是恐龍形類動物的近親。這些恐龍雖留下足跡，在數目上卻遠遠不及偽鱷類、大蟒螈、原始哺乳類和小型蜥蜴。恐龍確實是張裂盆地生態系的一分子，但在當時仍只是個跑龍套的，而且這個角色會一直持續到三疊紀結束為止。

　　在此同時，火山活動也跑來參一腳。位於熔岩流上方的侏儸紀初期岩層裡，非恐龍動物的足印多樣性驟降，其中多數甚至突然消失，最明顯的就屬偽鱷類了——以前，牠們的數量與

多樣性可是大勝恐龍呢！火山熔岩噴發前，恐龍足跡僅占兩成左右；緊接著在熔岩噴發後，卻有近一半的足跡都來自恐龍，而且有好幾種都是沒見過的新類型，樣式多變。譬如有一組暫名為「異足龍」（*Anomoepus*）的掌足印極可能來自某種鳥臀目動物，另外還有目前公認最早落腳於張裂盆地的長頸蜥腳類「巨型龍」（*Otozoum*）的四趾足印，以及另一種動作敏捷、名為「實雷龍」（*Eubrontes*）的三趾掠食動物足跡。實雷龍的足印長一呎多，與三疊紀末火山噴發前那個小型肉食動物鷸龍足跡屬的足印幾乎一模一樣，只是尺寸大了好幾號。

這時的情況可能與各位想像的稍有出入──在歷經地球史上規模數一數二、毀滅無數生態系的火山洪流侵襲後，恐龍竟然變得更多樣、數量更多、體型更大。其他動物大多滅絕消失了，恐龍卻演化出全新物種、甚至廣布至各種新環境──世界墜入地獄，恐龍卻興盛繁衍，似乎某種程度占了這片混亂的大便宜。

隨著火山岩漿吐盡、結束長達六十萬年的恐怖統治，世界已不再是三疊紀晚期那副模樣了：地球熱度直竄，暴風更為劇烈，野火處處燎原。一度茂密的闊葉林被新種蕨類和銀杏取代，多種迷人的三疊紀動物亦不復見。小豬似的二齒獸類（哺乳類近親）和吃植物的喙頭龍雙雙絕跡，超級蠑螈這類兩棲動物更是徹底退出歷史舞台；至於肌肉發達、在三千萬年前的三疊紀看似完勝恐龍，使之活在其陰影之下的鱷支祖龍類偽鱷類呢？幾乎全數倒地死亡。不論是長鼻吻的植龍類、坦克般的堅

蜥、頂尖掠食好手勞氏鱷，還有貌似恐龍、長相奇特的靈鱷類動物，從此未再聽聞牠們的消息。唯一熬過盤古大陸分裂的偽鱷類只有寥寥數種原始鱷魚，這群身經百戰、死裡逃生的倖存者經過漫長演化，最後變成現代的短吻鱷與長吻鱷，但再也不曾享受過三疊紀晚期、彷彿要拿下全世界的興盛榮景。

　　因為某種不明原因，恐龍成為這場戰役的勝利者。牠們熬過盤古大陸分裂，熬過火山熔岩肆虐，熬過壓垮偽鱷類對手的瘋狂氣候和野火。好希望我能找到答案，解釋這一切。午夜夢迴，這個謎題經常在我腦中徘徊不去：難道是恐龍有某種特殊之處，讓牠們比偽鱷類及其他滅絕物種更占優勢？或者是因為牠們長得快、繁殖迅速、代謝率高或者移動得更有效率？難不成牠們在呼吸、躲藏、在極熱或極冷環境中隔熱或散熱等方面高出其他動物一等？這些都有可能。只不過，恐龍和偽鱷類的長相、行為實在太過相近，使得前述論點變得相當薄弱且不確定。說不定恐龍純粹只是運氣好罷了。或許，一般演化法則在碰上如此突然、毀滅性的全球災變時，全都不可靠。恐龍有可能只是蒙受幸運之神眷顧──因為其他許多動物都死了，牠們卻毫髮無傷挺過來。

　　不論答案為何，這道謎題有賴下一代古生物學家為我們解開了。

　　嚴格來說，恐龍時代始於侏儸紀。當然，初代真恐龍在侏

儸紀前至少三千萬年就已踏進歷史舞台。誠如你我所見，這群早期的三疊紀恐龍壓根算不上優勢物種。後來，盤古大陸分裂，恐龍從末日餘燼探出頭來，看到了一個更為空曠的嶄新世界，讓牠們得以盡情征服。在初入侏儸紀的數千萬年內，恐龍家族開枝散葉，繁衍出大批眼花撩亂的新物種並組成子群（subgroups），有些血脈甚至延續一億三千多萬年。恐龍的體型也越來越大，分布全球，在潮濕區、沙漠區及兩者之間的所有區域開疆闢地，大量繁殖。來到侏儸紀中期，世界各地都能見到數群最龐大、最具代表性的幾種恐龍。博物館展覽或童書經常出現的經典畫面並非虛構，而是事實：恐龍轟隆隆踩過大地，站上食物鏈頂端；凶猛的肉食恐龍和體型巨大、脖子長長或自帶盔甲的植食恐龍生活在一起，至於小小的哺乳動物、蜥蜴、青蛙及其他非恐龍動物就只能在恐懼中苟且偷生。

　　在盤古大陸的裂隙火山孕育出侏儸紀之後，以下幾種大家熟悉的恐龍也一個個躍上舞台：譬如肉食的獸腳類恐龍「雙冠龍」（*Dilophosarus*），頭上有兩道龐克風的「莫霍克式」（mohawk）突起物，體長約二十呎，比騾子大小的腔骨龍及其他多數三疊紀肉食動物大上許多。至於以植物為食、全身覆滿骨板的鳥臀目動物（如「稜背龍」〔*Scelidosaurus*〕、「小盾龍」〔*Scutellosaurus*〕）沒過多久即進化成你我更為熟悉、外形像坦克的厚頭龍，或是背覆骨板的劍龍；體型小、移動快、可能為雜食型的「畸齒龍」（*Heterodontosaurus*）和「賴索托龍」（*Lesothosaurus*）也是這個支系的早期成員，後來演化成三角

龍及鴨嘴龍。其餘耳熟能詳、現蹤於三疊紀，但大多局限在少數環境的幾種恐龍（譬如長脖子的原蜥腳類、以及最原始的鳥臀目恐龍）也開始向外移動，散布至整個地球。

在這群新近取得生存優勢、且多樣性急劇增加的恐龍家族中，最具代表性的就是蜥腳類（或稱「蜥腳下目」）：頭小身體大，長脖子，大肚腩，四肢如柱，進食時宛如一座超級植物處理機。恐龍界最有名的幾種大多出自蜥腳類，包括雷龍、腕龍（*Brachiosaurus*）和梁龍，不僅博物館展覽少不了牠們，牠們也是電影《侏儸紀公園》的明星主角；卡通《摩登原始人》訓練牠們挖板岩，美國「辛克萊爾石油」（Sinclair Oil）數十年來都以長脖子綠恐龍為公司標誌。與霸王龍相比，蜥腳類才是最出名、最具代表性的恐龍。

蜥腳類是在三疊紀末期、從一群我習慣稱之為「原蜥腳類」（*proto-sauropods*）的原始恐龍演化來的。這些原始種是一群體型小如犬、或大至長頸鹿，脖子超長，以植物為食的動物，也是兩億三千萬年前現身伊沙瓜拉斯托的首批原始恐龍之一。後來，牠們成為三疊紀盤古大陸潮濕帶的主要植食動物，卻因為無法在沙漠區生存，故無法發揮潛能，登上顛峰。不過，這種有志難伸的窘境在侏儸紀早期有了變化：蜥腳類終於突破環境限制，邁向全球，演化出最具特徵性的細長脖子，亦逐步成長為怪物級的龐然巨獸。

過去數十年來，學界陸陸續續在蘇格蘭西側的美麗島嶼「天空島」（Isle of Skye）發現真正的初代蜥腳類恐龍化石——

板龍頭骨。板龍屬於原蜥腳類，這類動物爾後演化成蜥腳類恐龍。

這些動物個個重達十餘噸，體長超過五十呎，頸長高達數層樓。雖然線索還不夠多（頂多在這裡挖到幾支粗壯腿骨、在那裡翻出幾根牙齒或幾節尾椎），但證據顯示這種巨型動物約莫生活在一億七千多萬年前——當時早已進入侏儸紀時代（盤古大陸分裂、火山洪災已成遙遠記憶）——恐龍處於主宰地球前的最後一次大量繁殖期。

　　二〇一三年，我一拿到博士學位就接下愛丁堡大學的新職，從紐約遷居蘇格蘭，想到即將主持自己的研究室就滿心雀躍。天空島的蜥腳類恐龍化石正巧引起我的興趣。剛到職的最

初幾週，我常跟系上兩位同事一塊打發時間，一位是老練的田
野地質學家馬克‧威金森（Mark Wilkinson），他的馬尾與略為
邋遢的落腮鬍使他看起來一副嬉皮樣；另一位是湯姆‧恰蘭德
（Tom Challands），這位虎背熊腰的紅髮男子是古生物學博士，
專攻四億年前的微化石。湯姆才剛結束為能源公司探勘石油的
工作合約（算是應用地質所學吧）。那段時間，他幾乎都住在
客製化的露營車裡（車上有床和小廚房），並且把車停在調查
點附近。後來他結了婚，這種生活方式就此喊停，但那輛露營
車仍隨時支援野地考察，而湯姆也常在週末駕車沿著蘇格蘭霧
茫茫的海岸尋找化石。湯姆和馬克都在天空島做過地質調查，
對那塊土地瞭若指掌，因此我們決定組隊尋找更厲害的寶
藏──巨大、神祕的蜥腳類恐龍化石。

　　關於天空島，我們涉獵的資料越多、就越常看到「杜加
德‧羅斯」（Dugald Ross）這個名字。我對這個名字毫無印
象。他既不是古生物學家、地質學家，也不是任何一類科學
家，然而他卻發現並描述過許多出自天空島的恐龍化石。杜加
德從小在天空島東北深處的小村落「艾利沙德」（Ellishadder）
長大，那是一片擁有崎嶇山峰、蓊鬱丘陵與泥灰溪流的荒地，
海岸長年受強風侵襲，十足「魔戒風」（Tolkienesque），活像
從奇幻小說蹦出來的地方。羅斯家族講「蓋爾語」（Gaelic）
──這是蘇格蘭高地的母語，目前僅一萬五千人操持。你不只
會在路標上看到蓋爾語，像天空島這類偏僻島嶼的學校也會
教。羅斯十五歲那年，在他家附近發現一個藏有箭尖和銅器時

代工藝品的隱蔽洞穴。這項發現使他迷上家鄉島嶼的歷史，到了成年都還如此，也為自己開創「建築工兼農場主人」的事業。（在蘇格蘭高地，「農場主人」〔crofter〕專指從事小規模農業兼牧羊的人。）

　　我聯繫上羅斯，表明我們想在他的島上尋找巨大的恐龍化石。那封電子郵件大概是我寄過最幸運的信件之一，它開啟了一段友誼，也是這段科學合作的濫觴。數個月後，我們踏上天空島，羅斯——他比較喜歡我們喊他「杜吉」——立刻邀請我們去找他。他指示我們開上天空島東北沿岸蜿蜒的雙線幹道，在一幢牧場風格的長型建築前與他會合。屋子外牆以各種大小不一的灰石拼貼而成，屋頂則是黑色磚瓦；古老農具四散在屋外草坪上。農場前方有塊牌子寫著「TAIGH-TASGAIDH」，即蓋爾語「博物館」之意。杜吉從他的紅色工作用卡車裡冒出來，身上掛著一大串鑰匙，短暫自我介紹之後便驕傲地領著我們走進博物館。他以歌唱般的輕軟口音——融合史恩‧康納萊（Sean Connery）迷人的蘇格蘭腔和愛爾蘭腔——說明他如何接管這幢無隔間的校舍廢墟，再改建成我們此刻置身的「斯塔芬地質暨恐龍博物館」（Staffin Museum）。這座博物館是他十九歲那年成立的，今天，這座博物館依舊沒有隔間——沒有咖啡休憩區，沒有禮品區，沒有任何大城市博物館常見的昂貴設施、標誌或裝飾，甚至沒有電！裡頭收藏許許多多他在天空島找到的恐龍化石，還有能回顧天空島住民歷史的種種工藝品。這次體驗相當超現實：在巨大的恐龍骨頭和腳印旁，擺著老磨

蘇格蘭天空島迷人的地景風光。

坊的木輪子，還有挖蕪菁的鐵桿和高地農民使用的古式補鼴鼠陷阱。

那禮拜的其餘幾天，杜吉帶我們去他最愛的幾處地點。我們找到一大堆侏儸紀化石——有體型如犬的鱷魚下顎骨，某種屬於「魚龍目」（*ichthyosaurs*）的爬行類牙齒和脊骨（魚龍目的外形似海豚，生活在海裡，牠們出現的時間差不多是恐龍開始稱霸陸地的年代）——獨獨不見巨無霸恐龍的身影。接下來幾年，我們仍持續返回天空島不斷搜尋。

二〇一五年春天，我們終於找到尋尋覓覓的夢幻化石。起初我們並未領悟這個事實。那天，我們幾乎整天都趴在地上，尋找埋在侏儸紀岩塊裡的小小魚齒和鱗片（這片岩石平台直直

杜吉‧羅斯正在移取巨石內的恐龍骨骼化石。（地點：天空島）

我和湯姆‧恰蘭德在天空島上找到的恐龍舞池——蜥腳類恐龍足跡。

探入北大西洋的冰水中，就在一座十四世紀城堡廢墟的正下方）。咱們之所以在這裡，都是湯姆的主意：最近他在研究魚類化石，為了請他幫我找恐龍化石，我便答應幫他採集魚骨魚末作為交換。我們瞇眼皺眉、盯著這些岩石已有個把鐘頭，身上裹了三層防水衣卻依然冷得快凍僵了。午後陽光逐漸西沉，潮水上漲，晚餐正在向我們招手。於是湯姆和我動手整理工具、收拾幾袋魚齒，準備慢慢走回停在海灘另一頭的多功能廂型車。就在這時候，某樣東西引起我們的注意：那是一塊印在石頭上、跟汽車輪胎差不多大的變形凹痕。先前之所以沒注意到它，是因為我們專注在尋找尺寸更小的魚骨，這麼大的痕跡完全不符合當下的搜尋目標。

我們繼續往前走，一路上頻頻發現更多類似的痕跡；在午後斜陽的映照之下，這些凹痕更加明顯，大小幾乎都差不多。我們越是仔細瞧，看見的凹痕就越多，而且還繞著我倆朝四面八方延伸出去。這些凹痕似乎呈現某種模式：一枚枚凹洞接續組成兩道長排，且呈「之」字型排列──左、右、左、右、左、右。這些長列有如緞帶，在我們工作一整天的岩石平台上散布交錯。

湯姆和我對看一眼。那是兄弟之間心知肚明的一瞥，基於多年共同經驗、無須言語即可領會的連結。我們以前也看過這種痕跡。地點不在蘇格蘭，而是西班牙、北美西部這類地方。我們知道這是什麼玩意兒。

咱們眼前這窪凹洞是足跡化石。尺寸超大，毫無疑問是恐

龍的足跡。我們湊近細瞧，看出這些凹痕有些是掌印、有些是足印，有的甚至還留下掌指和足趾的印跡。依形狀判斷，這絕對是蜥腳類的掌足跡。我們竟然找到了一億七千萬年前的恐龍大舞池，而留下這片紀錄的是身型龐大、體長約五十呎、重量可比三頭大象的蜥腳類恐龍。

　　遠古時期，這片足跡所在的位置是潟湖區，但蜥腳類恐龍通常不會和這種環境扯上關係。在我們往常的想像中，當這群巨獸踩過大地時，牠們走的每一步都足以引發小型地震。情況也確實如此。可是來到侏儸紀中期，蜥腳類已繁衍出大量且多變的支系，便開始朝其他生態環境進攻，理由無非是尋找更大量的葉片食物，為龐大的身軀供應燃料。我們在天空島發現的足跡至少有三層不同的掌足印，是由三個不同世代、同樣在鹹水潟湖區晃蕩的蜥腳類恐龍所留下。當時跟牠們一起生活的還有其他小一點的植食恐龍，或是偶爾出沒、體型跟小貨卡差不多的肉食動物，幾種鱷魚、蜥蜴，以及會游泳、尾巴像海狸一樣扁扁的哺乳類動物。那時的蘇格蘭比現在溫暖許多，到處是沼澤、沙灘和洶湧溪流（蘇格蘭所在的島嶼當時就棲靠在北美陸塊與歐洲陸塊之間，位於大西洋正中央。盤古大陸持續分裂，大西洋越來越寬，兩塊陸地也越離越遠）；蜥腳類和其他幾種恐龍將這片土地穩穩踩在腳下，主宰整個生態系。現在──恐龍終於等到這一天──這已逐漸成為遍及全球的景象了。

恕我實在找不到更好的描述方式：但是，在蘇格蘭潟湖區留下印記的蜥腳類恐龍，著實令人驚嘆。對，完完全全就是字面上的意思——印象深刻，瞠目結舌，激動讚嘆呼聲連連。要是有人遞給我一張紙和一枝筆，叫我自行創造一種神祕怪獸，我想像出來的動物絕對比不上演化出來的蜥腳類恐龍。但牠們竟然真的存在，牠們誕生、成長，會動會吃會呼吸；牠們躲避掠食者，牠們打盹兒、留下足跡，最後也會死亡。今天世界上完全沒有任何像蜥腳類一樣的動物——沒有誰擁有那麼長的脖子、那麼圓潤飽滿的身形——甚至今日所有陸上動物的體型也完全不及牠們的分毫，根本望塵莫及。

蜥腳類恐龍巨大得叫人無法理解，以致在一八二〇年左右，初次發現牠們的骨骼化石時，眾科學家毫無頭緒，不知該如何是好。其他幾種史上首度發現的恐龍化石，也差不多在同一時期出土，譬如肉食的斑龍和口部帶喙、吃草的禽龍。斑龍和禽龍個頭都很大，這沒問題，但牠們的體型實在遠遠不及留下巨型骨骼的蜥腳類。當時的科學家並未把這些巨型骨骼跟恐龍聯想在一起。他們認為，這些骨頭屬於另一種也長得如此巨大的動物：鯨。這個錯誤直到數十年前才糾正過來。更驚人的是，後來科學家還發現許多蜥腳類恐龍的體型甚至比大多數的鯨類還要大。蜥腳類是陸上行走過最巨大的動物。牠們把演化能達到的體型上限推向極致。

　　不過這帶出一個令古生物學家著迷超過一世紀的問題：蜥腳類恐龍怎會長成這麼大一個？

　　這是古生物學最大的謎題之一。不過，在嘗試解謎之前，我們得先掌握另一個更基本的概念：蜥腳類到底有多大？牠們的身體有多長？伸直脖子能拉多高？還有最重要的，牠們的體重到底有多重？是說，這些問題還挺難回答的，尤其是體重，因為你總不可能把恐龍放上體重機，秤秤牠有幾斤重吧？咱們研究古生物學的人有個心照不宣的祕密，那就是各位在博物館展覽或書上讀到的許多驚人數字——譬如雷龍重達上百噸、體積比一架飛機還要大！——幾乎都是掰出來的。或者不該說是「掰」，而是「有依據的推測」，只是有些連依據都省了。近來，古生物學家發展出兩套估算恐龍體重的方法，兩者都以骨骼為計算依據，也更為精確。

　　第一套方法實在非常簡單，單憑基礎物理就辦得到：體重越重的動物，需要更強健的四肢骨以支撐自身重量。這個邏輯法則同樣反映在動物的體格上。科學家測量過今日多種動物的四肢骨骼，發現支撐動物的主要肢骨（僅靠雙腿行走的動物為其「股骨」，即大腿股骨；四足站立的動物再加上「肱骨」，即前臂骨）的厚度與動物的體重在統計上強烈相關。換言之，我們可以推導一套適用於現存所有動物的基本算式：若能測得肢骨厚度，就能算出動物體重（在認可的誤差範圍內）。只消運用代數就能完成基本計算。

　　第二套方法類似第一套的加強版，不過卻更有意思。科學

家已著手建立恐龍骨骼的3D數位模型，再透過動畫軟體添上皮膚、臟器、肌肉等構造，最後藉電腦程式計算體重。這套方法由卡爾・貝慈（Karl Bates）、夏洛特・布雷希（Charlotte Brassey）、彼得・佛金漢（Peter Falkingham）與蘇西・梅門（Susie Maidment）這群年輕英國古生物學家及其合作團隊率先開發，這個團隊囊括各界專業人士，從精通現存動物的生物學家到電腦專家、程式設計師等等都有。

　　好些年前，我剛拿到博士學位的時候，卡爾和彼得曾邀請我參與一項研究計畫，主題是利用數位模型分析蜥腳類恐龍的體積和身體比例。這目標相當有企圖心，利用鉅細靡遺的電腦動畫做出所有蜥腳類恐龍的完整骨架，以推估這些動物有多大，而當牠們長到成年巨獸的尺寸時，身軀比例又如何變化？我獲邀加入這項計畫的理由相當實際，因為有幾副名列全球最佳標本的蜥腳類恐龍骨骼化石就擺在紐約的美國自然史博物館，當時，那地方算是我的地盤，而這個團隊又特別需要其中一種侏儸紀晚期恐龍「重龍」（*Barosaurus*）的數據資料。他們教我如何蒐集數據、建立模型，令我相當驚訝的是，這一切竟然只需要普通數位相機、三腳架和比例尺就行了。我讓相機穩穩坐在腳架上，盡可能從各種角度拍下百餘張重龍骨架的照片（拍照時也確認把比例尺拍進去了）。然後，卡爾和彼得把這些影像資料輸入電腦，利用程式抓出照片上對應的基準點，再依據比例尺算出各點之間的距離，並且不斷重複這個步驟，直到將所有原始的2D平面影像資料整合成3D立體模型為止。

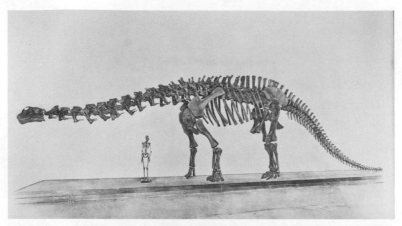

位於紐約市美國自然史博物館內的雷龍模型，以人類骨骼為比例尺。
（出自「美國自然史圖書館」）

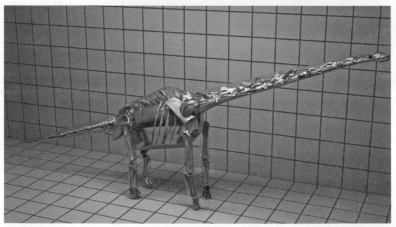

長頸巨龍（*Giraffatitan*）的數位電腦模型。這種模型有助於科學家估算
恐龍體重。（感謝彼得・佛金漢與卡爾・貝慈授權使用）

　　這門技術稱作「攝影測量學」（photogrammetry），從此革新我們研究恐龍的方式。透過這種方法製成的模型超級精確，經得起最吹毛求疵的精細測量。我們可以把這些模型載入動畫軟體，令其奔跑跳躍，評估並確認恐龍能做出哪些動作和行為。就連動畫電影或電視紀錄片都用得上，還能確保螢幕呈現的是恐龍最逼真的樣貌。這些模型讓硬梆梆的恐龍化石從此有了生命。

　　不論是電腦模型研究，或是較為傳統、依據肢骨測量所得的計算結果，兩者幾乎完全相同：蜥腳類恐龍真的是非常、非常大的動物。三疊紀時，原蜥腳類（譬如板龍）試探性地發展出較大體型，有些大概長到兩、三噸重，相當於一或兩頭長頸鹿的重量。但是自從盤古大陸開始分裂、火山噴發、三疊紀轉進侏儸紀之後，真正的蜥腳類恐龍體積更形龐大。那群在蘇格蘭潟湖區留下足跡的恐龍們，個個重達十到二十噸，而在侏儸紀稍晚才出現、赫赫有名的巨獸雷龍和腕龍，體重甚至超過三十噸；不過，若是與白堊紀某些尺寸超標的恐龍相比，前述幾種侏儸紀恐龍根本不值一提：譬如「無畏龍」（*Dreadnoughtus*）、「巴塔哥尼亞巨龍」（*Patagotitan*）、「阿根廷龍」（*Argentinosaurus*），牠們都是名副其實的「泰坦巨龍」類（*titanosaurs*）的主要成員。這個次群的恐龍噸位都達到五十以上，比一架波音七三七飛機還重。

　　今日陸地上最大、最重的動物是大象。大象的體型依生活環境和物種而異，有大有小，體重大多介於五、六噸之間，現

有紀錄最重的大象約莫也就十一噸重而已。與蜥腳類相比，牠們實在不算龐然大物。於是這又回到最初那個問題：這群真正的龐然大物何以能長到徹底超標、令生命演化至今的所有物種皆望塵莫及的超大體型？

首先要考慮的是：牠們得具備哪些條件，才能長到這麼大？最明顯的大概就是「食量大」吧。按照體型，以及侏儸紀最普遍的食物營養品質來估計，像雷龍這種大塊頭每天大概得吞下一千磅的莖葉和枝條，搞不好還不只這個數字。所以牠們得設法累積並消化如此大量的食物。再者，牠們必須「長很快」。一年一年、一吋一吋慢慢長大不是不可以，但假如恐龍得花一百年才能長到這麼大，那麼在牠達到成年體型之前，極有可能就被掠食者吃掉、被暴風吹來的巨木壓扁、或者染病身亡。第三，牠們的呼吸必須非常有效率，如此才能獲得充足的氧氣、驅動龐大身軀內的所有代謝反應。第四，牠們的身體結構和骨架必須強壯結實，但不能過度發達，以免無法順暢移動。最後，牠們必須能排出多餘的體熱，因為在大熱天裡，這種大塊頭很容易體溫過高，中暑死亡。

以上這幾點要求，蜥腳類一族必須全部做到才行。所以牠們到底是怎麼解決的？打從數十年前就開始思索這個謎團的許多科學家們，想過一個最簡單的答案：說不定，三疊紀、侏儸紀和白堊紀的物理條件與現在截然不同。或許當時的重力比較弱，這些體型巨大又沉重的動物能更為輕鬆地移動或成長；又或者，當時大氣層的含氧量比較高，這些浩克級蜥腳類能順暢

呼吸，並且更有效率地成長和代謝。這些臆測聽來頗有幾分道理，然若再仔細思量，沒有一項能成立。目前沒有任何證據顯示，恐龍時代的重力跟現在有一丁點差異；而恐龍時代的大氣含氧量也跟現在差不多，說不定還稍微低一些。

因此眼前只剩下一種可靠說法：蜥腳類恐龍可能擁有某些內在條件，讓牠們能打破其他所有陸生動物——包括哺乳類、爬行類、兩棲類或甚至其他種類的恐龍——局限於小體型的條件。其中的關鍵似乎就在牠們獨特的「體型呈現」（body plan）：這是恐龍從三疊紀到侏儸紀最初期，經由步步演化、綜合而成的多種特徵，終而造就牠們得以完美適應超大體型，且能繁榮興盛。

一切要從「脖子」開始說起。細長、線條優美的脖子大概是蜥腳類最具識別度的特徵。從三疊紀最古老的原蜥腳類開始，牠們慢慢演化出比一般長度還要長的脖子，並且逐漸按比例增長，不僅頸椎（頸部的一節節骨頭）數目增加，每一節頸椎的長度也隨之變長。就像「鋼鐵人」的盔甲一樣，長脖子也能賦予蜥腳類恐龍某種超能力，讓牠們能吃到更高處的樹葉，比其他植食動物多了全新的食物來源。牠們可以把身體「停靠」在某處好幾個鐘頭，伸出長長的脖子、像活動吊車一樣上下左右，盡情採食，無須耗費太多能量。這表示牠們能比競爭者攝取更多食物、更有效率地獲得能量——這就是蜥腳類的第一項適應優勢。長脖子讓牠們能吃到巨幅增重所需的海量食糧。

接著是牠們的成長方式。還記得恐龍的「恐龍形類先祖」吧？在三疊紀初期，牠們和其他兩棲類、爬行類都演化出多樣種類，但是在代謝率、成長率和生活方式等各方面更是略勝一籌。牠們可不是懶洋洋的動物，也不像鱷魚或鬣蜥得花上萬古時間才能長至成年體型。牠們的恐龍後代全都跟牠們一個樣。按蜥腳類恐龍骨骼生長的情形判斷，牠們從破殼而出的天竺鼠大小長至成年期的飛機體型，大概只要三十或四十年左右，就如此明顯的變態過程（metamorphosis）而言，三、四十年著實短得不可思議。這便是牠們的第二項優勢——蜥腳類從牠們遙遠、體型如貓的祖先身上獲得快速生長的能力。這是迅速長成巨大體型的基本條件。

此外，蜥腳類還遺傳到三疊紀祖先的另一項特點：效率超強的肺。蜥腳類的肺部構造與鳥類極為相似，和你我（人類）根本天差地別。哺乳類的肺臟很簡單，只能以循環方式吸入氧氣、同時排出二氧化碳；但鳥類的肺臟屬於「單向肺」（unidirectional lung），意即氣流只能單向通過肺臟，故吸氣與呼氣時都能擷取氧氣。這款「鳥肺」超有效率，每次呼氣吸氣都能獲得氧氣，也是生物工程的驚人特色：吸氣時，一連串與肺臟相連的球狀氣囊，先儲存部分含氧量較高的空氣，呼氣時讓這些空氣再次通過肺臟，二度吸取氧氣。各位若是聽不太懂，千萬別擔心——這種肺臟實在太奇怪，生物學家花了好幾十年才搞清楚它如何運作。

而我們之所以知道蜥腳類恐龍擁有近似鳥肺的構造，

理由是牠們的胸腔骨骼大多都有大型開孔——名為「氣窗」（pneumatic fenestrae）的構造。氣囊即是由此朝胸腔內部延伸。這種構造跟現代鳥類身上有的完全一樣，而且只會是氣囊，不可能是別的東西。因此第三項優勢出現了——蜥腳類恐龍擁有效率超高的超級肺臟，能為體內代謝作用供應大量且充足的氧氣。獸腳類恐龍也有同款「鳥肺」，這可能是暴龍及其他巨型掠食動物能長得非常巨大，但鳥臀目恐龍卻辦不到的原因之一。同理，鴨嘴龍、劍龍、多種頭上長角以及背覆骨板的恐龍（牠們全都屬於鳥臀目）永遠都不可能像蜥腳類一樣，長成恐龍巨無霸。

　　不過氣囊還有其他功能：除了能在呼吸循環時儲存空氣，由於氣囊探入骨內，故能減輕骨骼重量。事實上，氣囊直接「挖空」骨頭，讓骨頭保有堅硬的外殼但重量更輕，這就好比大小相同的籃球與石塊，前者重量絕對比後者輕，是一樣的道理。想不想知道蜥腳類恐龍如何揚起長長的脖子，卻不會像難以平衡的蹺蹺板一樣翻過去？答案就在牠們的脊椎骨：裡頭全部塞滿氣囊（簡直跟蜂窩沒兩樣），輕如羽毛卻強固依舊。所以這就是第四項優勢——蜥腳類恐龍的骨頭因為含有氣囊，使其質輕又堅固，方便牠們到處走動。哺乳類、蜥蜴和鳥臀目恐龍因為沒有氣囊，所以也就沒這麼幸運了。

　　那麼第五項優勢——也就是排除多餘體熱——又是什麼呢？關於這一點，牠們的肺和氣囊也有功勞。蜥腳類恐龍身上有數不清的氣囊，遍及體內各處；有些鑽入骨頭，有些塞在內

臟之間，因此產生大量可供散熱的表面區域。有了這套中央空調系統，每一口熱騰騰的呼吸都能化為涼爽空氣。

綜合以上幾點，一頭超級巨獸就這麼打造出來了。要是蜥腳類恐龍少了其中任何一項特色——脖子長、長得快、肺臟效率高、骨骼輕量化與冷卻體熱的氣囊——牠們大概永遠不可能長成如此龐然巨獸。就生物學而言，這原是不可能的事，但演化把種種細節組合在一起，再依正確順序排列擺放。當世界邁入火山爆發後的侏儸紀時代，這套組合亦大功告成，蜥腳類恐龍發現牠們能做到其他動物做不到、空前絕後的巨大成就。牠們大得猶如聖經裡才有的動物，所向披靡，以最壯觀、雄大的方式橫掃全球，優勢整整維持上億年。

第 四 章

恐龍與漂移的大陸

康乃狄克州紐哈文（New Haven）。耶魯大學校區北緣、綠蔭茂密的街區裡，藏著一座恐龍聖地。耶魯「皮博迪自然史博物館」（Peabody Museum）「恐龍大廳」或許並不自封為恐龍界的精神聖地，但我的感覺就是如此。走進恐龍大廳的那剎那，我會像小時候進教堂望彌撒那樣，竄起一陣輕顫。這裡可不是一般人說的那種聖地——沒有神祇雕像，沒有搖曳燭光，也聞不到半點焚香味，而且這個地方也不特別顯眼——至少從外面看來是如此，與其他幾座大學講堂共同隱身在一幢毫無特色的磚造建築裡。但是，對我來說，這裡收藏的「聖物」就和我們在多數宗教聖殿見到的聖物一樣神聖——這裡有恐龍。在我心中，這座星球上沒有哪個地方比這裡更能讓你沉浸在史前世界的驚奇想像中。

「恐龍大廳」始建於一九二〇年代，目的是存放耶魯大學無與倫比的恐龍收藏品——那是數十年來，由遍布美國西部的無數勞動者辛苦蒐集（也獲得合理報酬）、再寄給東部的常春藤聯盟菁英名校所累積下來的。恐龍大廳即將迎接百歲生日，依然保有最初的原始魅力。這裡沒有新世紀展廳常見的電腦螢幕、沒有透過「全像投影」（holograms）現身的恐龍幻影，也沒有震耳嘶吼的背景音效。這裡是科學殿堂，幾副栩栩如生的恐龍骨架莊嚴地矗立鎮守，燈光低微黯淡，安靜得讓你真以為自己置身教堂。

東面一整片牆都是壁畫，長度超過一百呎、高六呎，歷時四年半完成。作者是西伯利亞出身的魯道夫・札林格（Rudolph

Zallinger），他在「大蕭條」時期（Great Depression）來美國專攻插畫。札林格如果生在今日這個年代，大概會在動畫工作室當分鏡師吧。他在場景設置、融合大群且多樣角色方面的功力絕對是大師等級，透過畫筆描述一則則恢弘偉大的故事。《人類進化史》（March of Progress）無疑是他最出名的作品——這幅人類演化時間表總是帶著淡淡的諷刺意味，描繪人類從指背觸地行走的類人猿，逐漸變形成手持長矛的原始人。想必有不少人都是透過這張圖——而非其他教科書、課堂所學或世界各地的博物館展覽——理解（或誤解）演化論吧。

　　但在札林格改畫人類以前，他曾經相當著迷於恐龍，而恐龍大廳的壁畫《爬行類時代》（The Age of Reptiles）即是他這個階段的顛峰之作——美國為這幅畫發行過郵票，《生活》（Life）雜誌做過專題報導，各式各樣恐龍形象商品也曾複製、翻印（或抄襲）這幅圖像。《爬行類時代》是古生物界的《蒙娜麗莎》，肯定也是藝術家至今創作的所有恐龍相關作品中，談論度最高的一件。其實，《爬行類時代》某種程度更接近《巴約掛毯》（Bayeux Tapestry）*，因為它訴說著一卷征服史詩，一段傳奇，描述魚一般的生物初次踏上陸地，在新環境生存繁衍並演化為兩棲類與爬行類。後來，爬行類又分成哺乳類和蜥蜴兩條支系（原始哺乳類先盛後衰，蜥蜴繼而興起），最後發展出恐龍這種生物。

---

* 描述法國的「征服者威廉」征服英格蘭的事蹟。

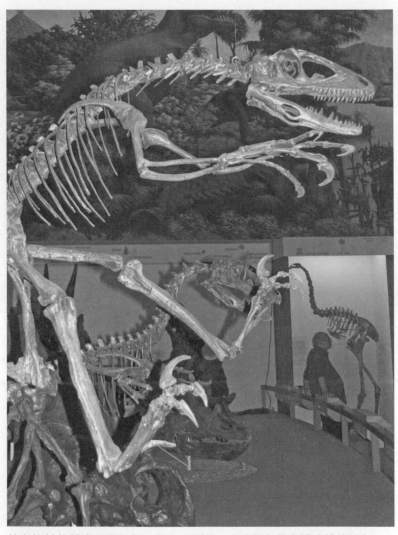

鎮守札林格壁畫的獸腳類恐龍：恐爪龍。（耶魯大學皮博迪博物館）

　　隨著壁畫漫步來到旅程盡頭——從故事開始至今已經過約兩億四千萬年，步行距離大概六十呎——體驗宛若異星大地、與身覆鱗片的原始野獸擦身而過，之後畫面終於成為恐龍的天下。那是種無聲卻懾人的感受——原始哺乳類和蜥蜴逐漸替換成恐龍，而且呈倍數增加，展示大面積的視覺震撼。眼前處處是恐龍，各形各樣；有些巨大無比，有些沒入背景、不易覺察。突然間，這幅壁畫呈現一股截然不同的感覺，有點像蘇聯時期，史達林打著招牌手勢在大批農民面前演講的宣傳海報；又或者是海珊諸多宮殿裡某幅沾沾自喜、得意洋洋的濕壁畫。只消瞄一眼這群恐龍，就能感受到那股力量——強大，宰制，霸氣。這是牠們的世界，牠們說了算。

　　在這一部分的壁畫中，札林格優美且精準地呈現恐龍成功登上演化高峰的情景：巨獸雷龍棲靠在前景的沼澤中，一路嚼食水邊的蕨類與長青樹種；旁邊那頭巴士大小的異特龍正以利齒尖爪猛啃血淋淋的屍體，強壯的後肢踩踏在獵物身上，多了幾分侮辱意味。劍龍與異特龍保持一段安全距離、閒適遊走，那一身由骨板組成的盾甲尖棘是為了防止肉食猛獸突發的痴心妄想。背景深處，沼澤逐漸隱沒在山頭覆雪的高山腳下，那兒有另一頭蜥腳類恐龍正伸長脖子，像吸塵器一樣橫掃低矮灌木。在此同時，兩頭屬於翼龍目動物（會飛的爬行類，與恐龍是近親，多稱「翼手龍」）在空中相互追逐，時而俯衝時而盤旋，翱翔於沉靜藍天。

　　每次想到「恐龍」這種生物，你我腦中大概都會浮現這類

畫面：極盛時期的恐龍群像。

　　札林格的壁畫並非虛構，但就像所有優秀藝術品一樣，畫中各處穿插不少自由發揮的概念，但絕大部分仍以事實為基礎——也就是恐龍大廳裡你我耳熟能詳的雷龍、劍龍、異特龍等動物。這些恐龍生活在距今一億五千萬年前的侏儸紀時代，當時，恐龍早已成為陸上最強勢的物種；偽鱷類敗退已是五千萬年前的往事，而初代長頸巨獸也在兩千多萬年前踏遍蘇格蘭潟湖區。自此再也沒有任何力量能與之抗衡。

　　對於侏儸紀晚期的恐龍，我們知之甚詳，理由是我們在全球多處地點挖出大量侏儸紀化石。不過這純粹是地質學的古怪脾性使然——有些地質年代的化石紀錄硬是比其他地質年代更出色，理由通常是該時期形成的岩石比較多，或是這段時期的岩石比較幸運，順利熬過種種嚴酷考驗（包括風化侵蝕、洪水、火山爆發或其他導致化石較難發現的綜合因素）。至於侏儸紀晚期這段時間，咱們運氣出奇地好，理由有二：當時有大量且種類繁多不可勝數的恐龍族群在全球各地的河邊、湖邊及海邊過活，而這些地方碰巧是沉積物埋藏化石、形成岩石的完美地點。其次，這些岩層的露頭都在古生物家方便作業之處——譬如美國、加拿大、葡萄牙及坦尚尼亞的乾燥地帶，且人煙稀少，故而沒有建築物、公路、森林、湖泊、河流、海洋等惱人阻礙掩蓋掉化石珍寶。

保羅・塞瑞諾。懷俄明州。

　　侏儸紀晚期最有名的恐龍——也就是札林格壁畫中的恐龍——來自一層露頭遍布美國西部、厚度可觀的沉積岩，地質學稱「莫里森層」（Morrison Formation），名稱來自科羅拉多一座擁有不少漂亮岩石露頭的小鎮（譬如多彩的泥岩和淡乳白色砂岩）。莫里森層宛如巨獸，勢力遍及美國境內十三州，覆蓋近四百平方哩的灌木林地（約一百萬平方公里）；在廣袤無

垠的矮丘和荒地這類西部片的經典背景中，經常能見到它們宛若鑿刻出來的造型。此外在某些地區，莫里森層也是最重要的鈾礦沉積處。還有，對，它也是恐龍化石的溫床，牠們充滿放射鈾的骨頭肯定令蓋革計數器興奮地嗶嗶叫。

我還在念大學的時候，曾經有兩年夏天都來莫里森層敲敲打打：這裡是我初次嘗試挖掘恐龍骨骼的地方。當時，我在保羅・塞瑞諾位於芝加哥大學的研究室實習。（我們在第一章介紹過塞瑞諾。他帶領探險隊深入阿根廷，發現幾種世上最古老的恐龍：三疊紀的艾雷拉龍、始盜龍和曙奔龍。）但保羅研究的似乎不只這些，而且他的野外考察點遍及全球。他曾在非洲發現一種罕見、以魚類為食的長頸恐龍，也遠征過中國和澳洲，還曾撰寫多種鱷魚、哺乳類和鳥類的重要化石描述。

不僅如此，塞瑞諾也和其他受聘於大專院校的古生物學家一樣，必須挪出時間授課。他每年都會在大學部開一門結合理論與實地調查的「恐龍學」（Dinosaur Science），相當受歡迎。由於芝加哥附近找不到恐龍，因此塞瑞諾每年夏天都會帶領修課學生來到懷俄明，來一場為期十天的野地考察之旅。這可是千載難逢、一生只有一次的機會──和舉世聞名的科學家並肩挖恐龍。雖然那時我的挖掘經驗不足掛齒，然而當教授驅趕著一群從醫學預科到哲學、五花八門什麼科系都有的學生越過高地沙漠時，我仍被拔擢為助教，充當塞瑞諾的左右手。

塞瑞諾選定的考察地點在偏僻小鎮「謝爾」（Shell）近郊。謝爾東側是「比格霍恩山脈」（Bighorn Mountains），西邊

我們在懷俄明州謝爾附近的莫里森層挖掘蜥腳類恐龍化石。後方中央的
莎拉‧博區後來成為研究霸王龍前肢的專家。

數百公里則是「黃石國家公園」（Yellowstone National Park）。根據最近一次人口普查，只有八十三人設籍此地。我們於二〇〇五及二〇〇六年造訪謝爾時，路上標牌宣稱這裡只剩五十位居民。不過這對古生物學家而言倒是好事一樁：阻礙（人）越少越好。儘管謝爾是地圖上易遭忽略的一個小點，但它絕對有權宣稱自己是全球數一數二的恐龍之都。謝爾位在莫里森層上，四周圍繞著由淡淡的綠、紅、灰各色岩石刻鑿而成的美麗山丘──那些岩石裡全都是恐龍。此地出土的恐龍數量太多，難以追蹤記錄。不過截至目前為止，少說也挖出過上百具恐龍骨骸。

我們從謝里登（Sheridan）駕車西行，取道驚險山路，跨越崎嶇難行的比格霍恩山，沿途宛如巨木棧道。謝爾地區也曾出過幾頭史上體型最大的恐龍：譬如雷龍、腕龍等長頸蜥腳類，還有以前者為食的大型肉食恐龍，例如異特龍。但我感覺自己似乎也跟著某種「巨人的腳步」前進──也就是首度在此地發現恐龍骨頭的十九世紀探險家們。這群鐵路工人和勞工帶起一股恐龍熱潮，他們把握時機，搖身一變成為耶魯大學等上流機構聘僱的化石採集者。他們是一群雜牌軍，一群頭戴牛仔帽、滿臉絡腮鬍、蓬頭垢面的西大荒惡棍，但他們從地下撬出根根巨骨，一連數月，並且把空閒時間都拿來掠劫彼此的地盤、沒完沒了地鬥毆結仇、搞破壞、喝酒，還動不動就開槍。但這群非典型又不像樣的角色們，卻聯手揭開一片無人知曉的史前世界。

　　最初留意到莫里森恐龍化石的人，肯定是許許多多四散在大西部的美國原住民。不過，首批留下正式紀錄的恐龍骨骼化石，則是一八五九年一個探險隊蒐集到的。一八七七年三月，真正好玩的來了。有位名叫威廉‧里德（William Reed）的鐵路工人某日出門打獵，成果豐碩，當他拖著來福槍和一頭叉角羚羊屍體返家時，在「科摩崖」（Como Bluff）──就在跨越懷俄明州東南遼闊區域的鐵軌附近──長長的山脊上，注意到幾截突出地面的巨型骨頭。他不認得那玩意兒。然而差不多就在同一時間，奧拉莫‧盧卡斯（Oramel Lucas）這名大學生也在科摩崖南方數百公里（即科羅拉多州的「花園公園」〔Garden Park〕）發現類似骨頭。再來，也是同一個月，學校教員亞瑟‧雷克斯（Arthur Lakes）在丹佛附近發現一處塞滿化石的穴坑。到了三月底，這股發現熱潮席捲美國西部，就連最偏遠的鄉村和鐵路無人站，也跟著熱鬧起來。

　　就如同所有可預期的熱潮一樣，這股恐龍熱吸引大批背景可疑的傢伙湧入懷俄明與科羅拉多的曠野偏鄉。當中許多人都是頭髮灰白的投機人士，心中只有一個目的：骨頭（恐龍）變現金。沒多久，他們便已摸清楚誰出價最高──兩位都是衣冠楚楚的東岸學者，一位是費城的艾德華‧柯普，另一位是耶魯大學的奧賽內爾‧馬許。（我們在第二章描述北美出土的三疊紀恐龍化石時，曾簡單提及這兩位。）這兩位科學家一度頗有交情，後來卻縱容自尊與傲氣，學術競爭變成火力全開的長期爭鬥。在這場激烈瘋狂的戰爭中，雙方不惜犧牲一切、只求扳

艾德華・柯普，「化石戰爭」主角人物。（美國自然史博物館圖書館館藏）

倒對方，看看誰能發現更多新物種恐龍，描述並命名。但柯普
和馬許也是機會主義者。他們在牧場工人、車站搬運工寄來的
每一封信裡──報告他們又在莫里森荒地發現哪些沒見過的恐
龍骨頭──看見他們熱切渴望卻還未能實現的機會：徹底擊垮
對方，讓對方永無東山再起之日。兩人皆為此全力以赴。

　　柯普和馬許把美國西部當成戰場，僱用彼此競爭、行事作

風更趨近於軍隊的隊伍四處挖掘恐龍化石，只要逮到機會就盡可能互搞破壞。這群人的忠誠如流水。前面提到的盧卡斯為柯普工作，雷克斯則與馬許組隊合作。里德一度效忠馬許，後來遭組員背叛、遂改為柯普效勞。劫掠、竊取、賄賂是唯一的規則。這場瘋狂競賽持續近十年，待其終於落幕，世人也難以判定誰贏誰輸。從好的結果來看，這場所謂的「化石戰爭」發現多種後世最知名的恐龍，包括所有學童皆琅琅上口的異特龍、迷惑龍（*Apatosaurus*）、雷龍、角鼻龍（*Ceratosaurus*）、梁龍、劍龍等等。但另一方面，這種競爭心態也導致程序作業馬虎草率——隨興開挖、倉促判讀，只憑些許骨片碎屑就命名新種，甚至把同一份恐龍骨骼的不同部位判定成截然不同的幾種動物。

戰爭總有結束的一天。隨著歷史扉頁翻過十九世紀、進入二十世紀，眾人逐漸清醒。美國西部仍持續有新種恐龍出土，國內主要的自然史博物館和頂尖大學也多次派員前往莫里森層探勘，但恐龍熱造成的混亂基本上是結束了。擾亂降低，重大發現隨即而來，有人在科羅拉多州與猶他州邊界發現一座恐龍墳場，數目超過一百二十頭，此地後來規劃為「美國國家恐龍保護區」（Dinosaur National Monument）。另外還有猶他州普萊斯（Price）南邊的「克利夫蘭勞埃德恐龍採石場」（Cleveland-Lloyd Dinosaur Quarry），那座坑裡的骨頭少說上萬，大多屬於異特龍。再來就是鐵路乘務人員在奧克拉荷馬狹地（Oklahoma Panhandle）發現的恐龍骨層，負責挖掘的則是一群大蕭條時期

柯普於一八七四年寫下的考察紀錄頁，描述新墨西哥
州富藏大量化石的景況。

一八八九年，柯普設想「長角的龍」（即「角鼻龍」）生前模樣的手稿，
極具洞察力。（不過，比起畫畫，他還是比較適合當科學家。）（美國自
然史博物館圖書館館藏）

奧賽內爾‧馬許——柯普「化石戰爭」的死對頭——與其學生志願團。攝於一八七二年前往美國西部野外調查期間。（感謝耶魯大學皮博迪博物館提供）

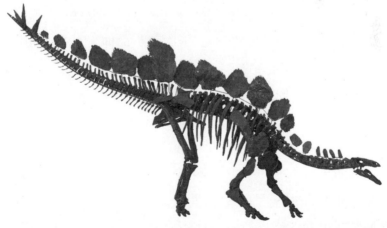

劍龍。化石戰爭時期，於莫里森層出土最具知名度的恐龍化石之一。展示於倫敦自然史博物館。（圖片摘自期刊《公共科學圖書館》〔PloS ONE〕）

的失業勞工，後來受惠於小羅斯福總統的「新政」（The New Deal），重回職場挖恐龍賺錢。（那處骨層離塞瑞諾在謝爾挖掘的地點不遠，幸好塞瑞諾有我協助，還有一票用高額學費換取「勞力」的大學勞工幫忙。）

塞瑞諾曾在世界各地發現為數可觀的恐龍化石採集點，但是不包括謝爾附近這一處。率先提報這一帶有恐龍骨頭的是當地一位岩石收藏家。一九三二年，她向路過該鎮、來自紐約的古生物學家巴納姆・布朗（Barnum Brown）提起此事。（我們會在下一章介紹布朗，因為他才剛入行就發現暴龍化石。）收藏家描述的內容挑起布朗的好奇心，便隨她來到一處偏遠牧場。牧場主人年逾八旬，名叫巴克・豪伊〔Bark Howe〕；牧場周圍是洋溢鼠尾草香的綿延山丘，高長的牧草中偶有山獅潛行，叉角羚羊不時忙亂蹦跳。眼前的景象令布朗滿心歡喜，整整待了一週。而他此行也大有斬獲，結果足以說服辛克萊爾石油公司提供全額經費，於一九三四年夏天命他組隊來此開挖。（此地現名「豪伊化石場」〔Howe Quarry〕。）

後來，那次挖掘成為史上最精采、最奇妙的經驗之一。布朗團隊才動手開挖沒多久，就不斷挖出恐龍骨頭，而且到處都是。一具具骨骸彼此堆疊、朝四面八方延伸，最後他們在三千平方呎的土地上（大概跟籃球場差不多大）挖出二十多副完整骨架，總計超過四千根骨頭。此地的化石原材實在太多，布朗團隊整整花了六個月才全部挖出來，而且只在十一月中短暫拔營休息（熬過兩個月的大雪，大夥兒累垮了）。他們挖出一整

個生態系：有長頸植食巨龍梁龍、重龍，還有尖尺利牙的異特龍及體型小一號、以雙足行走的肉食「彎龍」（*Camptosaurus*）。根據牠們角度扭曲的骨架判斷，推測這群動物並非快速死亡，而且過程極盡痛苦。大約在一億五千五百萬年前，這地方發生過很恐怖的事——有些蜥腳類屍體呈站立姿，四條腿像柱子一樣直挺挺的、深陷在遠古泥堆裡。看來，這群動物順利躲過了洪水，卻在大水退去、試圖逃離時，不慎陷入泥沼，動彈不得。

　　布朗開心極了，稱這處採石場「無疑是一座令人目瞪口呆的恐龍化石寶庫」。他雀躍地帶著大批恐龍化石返回紐約，送進美國自然史博物館，館方也視為重要館藏。接下來，豪伊化石場沉寂數十載，乏人問津，直到一位來自瑞士的化石收藏家於一九八〇年代末意外晃進懷俄明，它才重新登上舞台。

　　柯比‧賽博（Kirby Siber）是一位從事商業買賣的古生物學家：主業是挖化石賣錢。對於像我這一類只做學術研究的古生物學家而言（我們認為化石是無可取代的自然資產，應該受博物館保護，讓專人研究、供社會大眾欣賞，而不是賣給出價最高的買主），這種商業行為著實叫人頭痛。涉及古生物買賣的人物形形色色，有非法出口化石的持槍罪犯，也有刻苦勤奮、訓練有素者，像是學養經驗足以和學術人士匹敵的收藏買家，這圈子結構相當完整。賽博屬於後者。事實上，他算是這類收藏家的典範——賽博深受學院派人士尊重，甚至還在蘇黎世東部籌設「恐龍博物館」（Saurier Museum），館藏與展覽在

歐洲都堪稱名列前茅。

　賽博曾經設法來到豪伊化石場，但收穫極為有限。布朗團隊幾乎把這兒給清空了。於是這位瑞士收藏家把注意力轉向周圍的山溝矮丘，尋找新目標。他沒花多少時間，就在原址北方約三百公尺處，發現相當不錯的新據點。怪手先挖出部分蜥腳類骨頭，接著是一排脊椎骨——看起來是某種大型、食肉的獸腳類恐龍脊椎骨。賽博順著這排骨頭一節一節往下挖，沒多久就明白他挖到寶了：一副幾近完整的骨架——異特龍，莫里森層生態系最頂尖的掠食王者。自從馬許在化石戰爭期間首度為其命名以來，這副算是一百二十多年來保存得最好、最完整的異特龍骨架了。

　異特龍可謂侏儸紀時代的「屠夫」，不論從比喻或實質上來說皆恰如其分。這種凶猛的掠食恐龍蟄伏於莫里森的泛濫平原及河畔濕地——請想像體型小一號、體重輕一些的霸王龍——成年身長約三十呎，體重可達二至二‧五噸，而且特別會跑。牠之所以被冠上「屠夫」名號，完完全全是牠自個兒爭取來的。古生物學家認為，異特龍會用牠的大腦袋，像斧頭一樣猛擊獵物，至死方休。而電腦模型顯示，異特龍的牙齒很薄，咬合力不算太強，但牠的頭骨倒是能承受相當巨大的撞擊力道。此外我們還發現，異特龍下顎張開的程度異常誇張，據此研判，一頭飢餓的異特龍可能會張開血盆大口，劈向獵物，以牠像剪刀一樣薄而銳利的成排牙齒撕裂皮肉。說不定，許許多多劍龍和雷龍就是在這種情況嚥下最後一口氣。假若因為某

種緣故，嗜血的異特龍無法單靠口顎咬死獵物，牠通常會伸出三指掌爪、隨便揮兩下就完成任務。比起霸王龍的粗短前肢，異特龍的胳膊比較長，而且有用多了。

　　發現這麼一副完整且保存良好的異特龍化石，可謂賽博事業上的一大亮點，但後來他的心情卻急轉直下。那年夏天的挖掘行程結束後，賽博重回化石展售會想做交易（他的異特龍寶貝仍埋在土裡）。好巧不巧，這時有位美國土地管理局幹員碰巧飛過懷俄明州北部、豪伊化石場附近那片黃沙滾滾的狹長地帶。這名幹員原本正在巡防野火（美國政府指派的工作之一），然而在越過這片荒地上空時，他注意到豪伊化石場附近的泥路畫過一道道車輪痕跡——這年夏天，肯定有誰在這裡做了什麼活兒。化石場是私人土地，賽博在作業前已獲得地主允許，這部分是沒什麼問題。可是這名土管局幹員不太確定哪些屬於私人、哪些又是公有地，而後者只能開放給取得土管局學術調查許可的科學家。這名幹員反覆檢查，確認賽博入侵土管局轄地約數百公尺。由於賽博無權在公有地動工，從此無緣親手挖出這頭異特龍。這或許只是無心之過，但代價實在高昂。

　　這會兒輪到土管局頭痛了。政府轄地埋著一頭如此美麗的恐龍，而發現牠、甚至也動手開挖的人卻無法完成這項工作。因此當局設法成立緊急小組，由傳奇古生物學家傑克‧霍納（Jack Horner）與他在蒙大拿州「洛磯山脈博物館」（Museum of the Rockies）的團隊領軍，在電視攝影鏡頭和報社記者無數隻眼睛的關注下，取出恐龍骨架小心包好，運回蒙大拿，安安

全全收存在實驗室裡。（霍納最為人知曉的事蹟有二：他是全世界第一個發現恐龍巢穴的人〔一九七〇年代〕，也是電影《侏儸紀公園》的科學顧問。）結果，這副異特龍骨骼令人驚嘆的程度遠遠超出賽博最初的想像。大概有百分之九十五的骨頭完整保存下來，就一頭大型掠食恐龍而言，這幾乎相當於只去掉頭部的骨頭數量。這頭異特龍身長二十五呎，僅達成年體型的百分之六十至七十，表示牠還在「發育期」，卻已經面臨嚴苛的生存考驗──牠身上可見各種病痛，包括骨折、感染、骨骼變形，足證侏儸紀晚期環境的艱難與困苦，因為就連這種最強大的肉食動物在捕獵梁龍、雷龍等巨獸時，也得辛苦奮戰。即使牠們擁有尖牙利爪，也不保證能輕易躲過劍龍帶刺尾巴的重擊。

這頭異特龍小名「大艾爾」（Big Al），瞬間成為全球新寵，英國國家廣播公司（BBC）甚至還為牠製播電視特輯。後來，這股熱潮逐漸降溫，但懷俄明州的化石遺址仍舊堆滿各式各樣的化石，就埋在大艾爾底下。因此塞瑞諾向土地管理局提出申請，將這處地點規畫為野外考察教學區，傳授學生各種勘察及挖掘技巧。這也就是我們派出三輛休旅車、載著一群大學生來此遠征的原因。

在懷俄明度過的第一個夏天（二〇〇五年），我一連數日都把車子停在高地沙漠上，協助大夥兒細心移除紋理如爆米花的小塊泥岩，露出下方的「圓頂龍」（Camarasaurus）化石。圓頂龍不是一般人耳熟能詳的恐龍，卻是莫里森層最常見的物

種之一。牠屬於蜥腳類，算是雷龍、腕龍、梁龍的近親，身材也是典型的巨無霸，擁有能上探好幾公尺、搆著樹冠的長脖子。其外型特徵還有小腦袋、方便啃食樹葉的鑿狀尖齒，還有長約五十呎、重達二十噸的厚重身軀。這類有如「大型植物碾碎機」的巨獸，大概是大艾爾和其他異特龍伙伴最喜愛的美味晚餐。不過蜥腳類的驚人噸位也有相當程度的保護效果，即使是最凶猛的肉食恐龍，也不見得次次得逞。大艾爾身上的幾處重傷，說不定就是圓頂龍這類巨獸的傑作。

除了圓頂龍，莫里森層還挖出其他多種巨大蜥腳類恐龍，包括最有名的雷龍、腕龍和梁龍。此外還有低調神祕、不是行家不知道（或許身為恐龍迷的幼稚園老師會曉得）的迷惑龍、重龍與更鮮為人知的「簡棘龍」（*Haplocanthosaurus*）、「需盔龍」（*Galeamopus*）、「小梁龍」（*Kaatedocus*）、「春雷龍」（*Suuwassea*）和「難覓龍」（*Dyslocosaurus*）。再來還有一些僅依骨片命名的蜥腳類恐龍，說不定能據此衍生更多新物種。目前，科學家發現莫里森層覆蓋的地質年代極廣，地域面積也很大。前述幾種蜥腳類恐龍不見得都活在同一年代，但其中大多同期（因為牠們的骨頭在同一地點出土，彼此交疊）。在莫里森層形成的年代，最普遍的情景是大批且種類繁多的蜥腳類恐龍群居於河谷區，踩著沉重如雷的腳步，日日搜羅維生所需的數千磅莖葉。

這幅景象實在詭異得難以想像！這就好比想像有五、六種大象擠在非洲莽原生活，大夥兒都在獅子、鬣狗的潛伏環伺

梁龍（左）與圓頂龍（右）頭骨。這兩種蜥腳類恐龍的頭骨與牙齒形態
極為不同，各自以不同種類的植物維生。

下，試圖尋找充足的食物來源求生存。莫里森層的環境條件肯
定更為險惡。只要有哪隻肚子空空、頭重腳輕的蜥腳類恐龍踉
蹌遊走，附近的灌木叢裡肯定躲著一頭異特龍，隨時準備趁其
不備、一口咬住牠的長脖子。

　　除了異特龍，還有其他多種在食物鏈層級較低的掠食動
物。譬如中階肉食動物「角鼻龍」，體長約二十呎，鼻吻上方
長了一根恐怖犄角；或是大小與馬匹差不多、也吃肉的「馬許
龍」（Marshosaurus，名稱源自「化石戰爭」主角之一）；還有
霸王龍的原始親戚、體型如驢的「史托龍」（Stokesosaurus）。
再來是利齒如刀，體型輕、跑得快，猶如「莫里森版獵豹」的
「虛骨龍」（Coelurus）、「嗜鳥龍」（Ornitolestes）及「長臂獵
龍」（Tanycolagreus）。不過，這群大口食肉的凶神惡煞（甚至
包括異特龍）搞不好也都活在接近食物鏈頂端的「蠻龍」
（Torvosaurus）陰影之下。我們對蠻龍所知有限，因為牠的化

石相當稀少。若依目前蒐集到的骨骼標本描繪其形貌，蠻龍長相極為駭人：這頭擁有尖刀利齒的掠食王者身長三十呎，重達二・五噸（可能更重），身型比例和很晚才演化出現的霸王龍相去不遠。

　　莫里森層何以聚集如此大量的掠食動物？原因不難理解：因為這裡有太多蜥腳類可吃了。然而要想解釋這些蜥腳類巨無霸何以大量群居，那可就難了。除了牠們，這組地層裡還有其他許許多多體型較小、以低矮灌木為食的植食動物，包括背突骨板的劍龍和「西龍」（*Hesperosaurus*）、型如坦克的甲龍「邁摩爾甲龍」（*Mymoorapelta*）、「怪嘴龍」（*Gargoyleosaurus*）、鳥臀目的彎龍，還有一大票專嚼蕨類、體型小、動作敏捷的「德林克龍」（*Drinker*）、「奧斯尼爾龍」（*Othnielia*）、「奧斯尼爾洛龍」（*Othnielosaurus*）、「橡樹龍」（*Dryosaurus*）等等。蜥腳類也和這群植食恐龍共享生存空間，所以這道謎題實在叫人滿頭問號。

　　蜥腳類到底是怎麼辦到的？原來，牠們的成功關鍵在於「演化多樣性」。蜥腳類恐龍的種類確實不少，但彼此之間全都存在些微差異。有些屬於絕對的龐然巨獸，如重達五十五噸的腕龍、或者介於三十至四十噸之間的雷龍、迷惑龍。但梁龍、重龍就小隻多了，在蜥腳類裡牠們不過是瘦巴巴的小傢伙，頂多十到十五噸重。因此這群傢伙有些是大胃王，有些食量卻小一點。再者，蜥腳類的長脖子造型各異。腕龍的弓型長頸昂然直指天際，從側面看猶如長頸鹿，毫無疑問能吃到最頂層的樹

葉；但梁龍就算再怎麼努力伸長脖子，頂多超過肩膀一點點，
只能像吸塵器一樣吸食矮樹和灌木的葉子。最後，這群蜥腳類
的頭部和牙齒形態也不一樣：腕龍與圓頂龍的腦袋裹著厚厚的
肌肉，牙齒像刮刀，故能嚼食質地較硬的粗莖或臘質葉片；但
梁龍的頭型較長、頭骨也比較脆弱，長在鼻吻部前端的牙齒纖
細如鉛筆，如果啃咬硬物肯定一下就斷了，因此牠幾乎都把時
間花在剝啃樹枝上較小的葉片，讓腦袋瓜像耙子一樣來回掃
動。

　　蜥腳類恐龍為了採食各式各樣不同種類的食物，演化出多
樣面貌，而牠們的食物選擇還真不少——侏儸紀時代的蓊鬱森
林長滿各種綠色植物——有拔地擎天的針葉木，也有蕨類、蘇
鐵及其他低矮的灌木叢。蜥腳類家族不爭食同一種植物，自行
分散食物來源；這種現象有個科學術語叫「棲位分化」（niche
partitioning），意思是共存物種為了避免競爭，在行為表現或
採食方式上稍有不同。莫里森層呈現一個高度特化的世界，顯
示這群恐龍在生存適應方面有多麼成功。牠們徹底利用生態系
統的每一寸土地，畫分界線，在遠古北美這片炎熱潮濕、大雨
傾盆的森林及沿海平原上並肩共存，大量繁衍且樣貌多變，叫
人眼花撩亂。

　　那麼侏儸紀晚期的其他地區又是何等景象？照目前看來，
似乎到處都一樣：我們在中國、東非和葡萄牙等地都挖到豐富
的侏儸紀晚期化石紀錄，同樣包含多樣演化的蜥腳類恐龍、小
一號的劍龍，以及大小都有的肉食動物（如角鼻龍、異特龍

等）。

　　這一切都跟地理條件脫不了關係。雖然盤古超大陸早在數千萬年前就出現裂痕，卻花了好長一段時間才徹底分家。這些陸塊每年只裂開幾公分，移動速度跟你我指甲生長的速度差不多，因此世界上大部分的陸地直到侏儸紀晚期都還連在一起。歐洲與亞洲緊密相連不說，歐亞大陸和北美之間亦有一串島嶼相連，眾恐龍們只消徒步就能輕鬆跨越。儘管盤古大陸的北半部──即歐亞和北美，稱為「勞亞大陸」（Laurasia）──逐漸和盤古大陸南半部──由澳洲、南極洲、非洲、南美洲、印度及馬達加斯加組成的「岡瓦納大陸」（Gondwana）──分離，但是在海平面降低時，勞亞和岡瓦納之間仍斷斷續續有「陸橋」相連。即使海平面回升，其他島嶼也能充當南北大陸之間便利的遷徙通道。

　　侏儸紀晚期是一段「全球統一」時期，世界每處角落都由同一組恐龍稱霸統治。雄偉的蜥腳類恐龍依食物來源各自畫分勢力範圍，其多樣性達到大型植食動物前所未有的顛峰狀態。體型小一號的植食獸在牠們的陰影下生存繁衍，各種肉食動物則以這群大大小小的植食動物維生。當時，諸如蠻龍、異特龍等肉食恐龍已是十足的巨型獸腳類，至於嗜鳥龍等其他動物則成為下一個王朝的奠基成員，為後來的馳龍和鳥類鋪路。地球燠熱難耐，但恐龍已有能力四處遷徙，愛去哪兒就去哪兒──真是名副其實的侏儸紀公園。

一億四千五百萬年前，侏儸紀過渡至恐龍演化的最終階段：白堊紀（Cretaceous period）。有時候，地質年代會轟轟烈烈地切換，就如同結束三疊紀的火山巨變那樣，但有些時候卻難以察覺，頂多是史書上記載的一筆科學條目，讓地理學家在缺乏劇變或大災難的情況下，將漫長的地質年代分割標記——侏儸紀與白堊紀的切換正是如此。當時既沒有小行星撞擊、也沒有火山噴發為侏儸紀送終，動植物也未突然且大量死亡。白堊紀降臨時，眾生無須排除萬難、掙扎求生。根本沒必要。時間悠哉游哉滴答走過。由巨型蜥腳類、背突骨板的恐龍及體型較小的肉食獸所組成的繽紛豐富侏儸紀生態系，就這麼順順利利延續至白堊紀了。

　　但這並不表示地球毫無變化。從侏儸紀過渡至白堊紀這段時間，地球還真變了不少。雖無天災巨變，但是在接下來的兩千五百萬年間，陸塊、海洋及氣候仍緩慢地持續改變。侏儸紀晚期的溫室環境突然變冷，接著轉為更乾燥的氣候，復又於白堊紀初期回復正常。而在侏儸紀即將告終時，海平面開始下降，並維持至白堊紀初，直到一千萬年後才逐漸回升。由於海平面下降，許多陸地露出海面，讓侏儸紀晚期的恐龍及其他動物得以更自在地四處遷移。然而盤古大陸仍持續崩裂。隨著時間推進，超大陸各碎片彼此離得越來越遠，最後，幅員遼闊的南大陸「岡瓦納」也開始分裂，其裂紋亦逐漸呈現今日南半球

各大陸的雛形：非洲與南美聯合陸塊率先脫離岡瓦納，然後南極洲再與澳洲崩裂分家。火山熔岩不斷從陸塊之間的裂隙冒出來，儘管規模完全不如二疊紀或三疊紀末的災難程度，卻同樣帶來討人厭又黏呼呼、毒害環境的氣體和岩漿。

　　這些改變本身並不足以致命，但合起來卻有如暗中作怪的危機綜合包。恐龍或許很難察覺氣溫、海平面的長期變化（不論是恐龍或人類——假使我們活在那個時代——都不可能在有生之年注意到這類變化），而且在侏儸紀晚期至白堊紀早期的世界裡，雷龍、異特龍還得面對比潮線挪移、冬天稍微變冷等細瑣小事更嚴峻的「恐龍吃恐龍」生存壓力。然而，假以時日，這些小變化也會累積成無聲殺手。

　　時間來到一億兩千五百萬年前的白堊紀——約莫是侏儸紀結束後兩千萬年——世界改頭換面，統治者也和過去截然不同。最明顯的變化要屬曾經叱吒風雲的蜥腳類恐龍。這群長頸巨獸在侏儸紀晚期的莫里森生態系一度族群興旺、樣貌多變，卻在白堊紀早期栽了個大跟頭——你我熟悉的雷龍、梁龍和腕龍幾乎盡數滅絕。不過倒是有一群名為「泰坦巨龍」的次群逆勢崛起，大量繁衍，最後演化成「阿根廷龍」（白堊紀中期）這類超級巨獸。泰坦巨龍身長超過一百呎，重達五十噸，是目前所知最大的陸生動物。但是除了這幾種超大尺寸的白堊新種以外，蜥腳類無緣再續侏儸紀晚期的榮景，牠們再也無法炫耀各式各樣的長頸、頭骨和牙齒。蜥腳類恐龍和這些讓牠們得以盡情探索多樣生態環境的利器，已成過去。

　　當蜥腳類遭逢厄運，體型較小的植食恐龍「鳥臀目」伺機壯大，成為全球各生態系中普遍存在的中型植食獸。其中最出名的當屬「禽龍」──一八二○年代，世上首批以「恐龍」為名的化石在英格蘭出土，裡頭就有禽龍。禽龍體長約三十呎，重約數噸；姆指有棘可供防禦，鼻吻前端的喙可切斷植株；可以四足行走或單靠後足狂奔，切換流暢。禽龍這一支繼續演化，最後成為鴨嘴龍。鴨嘴龍適應得極為成功，甚至和牠們的勁敵霸王龍同在白堊紀終結前達到顛峰。雖然那是好幾千萬年以後的事，但是在白堊紀早期即已埋下種子。

　　在禽龍步步占領小型蜥腳類地盤的同一時間，專吃低矮植物的植食動物群也出現變化。背脊挺著尖尖骨板的劍龍邁入漫長衰落期，逐漸凋零，苟延殘喘的少數物種最後終於在白堊紀早期銷聲匿跡。這群辨識度頗高的恐龍族類從此未再登上歷史舞台，改由甲龍取而代之。這種長相怪異的生物全身覆滿鎧甲，活像一輛「爬行裝甲車」。牠們源自侏儸紀，在多數生態系中只是跑龍套的邊緣角色。然而隨著劍龍勢力漸衰，甲龍趁機崛起，在種類及數量上大放異彩。甲龍大概是恐龍界裡動作最慢、最死腦筋的動物了。不過牠們天天大嚼蕨類及其他貼地生長的植株，開心過活，那一身厚重鎧甲則保護牠們不受攻擊──不論掠食者有多麼尖牙利齒，要想咬穿數吋厚的堅硬骨板、嚐嚐底下的敦實肉塊，簡直比登天還難。

　　再來是肉食動物。既然牠們的植食獵物在侏儸紀─白堊紀這段過渡期間發生這麼大的變化，獸腳類恐龍自當不能倖免，

同樣歷經劇變。這實在沒什麼好意外的。小型肉食動物的多樣演化叫人目不暇給，有些物種甚至開始嘗試一些奇怪的食物選擇，譬如從以往的肉類改成堅果、種子、甲蟲、貝類等等；其中有一群爪子像鐮刀的「鐮刀龍」（*Therizinosaurus*）甚至徹底變節為素食主義者。至於身材尺寸與鐮刀龍完全相反、名為「棘龍」（*Spinosaurs*）的大型獸腳類恐龍，則詭異地在背上演化出船帆一樣的構造，長長的鼻吻部長滿錐狀利齒，還從陸地移入水中生活；牠們的行為越來越像鱷類，也改吃魚了。

　　不過就像往常一樣，只要提到獸腳類，大家最感興趣的仍是「掠食王者」這條故事線，然而這群站在食物鏈頂端的超級肉食動物，也和牠們小一號的弟兄們一樣，歷經從侏儸紀跨至白堊紀的劇烈動盪。在我最喜愛的恐龍中，有幾種就屬於獸腳類，畢竟最一開始研究的恐龍——大學時代跟著塞瑞諾前往懷俄明州挖掘蜥腳類的那幾個夏天——就是來自白堊紀早期、活在今日非洲大陸的巨型獸腳類猛獸。

　　青少年時期，我看電影、聽音樂，也看籃球賽（總之就是我也有正常娛樂啦），但我的偶像既非運動員、也不是演員，而是古生物學家保羅・塞瑞諾。他是美國國家地理學會駐會探險家（National Geographic Explorer-in-Residence），全球最了不起的恐龍獵人，由他領軍的探險隊足跡遍布全球，他甚至還獲選《時人》雜誌（People）「全球最美五十人」（那期封面是

湯姆・克魯斯〔Tom Cruise〕）。當時我還在念高中，超迷恐龍，因此我就像追星搖滾迷一樣汲取塞瑞諾的各種資訊。他在芝加哥大學教書，離我當時住的地方不遠。他從小在伊利諾州納波維爾（Naperville）長大，我有幾個表兄弟也住過那裡。他是我們這塊地方出身的孩子，奮發向上，最後成為舉世聞名的科學家與探險家──我也要像他一樣。

　　我在十五歲那年初次遇見我的偶像（他在當地一所博物館演講）。我非常確定，他一定很習慣見到崇拜他的小男生，而我又替自己加了點分數──我把一大包厚到無法封口、塞滿雜誌影印資料的牛皮紙袋直直往他臉上堵。你們看，當時我就已經有新聞記者的架勢了（或至少我自覺頗有幾分味道），也已經在業餘古生物雜誌和網站上大量且頻繁地發表文章（幾乎到了病態的程度）。我的文章大多和塞瑞諾及他的發現有關，而我希望他能瞧一眼我都寫了些什麼。把信封交給他的那一刻，我緊張到破音，尷尬死了。但那天下午，塞瑞諾對我很好。長談之後，他要我和他保持聯絡。接下來那幾年，我陸陸續續和他見了幾次面，也經常通電子郵件。後來我決定把記者志向擺一邊，潛心投入古生物學，並以此為職志。我滿腦子就只想進芝加哥大學，這樣我就能跟著塞瑞諾繼續學習了。

　　芝加哥大學接受了我的申請，讓我在二〇〇二年註冊入學。開學第一週我就跟塞瑞諾見了面，希冀能在他的地下化石研究室工作──他剛從非洲、中國帶回來的寶藏都放在那裡（他們一點一點刷去骨頭上的砂礫，一頭頭前所未見的恐龍慢

慢浮現，映入眼簾）。要我做什麼我都願意，就算是刷地板擦櫃子都行。謝天謝地，塞瑞諾將我的滿腔熱血導向正途——他教我如何保存化石，為其分門別類。然後有一天，他給了我一份驚喜：「你想不想試試描述新物種？」塞瑞諾一邊領著我走向一排檔案櫃，一邊問我。

　　拉開一格又一格抽屜，我眼前全是白堊紀早期至中期的恐龍化石，全是塞瑞諾和他的團隊近期從撒哈拉沙漠帶回來的。約莫十年前，塞瑞諾成功結束他在阿根廷的原始恐龍（如艾雷拉龍、始盜龍）探勘作業，將注意力轉往非洲北部。當時，學界對非洲恐龍了解不多。殖民時期，歐洲人曾組成短期探險隊，在今日的坦尚尼亞、埃及、尼日等地發現不少神祕有趣的化石，然而在殖民者離開以後，當地人對恐龍的興趣也隨之消失。不僅如此，部分來自非洲的重要收藏——德國貴族暨古生物學家恩斯特・史托莫（Ernst Stromer von Reichenbach）從埃及帶回的白堊紀早期至中期化石——後來也都化為灰燼。它們原本都收存在慕尼黑的某座博物館裡，那裡離納粹總部只隔幾條街，因此萬分不幸地在一九四四年盟軍轟炸時一併摧毀。

　　塞瑞諾把焦點轉向非洲時，僅有的參考資料只有一些照片、幾份已發表的報告和歐洲博物館裡未被炸毀的極少量恐龍骨頭。但他並未因此卻步。他組成一支研究團隊，於一九〇〇年深入撒哈拉沙漠的心臟地帶——尼日——且成果豐碩。他們在一九九三年、一九九七年及其後又多次返回撒哈拉繼續搜尋。這幾趟挖掘之旅皆極其艱辛，足以媲美「印第安納瓊斯」

（Indiana Jones）的探險旅程。走一趟通常都要好幾個月，還不時碰上土匪掠襲或當地內戰侵擾。一九九五年，塞瑞諾團隊決定休息一年（暫時喘口氣），移師摩洛哥，但他們在那裡也發現極大量的恐龍化石，包括一副保存相當完整的「鯊齒龍」（*Carcharodontosaurs*）頭骨。鯊齒龍是一種巨型肉食恐龍，最早是史托莫依據他在埃及挖出的部分頭骨及骨骼命名（那些骨頭也在轟炸中與慕尼黑博物館一同灰飛煙滅）。塞瑞諾探險隊在非洲採集到的恐龍骨骼化石總重約一百噸，其中大多還堆在芝加哥的倉庫裡，等待有人來研究。

　　至於那些並未送進倉庫的化石，大抵都列表收存在塞瑞諾的研究室裡——也就是我面前這一大堆。它們有些屬於「尼日龍」（*Nigersaurus*，蜥腳類，植物吸塵器，長相奇特，數百顆牙齒全擠在上下顎前端），另外幾根長形椎骨則來自另一種也吃魚的棘龍科恐龍「似鱷龍」（*Suchomimus*），這些骨頭沿著背脊朝上方延伸，支撐高聳於背部的帆狀構造。似鱷龍旁邊是肉食獸「皺褶龍」（*Rugops*）的頭骨，紋理粗糙扭曲，這種恐龍也吃腐肉，比例大概跟獵食量差不多。

　　這裡的化石不全屬於恐龍：另外還有尺寸跟人一樣大的「帝鱷」（*Sarcosuchus*）頭骨——帝鱷體長達四十呎，深諳媒體行銷的塞瑞諾還給牠取了「超級鱷魚」（SuperCroc）這個貼切小名，再來是大型翼龍目恐龍的翼骨化石，甚至連龜、魚類都有。這些化石全都來自一千至一千五百萬年前形成的岩石（約莫是白堊紀早期至中期），地點在河流三角洲或溫暖的熱帶濱

海紅樹林區——那時的撒哈拉可不是沙漠，而是熱氣蒸騰的叢林沼澤。

　　塞瑞諾每拉開一格抽屜，就有一頭古生物界的重要角色出現在我眼前。我的視線在這片化石之海流連徘徊，直到他停步，撿起一塊骨頭——那是某種大型食肉恐龍（體型看起來跟霸王龍差不多）顏面骨的一部分。那格抽屜裡還有另外幾樣東西：幾段下顎骨、幾根牙齒以及部分頭骨（後腦勺的融合骨片，應該是包覆大腦及雙耳的骨頭）。塞瑞諾表示，好些年前，他在尼日某綠洲西側荒涼地帶「伊吉迪」（Iguidi）的舊河道內，從一片成形於一億至九千五百萬年前的紅色砂岩裡挖出這些標本。看得出來，這些骨片跟他在摩洛哥發現的鯊齒龍很像，但不十分吻合。他要我把這兩者的差異找出來。

　　那年我十九歲，是我第一次嘗試參與「辨識恐龍」的調查工作——我徹徹底底中毒了。我把剩下的暑假時間都拿來研究這些骨頭，測量拍照，與其他恐龍化石做比較，最後得出結論：這群來自尼日的骨頭確實和摩洛哥出土的「撒哈拉鯊齒龍」（*Carcharodontosaurus saharicus*）頭骨非常相似，但兩者之間仍有多處差異，故不可能屬於同一物種。塞瑞諾也同意我的看法。我們寫了一篇論文，將尼日這批化石描述為新物種——與摩洛哥的鯊齒龍為近親，但完全不同種。我們將之命名為「伊吉迪鯊齒龍」（*Carcharodontosaurus iguidensis*）。伊吉迪鯊齒龍是白堊紀中期、非洲濱海潮濕生態系的掠食王者。牠身長四十呎，重三噸，塞瑞諾在撒哈拉挖到的每一種恐龍都

對牠俯首稱臣。

在白堊紀早期到中期這段時間，像鯊齒龍這樣的恐龍遍布世界各地，到處可見，全部歸入鯊齒龍科。翻開鯊齒龍的家族相本，各位會發現其中三種來自南美洲，分別是「南方巨獸龍」（*Giganotosaurus*）、「馬普龍」（*Mapusaurus*）及拉丁名稱與霸王龍頗為相似的「魁紂龍」（*Tyrannotitan*）。因為在這段時期，南美仍與非洲大陸相連。這群南美鯊齒龍的其他手足亦分布在其他更遙遠的地方，譬如北美的「高棘龍」（*Acrocanthosauru*s），亞洲的「假鯊齒龍」（*Shaochilong*）和「克拉瑪伊龍」（*Kelmayisaurus*），還有歐洲的「昆卡獵龍」（*Concavenator*）。此外還有一種「始鯊齒龍」（*Eocarcharia*）也來自撒哈拉，是塞瑞諾和我根據他另一次從尼日挖掘帶回的頭骨所描述的新種。始鯊齒龍生存的年代約莫比鯊齒龍早了一千萬年，體型只有後者的一半，但牠的凶猛程度在恐龍界絕對名列前茅。兩眼上方突出的骨結隆起，使牠看來格外陰沉，說不定還經常使出「頭槌」擊昏獵物。

這群鯊齒龍令我深深著迷。牠們的能耐與數千萬年後才出現的暴龍基本上沒有兩樣：體型驚人，並且發展出猶如兵器的掠食武器。鯊齒龍毫無疑問雄踞食物金字塔頂端，令眾生聞之喪膽。這種動物究竟從哪兒冒出來的？牠們何以能將勢力擴及全世界、主宰全球？後來又發生什麼遭遇？

要回答這些問題，只有一個辦法：建構系譜樹。系譜學是了解歷史的關鍵，也因為系譜學，所以才有這麼多人（包括

我）著迷於研究自家族譜。理解親戚間的血緣關係，有助於解開整個家族數百年來的變遷過程——我們的祖先在什麼時候住在哪裡，何時遷徙至他處或無預警死亡，家族成員如何透過聯姻和其他族系融合。恐龍的情況也一樣。假如我們能研讀恐龍系譜（或古生物學家常講的「系統發生學」〔phylogeny〕），就能利用其脈絡來闡釋恐龍的演化進程。但要怎麼建立恐龍系譜樹？鯊齒龍又沒有出生證明，而南方巨獸龍的祖先離開非洲前往南美時也沒申請簽證呀。不過這些化石本身倒是藏著另一種形態的密碼線索。

演化會隨著時間留下改變的痕跡，其中又以外表為明顯。若兩物種踏上彼此離異的演化道路，起初只會呈現非常細微的差異，乍看之下幾乎難以區別。然而隨著時間一分一秒過去，兩支系越來越分歧，差異也越來越大。（我長得很像我父親，卻跟關係三等親的親戚幾無相似之處，也是基於這個道理。）演化偶爾也會透過另一種方式呈現——造出新的東西，譬如多一顆牙，前額突出一支角，或者突變導致某根指頭消失。直系後代會遺傳並長出這些新構造，但已經分家、也展開自身演化道路的旁系親屬們則否。（我遺傳了我爸媽的所有特徵，而我的孩子也會從我身上繼承這些遺傳性狀。但是假如我表哥哪天突然變得很奇怪，長出翅膀，這項特徵並不會遺傳給我，因為我和我表哥之間並沒有直接的血緣關係。謝天謝地——以這個例子來說——我的孩子也不會長出翅膀。）

因此，系譜密碼就寫在你我的長相裡。整體來說，骨骼結

構相似的恐龍，其血緣關係大概比骨骼結構截然不同的恐龍相
近許多。但是，假如你想知道某兩頭恐龍是否真是近親，就得
找找有沒有新出現的演化表徵，因為擁有新演化表徵的恐龍
（譬如多一根指頭），跟沒有這些表徵的恐龍相比，前者親屬關
係肯定更近，理由是牠們必須從共同的祖先身上遺傳到這項特
徵。這個共祖發展出這項特徵，再透過血脈像骨牌一樣傳遞下
去。是以所有多出一根指頭的動物都屬於這條血脈，沒有這項
表徵的則屬於家族系譜中的另一支系。所以，要想建立恐龍系
譜樹，我們得先仔細研究牠們的骨骼，找方法評估相似及相異
點，鑑定演化新表徵，判定哪一群待確認的恐龍化石也擁有這
些特點。

　　我對鯊齒龍這一科越來越著迷，也開始盡可能涉獵、尋找
每一種鯊齒龍的相關資訊。我造訪博物館，直接研究骨骼標
本。至於那些收存國外、遠在天邊、難以企及的化石標本，窮
學生如我便蒐集照片、草圖、學術論文和各種說明註解。我讀
得越多，就越能看出門道，辨識不同物種的骨骼特徵。有些鯊
齒龍的大腦外圍有很深的竇室（sinus），其餘則否。某些體型
巨大的鯊齒龍擁有像鯊魚一樣鋒利的巨齒（鯊齒龍的拉丁文取
其「牙齒像鯊魚的蜥蜴」之意），而體型較小的物種，牙齒也
同樣嬌小玲瓏。清單上的條目持續增加，最後我為這群掠食動
物整理出九十九項表徵差異。

　　接下來，我得讀懂這些資訊代表的意義。我把這份清單打
進電腦，每一列代表一種恐龍，再於每一欄鍵入一項構造特

徵，然後在行列交錯的每一格填上數字零、一或二（代表該物種呈現的表徵型別）：譬如始鯊齒龍的小牙齒為零，鯊齒龍的大牙齒為一。然後我把這張表帶入程式，將這座數據迷宮透過電腦演算化成一張系譜圖。這張圖明白指出哪些解剖構造為新表徵，又有哪些物種擁有這些特徵。這或許是微不足道的工作，但少了電腦還真不行，因為新表徵的分布狀態實在太複雜了──有些表徵在多數物種身上都看得到（譬如鯊齒龍科的大腦周圍幾乎都有竇室構造），有些則相對罕見（譬如鯊魚齒，只有鯊齒龍和南方巨獸龍這兩個屬及其最近親才有）。唯有電腦才能消化如此龐雜的資訊，辨識猶如俄羅斯套娃的模式。假如有兩個物種共同擁有多種新表徵、而且只有這兩個物種才有，那麼牠們肯定是彼此血緣最近的親屬。假如這兩個物種和第三種恐龍共有另外幾種表徵，那麼這第三種動物與前兩者的關係肯定又比其他恐龍更近……如此類推，直到畫出完整的恐龍系譜樹。這整套過程就叫「支序分類學」（cladistic analysis）。

　　這份鯊齒龍系譜樹能幫助我解譯牠們的演化過程。首先，它明確指出這群巨型肉食動物從哪裡來、如何邁向顛峰：鯊齒龍源自侏儸紀晚期，而且跟當時最恐怖的掠食者「侏儸紀屠夫」異特龍是超近親。事實上，鯊齒龍的祖先早已穩居掠食王者地位，只是祖先們在侏儸紀末（約一億四千五百萬年前）因環境與氣候變遷而滅絕，鯊齒龍仍繼續自我升級──體型更大、肌肉更強壯、個性更凶殘。難道是牠們的進化導致異特龍滅絕？又或者牠們趁異特龍必須屈服於當時的環境條件而伺機

篡位？答案仍屬未知。但不論原因為何，鯊齒龍都找到青出於藍更勝於藍的道路，並且在白堊紀初一舉建立牠們的王國。在接下來的五千萬年間（一直到白堊紀中期左右），鯊齒龍一族稱霸整個地球。

　　系譜學也讓我們了解到一件事：這群肉食猛獸何以分布在這些地區。理由是牠們剛出現的時候（也就是侏儸紀晚期），地球各大陸幾乎還連在一起，是以初代鯊齒龍能輕輕鬆鬆擴及全世界。隨著時間演進，陸塊逐漸分裂，生活在不同區域的鯊齒龍因而遭到隔離，成為不同物種。鯊齒龍的系譜樹恰恰也呈現了這一點，系譜分布與大陸漂移兩相映照：最晚才演化出現的幾種鯊齒龍剛好都是南美種與非洲種（南美和非洲兩塊大陸在與北美、亞洲、歐洲斷開之後，又過了很久才彼此分離）。被隔離在赤道以南的幾個物種——譬如南方巨獸龍、馬普龍以及我和塞瑞諾研究的伊吉迪鯊齒龍——則持續壯大體型，長成前所未見的巨型食肉恐龍。

　　然而，就算這群鯊齒龍再怎麼凶猛殘暴，牠們也不可能永遠霸占王座。當時還有一群活在鯊齒龍陰影下，體型略小但動作更敏捷、腦袋更聰明，名為「暴龍」的肉食恐龍。牠們很快就會採取行動，建立一個全新的恐龍帝國。

第 五 章

暴龍一族

　　二〇一〇年的一個悶熱夏日。贛州市（位於中國東南方）一名怪手操作員突然聽見巨大碎裂聲。完蛋了，他心想。他們正在趕工興建工業區——無盡蔓延的單調辦公大樓與倉庫。過去十年來，我目睹這類建案如雨後春筍大量出現在中國各地，任何延誤都得付出巨額代價。怪手可能敲到無法穿透的岩床，或是古代供水系統，又或者是任何可能拖延工程的大麻煩。

　　待砂土落定、煙塵消散，操作員沒找著任何錯綜複雜的管線，也沒瞧見岩床，但映入眼簾的卻是一大片非常奇怪的東西：骨頭化石。數量非常多，而且有些尺寸超大。

　　挖掘工作暫停。這名工人雖然沒有高等學歷，也未受過任何古生物學訓練，但他明白自己發現了非常重要的東西。他知道那肯定是恐龍。他的家鄉早已成為發現新種恐龍的大本營，近年新發現的物種近半數都出自贛州。於是他趕緊連絡領班，一連串瘋狂事件就此展開。

　　這頭恐龍埋在土裡已近六千六百萬年，但牠的命運卻在某種類似危機處理的迅速決策下開挖。風聲迅速傳開，領班驚慌打電話給朋友「謝先生」——鎮上的一位化石收藏家、尤其熱衷恐龍（報導僅說此人姓「謝」。這種模糊又帶著敬意的稱呼使我聯想到龐德電影中幾個難以捉摸的角色）。謝先生旋即意識到這項發現的重要性，立刻趕往工地，同時連絡在當地政府礦產資源部門工作的官員。這場「打電話遊戲」持續延燒，當局決定組成工作隊，前往採集化石。這群人花了大約六小時，盡可能蒐集所有能採回的破片碎屑，最後裝了整整二十五大

袋，送回鎮上博物館安置。

不過這個時間點也未免太剛好，事實上是非常不巧。工作隊才剛完成挖掘工作，立刻就有三、四名「化石販子」聞風趕至。這群黑市掮客就像尋血獵犬一樣，一嗅到恐龍化石的氣味便簇擁而上，想買下這批新出土的化石。如果他們找到口袋夠深、對外國化石頗感興趣的有錢買家，只要付出一點點賄賂金就能換取鉅額收益。這種事在中國及全球許多地方都很常見（大多違法）。每次想到那些珍貴化石竟然落入非法交易和組織犯罪的黑暗世界，我就心碎；不過這一回，好人獲勝了。

科學家在當地博物館安然檢視這群化石，動手拼湊，很快就意識到這次的發現非比尋常。這批化石並非出自亂葬崗，而是一副幾近完整的恐龍骨架——體型巨大、牙尖齒利、總是在電視紀錄片裡扮演凶狠惡棍的掠食恐龍。而且這副骨架像極了遠在世界另一邊的知名恐龍——霸王龍。這片紅色岩石（也就是贛州工人挖地基時撞上的玩意兒）形成的時間，與暴龍橫行北美森林差不多落在同一時期。

於是眾人恍然大悟。眼前這是頭亞洲暴龍——六千六百萬年前，縱橫蓊鬱叢林中的殘暴統治者，他所在之處一度終年潮濕、沼澤密布、偶有流沙點綴、長滿蕨類及松柏等裸子植物。這個生態系的動物成員有蜥蜴數種、身覆羽毛的雜食恐龍、蜥腳類與成群的鴨嘴龍，牠們有些不慎失足陷入致死泥坑，最後被保存下來、形成化石。有些雖幸運生還，卻仍成為其他猛獸的美味獵物——譬如那名贛州工人偶然發現、算是霸王龍最近

親之一的暴龍。

　　工人先生相當有福氣，他發現了許多古生物學家夢寐以求的珍寶。而我則是非常幸運，不用親自找、親手挖，就能參與這項重大發現。

　　那個瘋狂夏末過去好幾年後，我來到美國的伯比自然史博物館（Burpee Museum of Natural History）參加研討會。博物館位於伊利諾州北部嚴冬冰封的荒原中，就在我從小長大的那條街上。來自全世界的科學家齊聚一堂，熱烈討論恐龍滅絕相關議題。那天稍早，呂君昌教授發表的內容把我的魂都吸走了——幻燈片一張張切換，中國出土的美麗化石照片一幀幀閃過螢幕，我的眼睛也越睜越大。呂教授聲名遠播，我早有耳聞，學界普遍認為他是中國一等一的獵龍高手。在他的發現與協助之下，中國一躍成為全球最令人嚮往的恐龍研究中心。

　　呂教授是個大明星，而我只是資歷尚淺的研究人員。然而令我驚訝的是，呂教授竟主動向我走來。我和他握手，祝賀他演講成功並寒暄幾句，但我注意到他的語氣略為急切，手指亦不自覺地緊緊扣著塞滿照片的厚厚檔案夾。我猜他肯定有心事。

　　呂教授表示他被委予一項重任：研究一副數年前在中國東南部某建築工地發現、前所未見的恐龍化石。他知道牠應該跟暴龍同科，但是看起來又很特別，跟學名「*T. rex*」的霸王龍

存在明顯差異，肯定是不同屬的新物種。此外，這頭恐龍看起來挺像我多年前念博班時描述過的一種奇特暴龍——來自蒙古、體型纖瘦、鼻吻部頗長的「歧龍」（*Alioramus*）。呂教授始終拿不定主意，想問問其他人的看法。我當下立刻答應，只要能幫上忙，絕對義不容辭。

呂教授——後來我都叫他君昌——把他從小到大的故事講給我聽。君昌出生於文革時期，在中國東部靠海的山東省長大，家境不好，常常摘野菜果腹。後來，政治風向丕變，他進大學念地理，又去德州讀博士，之後回北京接下中國古生物學界最負盛名的職位：中國地質科學院教授。

這位出身農家的教授後來和我結成好友。在研討會初識不久之後，君昌邀我去中國幫他研究那頭新種恐龍並起草論文，描述那副骨骼化石。我們仔細研究骨架的每一部分，再跟所有已知的暴龍族群比較，最後確認牠的確是霸王龍近親。約莫一年多以後（二〇一四年），我們將贛州工人當年的無心發現納入暴龍系譜樹，成為暴龍家族的最新成員，命名為「中華虔州龍」（*Qianzhousaurus sinensis*）。不過牠的拉丁文發音實在太拗口，所以我們暱稱牠為「皮諾丘暴龍」（Pinocchio rex），畢竟牠跟小木偶一樣，鼻子（鼻吻部）很長。這個暱稱傳到媒體耳中（新聞記者好像很喜歡這種呆呆蠢蠢的小名），於是在論文發表的隔天早上，君昌和我的臉立刻擠上英國各地小報，好笑極了。

虔州龍只是過去十年來、大量發現的暴龍家族的其中一

蒙古出土的「阿爾泰歧龍」（*Alioramus altai*）顏面骨。這種擁有長鼻吻部的新種暴龍科恐龍是我讀博士時描述定義的。（感謝米克・埃力森〔Mick Ellison〕提供照片）

種。這一連串發現顛覆了我們的認知，對這種最具象徵意義的肉食恐龍徹底改觀。自二十世紀初期首次發現以來，霸王龍受到的關注已超過一世紀。牠是恐龍界的霸主，身長四十呎、重達七噸，其名號幾乎無人不知、無人不曉。到了二十世紀，科學家又發現多種暴龍近親，體型同樣大得令人印象深刻，這時科學家才了解到，原來這群大型掠食動物在恐龍系譜上早已自成一脈，組成所謂的「暴龍超科」家族（正式學名為 *Tyrannosauroidea*）。不過，這支令人驚豔的超級家族到底源於何時、由哪種動物演化而來、以及牠們何以能長成如此巨大並

登上食物鏈頂峰，學界尚無定論。到目前為止，上述問題仍舊無解。

近十五年來，研究人員在世界各地發現近二十種隸屬暴龍超科的新種恐龍，而虔州龍的發現處——中國南方塵土瀰漫的建築工地——則是新種暴龍出土地點中最不尋常的一處。其他新種暴龍要不出自終年巨浪拍岸的英格蘭南部峭壁，或北極的冰封雪原，再不然就是戈壁沙漠的無垠黃沙之中。這些發現讓同僚和我順利建構暴龍的系譜樹，並進一步研究牠們的演化過程。結果令我們大吃一驚。

原來，暴龍一族源自非常古老的物種，大概在霸王龍現身一億年前就出現在世界上了。（約莫是侏儸紀中期、恐龍開始邁向顛峰，蜥腳類——也就是蘇格蘭遠古潟湖區的巨型腳印主人——轟隆隆遍步全球的同一時期。）這群初代暴龍不怎麼起眼，體型跟人類差不多，屬於生態系的邊緣肉食動物。就這樣，牠們在其他大型掠食動物的陰影下（先是異特龍或其侏儸紀近親，再來是白堊紀早期至中期凶猛的鯊齒龍）度過八千萬年，而歷經過這一段漫長、彷彿看不見盡頭的解剖構造演化期之後，暴龍一族開始越長越大、越來越壯、也越來越殘暴，最後牠們終於登上食物鏈的最頂端，稱霸恐龍時代的最後兩千萬年。

暴龍家族的故事要從二十世紀初、名列暴龍科暴龍屬「霸

王龍」的發現說起。當時，有位研究暴龍的科學家是老羅斯福總統（Theodore Roosevelt）孩提時代的老友，和老羅斯福同樣熱愛大自然、喜歡冒險：他的名字是亨利・奧斯本（Henry Fairfield Osborn）。一九〇〇年代初期，奧斯本可謂美國最引人注目的科學家之一。

奧斯本曾任紐約市美國自然史博物館館長，也是美國文理科學院（American Academy of Arts and Sciences）主席，甚至還在一九二八年登上《時代》（Time）雜誌封面。但奧斯本可不是普通科學家。他出身富貴：父親是鐵路大亨，舅舅則是併購教父、J・P・摩根公司的創始人約翰・摩根（J.P.Morgan）。紐約市內每一處壁木厚實、菸氣瀰漫的祕密俱樂部——標準美國南方佬風格——會員名單上似乎都能找到他的名字。奧斯本若不在博物館研究化石，大多時候都在紐約菁英位於上東區觥籌交錯的閣樓裡，談笑風生。

世人記憶中的奧斯本並不討人喜歡。他風評不佳，利用其財富與政治人脈推動優生學，滿肚子種族優越感，視移民、少數民族、窮人為敵。有一次，奧斯本甚至還組了一支科學探險隊，前往亞洲尋找最古老的人類化石，想證明他身上流的血絕不可能源自非洲——他無法想像自己竟是「低等種族」的後代。難怪他在今日多被貶為不值一提的偏執狂。

要是我身處「鍍金時代」（Gilded Age）的紐約，大概也不會想跟奧斯本這種傢伙一起喝啤酒吧（其實比較可能是花俏的雞尾酒。話說回來，我猜他可能根本不屑坐在我旁邊，對我

異族味兒十足的義大利姓氏萬分戒備）。話雖如此，奧斯本毫無疑問是個非常聰明的古生物學家，甚至可說是相當優秀的科學管理人才。任職美國自然史博物館館長期間（這座博物館地位崇高，宛如大教堂聳立在紐約中央公園西側，也是我博士研究的地方），奧斯本做了他職業生涯中最棒的決定之一：指派眼尖心細的化石收藏家巴納姆・布朗前往美國西部尋找恐龍化石。

我們曾在上一章短暫介紹過布朗（那個老了許多歲的他在懷俄明州豪伊化石場挖掘侏儸紀恐龍化石）。布朗是最不像英雄的英雄人物。他在堪薩斯州的小村莊長大，基本上是個煤礦公司設置的小城鎮，居民只有寥寥數百人。他的雙親說不定是受到馬戲團大亨「費尼爾斯・泰勒・巴納姆」（P.T. Barnum）啟發才給他取了「巴納姆」這個花俏的名字，期許他有朝一日能逃離辛苦乏味的農村生活。小巴納姆身邊沒什麼說話對象，但他有大自然作伴，因此他深深迷上了岩石、動物殼這類玩意兒。他甚至在自己家裡弄了一座小小博物館——我弟在看完電影《侏儸紀公園》以後也做過類似的事（他也是恐龍迷）。後來，巴納姆進大學念地質，二十出頭就離開沒沒無聞的家鄉、來到紐約這座大城市。他在紐約遇見奧斯本，並受僱為野外考察助理，負責將巨大的恐龍骨頭從杳無人跡的蒙大拿、達科塔大草原運回燈火通明的曼哈頓，讓從來不曾露宿野外的社會菁英們有機會瞠目結舌地瞪著這些叫人驚嘆的珍寶。

這也是布朗之所以在一九〇二年來到蒙大拿東部這片荒原

在懷俄明州挖掘恐龍骨頭的巴納姆‧布朗（左）與亨利‧奧斯本（右），
時為一八九七年。（美國自然史博物館圖書館館藏）

的原因。有天，他在丘陵地附近探勘，意外發現一堆骨頭——
除了部分下顎骨和頭骨之外，還有一些脊椎和肋骨、零碎的肩
胛和前肢骨、以及大部分的骨盆骨。這些骨頭都很巨大。若依
骨盆大小推斷，這頭動物大概有好幾公尺高、體型肯定也比人
類龐大許多。而且，這堆骨頭顯然屬於某種肌肉發達，且能以
雙足快速奔跑的動物。照體格特徵判斷，這絕對是一頭食肉恐

龍沒錯。儘管當時已經有不少掠食恐龍出土——譬如侏儸紀晚期的屠夫「異特龍」——但體型全都比不上布朗新發現的這頭巨獸。布朗即將邁入三字頭，而他的這項發現將成為他此生最重要的註解。

　　布朗把他的新發現送回紐約，奧斯本焦急地引頸企盼。這些骨頭實在巨大，大概得花好幾年才可能清理乾淨、部分組裝供公開展覽使用。幸好到了一九〇五年底，相關工作已大致完成，奧斯本也同時向世人宣布這頭新恐龍的消息。他正式發表論文，將新發現的恐龍定名為「*Tyrannosaurus rex*」（霸王龍）。這個名字優雅地結合希臘文與拉丁文，意思是「殘暴的蜥蜴之王」。同時，他也在美國自然史博物館公開展示暴龍骨骼標本，因為這裡也是名聞遐邇的科學機構。這頭新恐龍立刻造成轟動，成為全國報章雜誌的頭條新聞。《紐約時報》封牠為「地球至今最強大、打遍天下無敵手的物種」，還有大批民眾湧入博物館；當他們終於親眼目睹這頭殘暴之王，無不驚駭於牠怪物般的巨大體型，而牠的古老歲數——當年估計是八百萬年（現在已知更老，足足有六千六百萬年）——更令眾人傻眼。霸王龍一舉成名，布朗也是。

　　布朗永遠會以「發現霸王龍的人」留名青史，但這只是布朗事業的開端。他找化石的眼力一流，從採集化石的第一線工作者一步一步、慢慢爬到自然史博物館古脊椎動物館館長的位子，管理世界第一流的恐龍收藏品。今天，讀者若是造訪該館令人讚嘆連連的恐龍展廳，裡頭有許多化石都是布朗及其團隊

採集回來的。難怪我在紐約的老同事、後來為布朗作傳的羅威爾‧丁格斯（Lowell Dingus）都說，布朗是「史上最厲害的恐龍化石採集高手」，而我在古生物學界的諸多同僚也都給予相同評價。

布朗算是首位明星古生物學家，他講課活潑生動，在美國哥倫比亞廣播公司（CBS）每周一次的廣播節目亦大受好評。他搭火車經過美國西部時，還會有群眾蜂擁而至、只為看他一眼。到了晚年，他還曾協助華特迪士尼公司設計音樂動畫片《幻想曲》（Fantasia）的恐龍。然而布朗就像所有知名人士一樣，是個怪咖。他會在仲夏穿著毛大衣出門找化石，或者幫政府或石油公司蒐集情報賺外快。而且他頗好女色，以致他複雜的後嗣網絡至今仍是美西平原茶餘飯後的話題。我實在無法不這麼想：假如布朗活在我們這個年代，他應該會是某個綜藝實境秀的超級明星，或是政治明星。

在這陣霸王龍旋風席捲紐約的數年之後，布朗再次披上毛大衣，重操舊業，長途跋涉越過蒙大拿荒野尋找更多恐龍化石。一如往常，他又找到了。這回是一副保存更完整的霸王龍骨架，牠有顆漂亮的腦袋——長度跟一名成年人身高差不多——還有超過五十顆尖銳、宛如鐵道釘的利牙。布朗發現的第一頭霸王龍骨骼太過七拼八湊，無法好好估算這種動物的體型大小。但他發現的第二副霸王龍骨架，則顯示霸王龍確實是「霸王」無誤：個頭足足三十五呎高的動物，肯定重達好幾噸。霸王龍毫無疑問是目前已知（已發現）體型最大、最駭人

的陸上掠食動物。

　　接下來數十年，霸王龍享盡顛峰榮耀：不僅成為全球博物館最受歡迎的展覽主角，還當上電影明星——牠打敗金剛（在電影《金剛》〔King Kong〕裡），還在柯南·道爾（Arthur Conan Doyle）被改編成電影的科幻小說《失落的世界》（*The Lost World*）嚇壞無數觀眾。然而如此名氣卻掩蓋了一個根本謎題：該怎麼把霸王龍放進恐龍演化這棵龐大的系譜樹裡？將近整個二十世紀，科學家都快想破頭了卻仍找不到答案。霸王龍實屬異類。與其他已知的掠食恐龍相比，牠的體型超出太多、特徵也極為不同，我們實在很難為牠在恐龍的家族相本裡找到合適的位置。

　　在布朗初次發現霸王龍之後的數十年，古生物學家相繼在北美及亞洲挖出一些霸王龍近親化石。不意外的是，其中幾項重大發現也是布朗自己完成的，最出名的要屬一九一〇年在加拿大亞伯達省（Alberta）挖到的暴龍大墳場。這些霸王龍的同科親友們——包括「亞伯達龍」（*Albertosaurus*）、「魔龍」（*Gorgosaurus*）、「特暴龍」（*Tarbosaurus*）——體型大小都跟霸王龍差不多，骨架結構也幾乎一模一樣。到了二十世紀末，岩石定年技術有了長足進步，因此科學家確定前述幾種暴龍科恐龍也跟霸王龍生活在同一年代，意即白堊紀末，約莫是八千四百萬至六千六百萬年前。但科學家這下頭大了：在恐龍歷史

的顛峰時期，竟然同時有一大票暴龍科恐龍大量繁衍、共同雄霸食物鏈最頂端？牠們到底是從哪兒冒出來的？

　　這道謎題直到不久前才終於揭曉。誠如過去數十年來，我們對恐龍的了解奠基於化石標本；而近年大量出土的暴龍化石同樣讓我們對這個支脈的演化有了全新認識。這些化石有許多來自意想不到的地點，其中最叫人意外的或許要屬二〇一〇年首度在西伯利亞出土、體型不算太大、直到最近才被認為是暴龍家族最古老成員的「哈卡斯龍」（*Kileskus*）。我們一般在思索「哪裡有恐龍」這個問題時，大概不會一下子就想到寒冷的「西伯利亞」。但現在幾乎世界各地都挖得到恐龍化石，就連俄國最北邊的惡地也有。為了挖掘化石，古生物學家必須設法熬過酷寒嚴冬，或是蚊蠅大量出沒的潮濕夏日。

　　我的朋友「沙夏」──亞歷山大‧阿維里安諾夫（Alexander Averianov）──正是其中一員。沙夏在聖彼得堡「俄羅斯科學院」（The Russian Academy of Sciences）的動物研究所工作，在「與恐龍共存的弱小哺乳類」（正確說法應該是「活在恐龍陰影之下」）這個領域，他是全球首屈一指的專家，至於那群欺負哺乳動物的掠食恐龍們，他亦有所研究。沙夏剛進這一行時，蘇聯正要解體。他的大量新發現以及對化石結構細心嚴謹的描述，使他成為新俄國最頂尖的古生物學家。

　　幾年前的某次研討會上，沙夏把他在烏茲別克發現的新種恐龍化石拿給我看。他突然叫我隨他上樓，畢恭畢敬打開一只橘綠相間、花樣繁複的硬紙盒，小心翼翼取出某種肉食獸的部

分頭骨。後來他把頭骨放回盒內，交給我帶回愛丁堡做電腦斷層掃描。不過，在他鬆手把盒子交給我以前，他看進我的雙眼，用電影裡那種拖長尾音的俄國腔認真對我說：「處理化石要小心。但是請務必更加小心對待這只盒子。這是蘇維埃時期的紙盒，現在已經不生產了。」沙夏淘氣地咧嘴一笑，然後撈出一瓶深色液體，朗聲宣布：「現在咱們可以拿『達吉斯坦干邑酒』（Dagestan cognac）好好乾杯了。」他先倒兩杯，然後再倒兩杯，後來又追加一輪。我們為他發現的新種暴龍超科恐龍爽快乾杯。

　　沙夏的哈卡斯龍就跟當年布朗發現的霸王龍骨骼一樣，都不完整：盒子裡僅有部分鼻吻及單側顏面骨，一顆牙齒，一塊下顎骨，以及掌足的零碎骨頭。這些全都是沙夏及其團隊從一處作業多年、數公尺見方的化石遺址找到的，地點在西伯利亞中部「克拉斯諾亞爾斯克」地區（Krasnoyarsk）。克拉斯諾亞爾斯克是俄羅斯的八十多個聯邦主體之一，而「聯邦主體」（federal subjects）則是後蘇聯憲法規範的行政區，地位等同於美國的「州」或加拿大的「省」。但克拉斯諾亞爾斯克可不像德拉瓦州那麼寸土尺地，就連德州、或者幅員更廣的阿拉斯加也望塵莫及：它幾乎橫跨俄羅斯的整個中部地區，從最北的北極海向南延伸，幾乎直抵蒙古邊境，面積近一百萬平方哩。不僅比阿拉斯加大出許多，就連格陵蘭也稍稍被它比下去。克拉斯諾亞爾斯克的土地無邊無際，人煙稀少，該地區的總人口大概跟芝加哥差不多，而沙夏就是在這片無垠曠野中找到全世界

最老的暴龍超科成員。他依當地語言（目前只有生活在這塊與世隔絕之境的數千人會說這種語言）為牠取名「哈卡斯」，意思是「蜥蜴」。

這次發現並未造成媒體轟動，也逃過多數科學家的關注，理由是沙夏把他的成果發表在一本沒沒無聞、完全不在古生物學主流讀物之列的俄羅斯期刊上。哈卡斯龍既沒有幽默好記的小名，未來任何一集《侏儸紀公園》肯定也不會出現牠的身影。牠只是那種每年經由論文正式公布、然後迅速遭世人遺忘的新種恐龍之一（目前平均每年會發現十五個左右的新物種），只有少數專門研究這類恐龍的古生物學家會記得牠。但是對我來說，哈卡斯龍是近十年來所發現數一數二有意思的恐龍，牠能清楚證明暴龍家族從很久很久以前就踏上演化之路了。科學家在侏儸紀中期形成的岩石裡找到哈卡斯龍化石——時間大概是一億七千萬年前，比霸王龍及牠稱霸北美和亞洲的巨型表親整整早了一億年。

哈卡斯龍或許重要，但更厲害的是牠叫人一見難忘。我頭一次仔細審視哈卡斯龍是在涅瓦河畔（Neva River）一棟大型建築裡——沙夏幽暗辦公室的所在之處。時值四月初，河冰正融。沙夏手上只有幾塊骨骼化石，不過這沒啥好意外的，絕大多數新發現的恐龍大抵都只是少許零碎骨片。即使是再微小的骨頭，要能熬過千百萬年光陰並順利出土，絕對需要超級好運。然而真正令我驚訝的是哈卡斯龍的尺寸：牠好小一隻。全部的骨頭只要一、兩個紙盒就能輕鬆搞定，不費吹灰之力就能

把盒子放回收藏架上；在紐約，如果我想拿霸王龍的頭骨，不用堆高機肯定辦不到。

　　像哈卡斯龍這般小巧可愛的生物，竟能長成霸王龍此等巨獸，實在難以置信。由於哈卡斯龍的骨骼化石並不完整，很難精確估算體型，但牠的身長大概只有七或八呎，光是那條瘦巴巴的尾巴就占去大部分——差不多就像一頭熱情撲向你的大狗，頂多只到腰際或胸前這麼高，而且體重應該也不超過一百磅。假如身長四十呎、高十呎、體重七噸的霸王龍也活在侏儸紀中期的俄國境內，牠只消輕輕一動就能掃開哈卡斯龍，就算拿霸王龍發育不良的細小前肢來對付牠，亦綽綽有餘。哈卡斯龍才不是什麼凶殘猛獸呢，「頂尖掠食者」的地位壓根與牠無關。牠頂多像狼或胡狼，四肢修長、輕盈靈巧，以迅疾的速度追捕小型獵物。科學家在哈卡斯龍出土的克拉斯諾亞爾斯克化石遺址也找到大量的小蜥蜴、蠑螈、龜和哺乳類化石，這絕非巧合。這些都是暴龍家族初代成員的主食，因為牠們對付不了長頸蜥腳類，也啃不動大如吉普車的劍龍一族。

　　哈卡斯龍不論在體型、獵食習慣上都與霸王龍大相逕庭，那我們該如何確定牠當真是暴龍家族成員？要是哈卡斯龍跟霸王龍同時被發現，科學家鐵定不會認為牠們之間有任何關聯。就算哈卡斯龍先個幾十年出土，科學家大概也不會判定牠是原始暴龍的一種，不會想到牠就是霸王龍的曾曾曾祖父。但現在我們知道牠倆有關係，新化石又一次立下大功。

　　沙夏運氣很好。在他發現哈卡斯龍化石的四年前，我的伙

伴徐星（Xu Xing）曾帶隊深入中國西部，偶然發現一種生存於侏儸紀中期、外型與哈卡斯龍頗為相似的小型肉食恐龍。幸虧徐星挖到的不是零星碎骨，而是兩副幾近完整的骨架：一頭已成年，另一頭則是少年龍。這兩頭恐龍葬身此處的過程，大概可以寫進災難電影腳本。研究人員在數公尺深的坑底發現那頭少年龍——被成年龍踩在腳下——兩頭恐龍皆身陷泥漿與火山灰之中，受困當時的情形顯然相當恐怖。不過，這兩頭恐龍深受折磨，對古生物學家來說卻是好事一樁。

徐星團隊將他們新發現的恐龍命名為「冠龍」（*Guanlong*），屬名為中文音譯，意義源自頭骨那道「莫西干式」脊冠。這道脊比餐盤還薄，中間穿了好幾個孔。這個華而不實、樣貌滑稽的構造大概只有一項功能——裝飾——為了炫耀並吸引異性，或是威嚇對手；有點像公孔雀的華麗尾羽，除了展示炫耀外別無他用。

我花了好幾天在北京深入研究冠龍骨頭。最先吸引我的是牠腦袋上的脊冠，但其他幾項骨骼特徵反而提供更多關鍵線索，讓冠龍得以列入暴龍家族，和哈卡斯龍、霸王龍結為親戚。首先，冠龍與哈卡斯龍外觀極為相似：兩者體型差不多，鼻吻前端都有一對窗型鼻孔，上顎骨都很長，齒槽上方都有一道頗深的凹陷部，可容納巨大的竇腔。但另一方面，冠龍的某些特徵只會在霸王龍或其他大型暴龍科身上看到，那並非所有肉食恐龍的共同特徵。換言之，誠如我們在前幾章學到的，「演化上的新表徵」是理解系譜學的重要關鍵。譬如，冠龍的

鼻骨在鼻吻上方融合、形成巨大隆起，鼻吻前端寬而鈍圓，兩眼正前方各有一突起尖角，骨盆前端有一對粗大的「肌肉附著痕」（attachment scars）。其實雙方身上還有許多看似枯燥卻相似的細部解剖構造，足以使我和其他學界同仁相信冠龍絕對是暴龍家族的原始成員。由於冠龍的完整骨架和較為零碎的哈卡斯龍骨骼呈現多項共同特徵，顯示後者必定也是一種原始暴龍。

　　冠龍的完整骨架不僅有助於證明哈卡斯龍的暴龍名分，也為家族裡最早、最原始成員的長相、行為以及如何融入所屬生態系等等，描繪出更清晰的形象。依後肢估算（眾所周知，動物的四肢尺寸與其體重密切相關），冠龍體重約一百五十磅，身形輕巧纖瘦，後腿又細又長，而同樣細長的尾巴則朝後方伸展、維持身體平衡──難怪牠們是以速度取勝的掠食者。冠龍滿口牛排刀狀的利牙亦符合掠食者特徵，而牠附有三指利爪的前肢也頗為修長，能使出強大指力抓取獵物──這與霸王龍那一對猶如萎縮的雙指前肢相比根本是天差地別。

　　雖然冠龍能以迅疾的速度、尖銳的牙齒和致命利爪捕捉獵物，但掠食王者的寶座始終與牠無緣。與冠龍同期的還有其他體型更大的肉食恐龍，譬如身長超過十五呎的「單脊龍」（*Monolophosaurus*），或是體重逾噸、體長三十呎的異特龍近親「中華盜龍」（*Sinraptor*）。冠龍活在這群動物的陰影之下，可能還非常懼怕牠們，充其量只是排名第二或第三的掠食者，在這個由其他恐龍主宰的食物鏈中，位階不甚起眼。哈卡斯

龍及近期發現的其他小型原始暴龍——譬如來自中國、尺寸
最迷你、大小跟格雷伊獵犬差不多的「帝龍」（*Dilong*），還
有一個世紀前就在英格蘭出土、直到最近才因為頭上那道與
冠龍相似的莫西干式脊冠而確認身分的老祖宗「原角鼻龍」
（*Proceratosaurus*）——同樣處境尷尬。

　　這些小暴龍們或許沒什麼看頭，也不會害人作惡夢，但有
一件事牠們顯然做得相當不錯。隨著越來越多化石出土，我們
益發理解，這群原始暴龍適應得頗為成功。牠們為數眾多、遍
布全球，活躍期間從侏儸紀開始後的五千萬年延續至白堊紀，
約莫是一億七千萬年前至一億兩千萬年前。牠們顯然熬過了侏
儸紀、白堊紀交界這段令異特龍、蜥腳亞目、劍龍科難以招架
的環境與氣候變遷大混亂，讓我們在亞洲各地、英格蘭多處地
點和美國西部都能挖到牠們的化石，說不定連澳洲都有。牠們
之所以能散布得如此之廣，理由是當時的盤古大陸還未完全分
離——意即牠們能輕易跨越連接各大陸的陸橋，在距離還不算
太遠的陸塊之間移動。這群早期暴龍努力開創屬於自己的生存
之道，體型小至適中，在森林底部灌叢間捕食獵物維生。牠們
的表現好極了。

　　然而在某個時間點，暴龍家族成員從原本的跑龍套角色逐
漸變成蠱惑你我的掠食王者。這項轉變可以從白堊紀早期、大
約一億兩千五百萬年前形成的化石看出端倪。這時期的暴龍成

原始暴龍「帝龍」骨架。體型跟犬差不多。

5 cm

「冠龍」頭骨。冠龍體型與人類相當，頭部上方可見形式花俏的脊冠。

員體型幾乎都不算大：最極端的例子是小巧玲瓏的帝龍，體重大概連二十磅都不到。再來是體型稍大、比帝龍、冠龍、哈卡斯龍孔武有力的英格蘭「始暴龍」（*Eotyrannus*），或「侏儸暴龍」（*Juratyrant*）、「史托龍」（*Stokesosaurus*）這類輩分較長的近親，身長可達十到二十呎、體重上千磅。假如你我跟這群中型暴龍生活在同一時期，而牠們也乖乖配合的話，各位應該可以像騎馬一樣駕馭這些動物。但不管怎麼樣，牠們都爬不到食物鏈頂端的位置。

然後在二〇〇九年，另一塊拼圖出現了──中國的科學團隊在該國東北地區挖出一堆相當不尋常的化石，並將其描述、命名為「中國暴龍」（*Sinotyrannus*）。這頭新發現的恐龍跟其他案例一樣，化石零碎不全，只有少部分骨骼完整保存下來，包括鼻吻和下顎骨前段，部分脊椎骨，幾片掌骨和骨盆骨。這些骨頭跟冠龍、哈卡斯龍構造極為相似（這兩種恐龍也在幾個月後描述發表）：在鼻吻部斷掉的地方，清楚可見高聳脊冠的基座；同時鼻孔開口大，齒槽上方的竇室凹陷亦相當明顯。不過，中國暴龍和冠龍仍有一處明顯差異：前者的體型明顯比後者大了許多。根據與其他肉食恐龍骨骼比對的結果，顯示中國暴龍大概有三十呎長，體重可能超過一噸。照這樣看來，活在一億兩千五百萬年前的中國暴龍是目前已知生存年代最早的大型暴龍超科動物。

我在念博士班時讀到那篇發表論文，差不多是我開始做「肉食恐龍演化」研究計畫的一年之後。在我看來，那頭新發

現的恐龍顯然就是暴龍，而且體型算大，除此之外我不知道該
如何評斷。他們蒐集到的化石太過零碎，無法確認牠實際有多
大、也無法明確定位牠在系譜樹上的位置。中國暴龍和霸王龍
的親緣關係夠近嗎——霸王龍是特暴龍屬、暴龍屬、亞伯達龍
屬、魔龍屬這個超科家族的樣板成員，而這群體型巨大、顳腔
頗深、前肢細小的肉食動物可是主宰白堊紀末、約八千四百萬
年前至六千六百萬年前的陸上霸主呢——倘若真是如此，那麼
牠或許能告訴我們，這群最具象徵意義的恐龍何以變得如此巨
大、如此強勢？話說回來，中國暴龍有沒有可能不是暴龍？說
不定牠只是一頭長得比同期伙伴們大隻的原始物種，畢竟這頭
中國暴龍存活的年代比霸王龍整整早了六千萬年呀——就我們

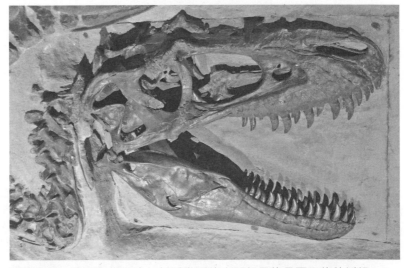

魔龍頭骨。這頭身材巨大、新近發現的白堊紀暴龍是霸王龍的近親。

所知，那個時期的其他暴龍超科成員全都是能輕鬆塞進貨車車斗的小動物呢。

　　這次發現是否真能改寫暴龍歷史？當時我心情沉重，認為這批化石大概要等上好長一段時間才可能獲得解答。在恐龍這個研究領域，這種情況太常見了：某塊化石似乎能交代相當重要的演化歷程——譬如某主要支系最老的成員是誰，或是能具體呈現恐龍重要行為或骨骼特徵——但化石本身通常不是太過支離破碎，就是不完整，或者根本難以確定其年代，並且因為研究人員始終沒找到另一塊同類型化石，只好就此擱置，成為懸而未解的冷門案件。

　　但我不該如此悲觀。因為僅僅三年後，曾經描述冠龍與帝龍的中國科學家徐星就在《自然》期刊發表文章，轟動學界：他們又發現了一個新物種「羽暴龍」（*Yutyrannus*），而且該團隊手邊的化石可不只是一堆零星碎骨而已——他們挖到了羽暴龍骨架，整整三副。這次發現的新物種顯然也屬於暴龍超科，與中國暴龍不論在體型、骨骼特徵上皆極為相似：羽暴龍鼻孔特大，鼻梁上也有一道華麗的脊冠，和中國暴龍一模一樣。此外，羽暴龍體型巨大，最大的一副骨架大概有三十呎長——這可不是估計值，因為徐星等人可以直接拿布尺丈量他們發現的新恐龍，不需要像當年研究中國暴龍那般克難，只能憑幾塊破碎骨頭、靠數學算式猜估整副骨架的完整大小。所以羽暴龍的發現直接拍板定案：白堊紀早期確實有一大群暴龍超科動物存在，至少在中國境內是如此。

　　羽暴龍還有一項特殊之處。這幾副骨架的保存情況相當良好，連軟組織細節亦清楚可見：動物屍體被封入岩石之後，像是皮膚、肌肉、內臟這類軟組織早在化石形成前即逐漸腐爛瓦解，故只會留下骨頭、牙齒、殼等質地較硬的部分。但這回我們很幸運，這幾頭羽暴龍在火山爆發後迅速封埋，導致部分軟組織來不及腐爛，因此骨頭外圍全都覆著一簇簇緻密纖長、約十五公分長（六吋）的絲狀構造。研究人員在中國東北同一岩層出土的帝龍身上，竟也發現相同構造。

　　原來這是羽毛。但不是今日鳥類翅膀上那種可製成鵝毛筆的羽毛，而是構造比較簡單、像髮絲一樣的羽毛。不過，鳥類的羽毛確實是從這種古老構造演化來的，而且現在我們已經知道，許多恐龍身上都有這種羽毛（說不定全部都有）。羽暴龍和帝龍讓我們確認了一件事：這群暴龍毫無疑問屬於「有羽毛恐龍」一族。暴龍身上的羽毛和今日鳥類的不同，肯定無法飛翔，卻可能用於炫耀或保暖。由於暴龍家族中體型較大的羽暴龍和身材嬌小的帝龍都有羽毛，表示該家族的共同祖先必定也有羽毛，因此，咱們偉大的霸王龍身上極可能也有羽毛。

　　這副「毛絨絨」的骨骼標本使羽暴龍一躍成為國際媒體新寵，不過「羽毛」這檔事，咱們容後再說。對我而言，羽暴龍最重要的意義在於牠或許能協助我們進一步了解暴龍一族如何演化成龐然巨獸。羽暴龍和中國暴龍的噸位已相當可觀──牠們比白堊紀結束前的其他暴龍動物大上許多──但霸王龍和牠的兄弟們又更勝一籌。話說回來，中國出土的這兩種暴龍超科

恐龍其實不算非常巨大：牠們的體型跟異特龍或獵捕冠龍的大型肉食動物中華盜龍差不多。若要跟身長四十呎、體重七噸、直逼怪物等級的霸王龍或其超近親相比，實在差太遠。不僅如此，科學家曾經拿著羽暴龍的骨頭與霸王龍的一根一根互相比對，兩者差異頓時變得相當明顯。羽暴龍活像大隻版本的冠龍──牠們都有華麗的脊冠、大鼻孔和纖長的三指前肢。但牠們沒有顱深且覆滿肌肉的頭骨，沒有粗如鐵道釘的牙齒，也沒有細瘦無用的前肢──最後三項全是霸王龍的特徵。

於是這導出一項意外結論：儘管羽暴龍和中國暴龍個頭都不小，但牠們並非霸王龍近親。而暴龍在白堊紀末演化成龐然巨獸，其實也跟牠們沒什麼關係──牠們充其量只是嘗試放大尺寸的原始暴龍類動物，和後來出現的巨型晚輩並無瓜葛。換一種方式說吧。就我們所知，羽暴龍和中國暴龍已走到演化盡頭──在白堊紀早期，整個世界除了中國的偏遠一隅之外，其實已經看不到這類恐龍了。（但這個論點仍有可能因為發現新物種而被推翻。）牠們和其他體型較小、在侏儸紀末與白堊紀早期大量繁衍且更為普遍的暴龍超科動物，基本上活在同一個時代。

雖然羽暴龍和中國暴龍並非霸王龍的直系祖先，但牠們不會因此就變得不重要。這些白堊紀早期物種明確顯示，後來的暴龍動物群確實能在演化早期就把體型放大。就我們所知，羽暴龍和中國暴龍是所屬生態系中體型最大的掠食動物，位居食物鏈頂端，號稱蓊鬱森林之王。這個夏季濕熱、冬天可能

遭大雪覆蓋的生態系，依附在陡峭的火山斜坡上，到處都是原始鳥類和身覆羽毛的小型恐龍。羽暴龍和中國暴龍的食物選擇種類繁多，如果肚子特別餓，森林裡還有龐大臃腫的長頸蜥腳類、或是大群體型似綿羊、鼻吻有喙的植食動物「鸚鵡嘴龍」（*Psittacosaurus*）可供飽餐一頓。鸚鵡嘴龍是三角龍的原始親戚。在六千萬年後的北美西部泛濫平原上，三角龍將與霸王龍展開一場雙強爭霸戰。

　　在時間、空間皆與白堊紀早期的中國森林完全不同的其他地區，暴龍家族的初期成員大多為小至中體型，與其他大型掠食動物相比硬是小了一號。在侏儸紀中期的中國境內，中華盜龍睥睨俯視冠龍。來到侏儸紀晚期的北美洲，騾子大小的史托龍完全比不過肌肉粗壯的異特龍；至於在白堊紀早期的英格蘭，鯊齒龍家族成員「新獵龍」（*Neovenator*）更是徹底壓制始暴龍。類似的例子不勝枚舉。照這樣看來，暴龍一族只要逮到機會，大多能逐漸壯大體型，但前提是環境中不能有更大型的掠食動物存在。

　　不過最初的問題依舊懸而未解：霸王龍與其表兄弟們何以急速長成令人難以想像的巨型怪獸？關於這一點，我們必須仔細研究化石紀錄，了解第一頭真正擁有可類比霸王龍體型結構的大型暴龍究竟何時出現——我是指像霸王龍這種身長超過三十五呎、體重至少一‧五噸，頭骨又大又深、下顎肌肉強健、

牙齒巨如香蕉、腿肌粗壯結實、惟前肢不起眼的暴龍超科動物。

這種真正可稱為「巨獸」、在掠食動物體型紀錄中毫無疑問排名第一的暴龍家族成員，約莫在八千四百萬至八千萬年前首度於北美西部現蹤。牠們才出現沒多久，立刻遍布北美和亞洲，顯然在短時間內出現某種爆炸性的多樣演化。

其實學界已經知道，這個重要轉捩點發生在白堊紀中段，約莫距今一億一千萬年至八千四百萬年前。在這段時期以前，全世界有許許多多、各式各樣小至中型暴龍超科動物，但體型較大者（譬如羽暴龍）種類不多，且零星分布。然而在這段時期之後，巨型暴龍遍布整個北美和亞洲——但也僅限這兩塊大陸——而且就算是體型最小的，也比一輛迷你巴士還要大。這實在是相當戲劇化的轉變，也是整部恐龍史中最大的變化之一。可惜令人沮喪的是，記載這段變化的化石紀錄數量稀少，在恐龍演化歷程中，白堊紀中期算是一段黑暗期。因為咱們純粹就是運氣差，目前找到的化石鮮少落在這兩千五百萬年的時間帶裡，所以古生物學家就像警探辦案般，對著沒留下指紋、DNA、或任何有形證據的犯罪現場，猛搔腦袋，努力探究真相。

隨著科學家越來越了解白堊紀中期的地球環境條件，我們可以說，這段時期對恐龍而言並非什麼快樂好時光。大概在九千四百萬年前——介於白堊紀「森諾曼期」（Cenomanian）與「土侖期」（Turonian）之間，地球有過一段環境變遷陣痛期：

氣溫飆升，海平面高度劇烈起伏，深海嚴重缺氧。我們還不清楚這一切何以發生，但目前比較主流的說法，要屬一場劇烈的火山活動排出大量二氧化碳及其他有毒氣體，滲入大氣層，再度誘發失控的溫室效應並毒害地球。不論起因為何，這場環境劇變又一次引發大滅絕，惟程度不如二疊紀末與三疊紀末的滅絕事件，而是比較類似侏儸紀進入白堊紀的過渡期，有助於恐龍崛起並稱霸地球。儘管如此，這段過渡期在恐龍史上仍屬於一段同類大量死亡的悲慘時光，此外也有許多海洋無脊椎動物和多種爬行類亦從此徹底消失。

　　白堊紀中期的化石紀錄寥寥無幾，我們實在很難得知這場環境劇變究竟對恐龍造成何等影響。幸好近年來，古生物學家已設法探得能彌補這段缺口的關鍵樣本。目前學界逐漸歸納出某種模式，顯示在這段兩千五百萬年的化石空窗期內，暴龍超科與「大型掠食動物」完全沾不上邊──這個位置主要由其他科目的動物占據，像是角鼻龍、棘龍，尤其是鯊齒龍。一如我們在前章提過的，這群「超掠食動物」的霸權持續至白堊紀中期，而身長三十五呎的鯊齒龍家族成員「西雅茨龍」（*Siats*）更站穩九千八百五十萬年前北美地區的掠食王者寶座，體型逼近霸王龍的「吉蘭泰龍」（*Chilantaisaurus*）和小一號的假鯊齒龍則是九千兩百萬年前的亞洲第一把交椅，至於鯊齒龍家族的另一系成員「氣腔龍屬」（*Aerosteon*）則稱霸八千五百萬年前的南美洲。

　　另一方面，與這群鯊齒龍同期的暴龍們依舊毫無特殊之

處，至少其貌不揚。以前，學界並未蒐集到太多屬於這段時期的暴龍化石，但近來牠們似乎開始現蹤，其中保存最好的來自烏茲別克；沙夏在貧瘠荒蕪的「克孜爾庫姆沙漠」（Kyzylkum Desert）已辛勤挖掘至少十年之久。和他並肩作戰的還有德裔古生物學家漢斯迪特·蘇斯（Hans-Dieter Sues）──臉上永遠掛著極具感染力的笑容，目前是美國「史密森尼學會」（Smithsonian Institution）資深研究員。

沙夏數年前小心翼翼交給我的那只蘇維埃紙盒，裝的就是在此挖到的珍寶。他之所以讓我帶回愛丁堡做電腦斷層掃描，理由是其中兩份骨骼標本屬於後腦殼──也就是包圍大腦與耳部、位於後腦勺的融合骨骼。各位若想探究腦殼內部，也就是安置大腦與其他感覺器官的顱內空間，老法子是直接拿鋸子鋸開頭骨。這是奧斯本發現第一具霸王龍頭骨時所採用的方式，卻藉科學之名對標本造成永久破壞。現在我們有了電腦斷層掃描及其高功率X射線，無需破壞即可進行研究。我們掃描烏茲別克出土的恐龍腦殼化石，確認這頭動物與暴龍同族，因為牠環繞脊索的骨骼構造與暴龍超科相同，也和霸王龍、亞伯達龍及其他暴龍科動物一樣都有長管狀腦腔，就連中耳構造也與暴龍相似──耳蝸特長（這是暴龍的另一項特徵），讓這群掠食者能明辨低頻聲響。只不過，這頭來自烏茲別克的恐龍仍舊只是「迷你暴龍」，體型跟一匹馬差不多大。

二〇一六年春天，沙夏、漢斯迪特和我共同為烏茲別克出土的恐龍取了正式學名：善耳帖木兒龍（*Timurlengia*

euotica）*，屬名來自中亞驍勇善戰的可汗「帖木兒」，十四世紀時，烏茲別克及周邊偌大的土地皆由他掌管。雖然這頭暴龍身材中等、離食物鏈頂端寶座還有數級之遙，不過「帖木兒」的典故含意倒是非常適合牠。此外，儘管帖木兒龍並非龐然巨獸，卻已發展出比其他肉食恐龍更大的大腦，感覺器官也更複雜——嗅覺、視覺和聽覺皆更為敏銳。這些變化終而成為方便好用的掠食武器，為稍後報到的大型暴龍提前做好準備。暴龍家族在長足個子之前，已先長好腦袋。但不論帖木兒龍和牠的同伴們有多聰明，這群恐龍依舊活在白堊紀中期真正霸主「鯊齒龍」的陰影之下。

後來，時間滴答滴答來到八千四百萬年前，化石紀錄再次豐富起來。北美和亞洲已不見鯊齒龍的蹤影，取而代之的是怪物般的暴龍，顯示這段期間必定發生過重大的演化轉向。難道是森諾曼期至土侖期的氣溫、海平面變化殘餘效應所致？這種變化是突然發生或漸進改變？暴龍是否主動挑戰鯊齒龍，使出蠻力或運用發展更好的大腦及更敏銳的感官，擊敗鯊齒龍，將牠們送進歷史墳堆？又或者這群大型掠食動物的滅絕肇因於環境變遷，與暴龍完全無關，後者只是趁機搶下大型掠食動物的角色地位？關於這些問題，科學家還未掌握足夠的證據確認。但不論答案為何，在八千四百萬年前左右，白堊紀末的「坎佩尼期」（Campanian）來臨時，暴龍家族已經登上食物金字塔頂

---

* 善耳帖木兒龍的種名「euotica」意為「好耳力」。

端，這點無庸置疑。

在白堊紀的最後兩千萬年間，暴龍一族繁盛興旺，整個北美與亞洲的河谷、湖畔、泛濫平原、森林及沙漠全是牠們的天下。牠們超好辨認的外貌不容錯認：大腦袋、強壯的身體、肌肉結實的後腿及可悲的前肢，還有長尾巴。暴龍咬合力驚人，能一口咬碎獵物的骨頭。牠們成長快速，青少年期每天大概能增重五磅。但牠們的生活也相對艱辛，因為目前挖到的暴龍骨骸沒有一副年紀超過三十歲。暴龍一族演化多變，令人印象深刻。這種來自白堊紀末期、骨粗體實的巨龍，科學家至今已挖出近二十個不同物種，相信未來還有更多該族成員等待我們發現。譬如在中國建築工地出土、長著小木偶皮諾丘鼻子的「中華虔州龍」（發現者是幸運的怪手操作員），就是最新發現的暴龍科恐龍之一。誠如一百多年前、最早注意暴龍一族的布朗和奧斯本所領悟到的：霸王龍與其眾表親的確是恐龍界的至尊霸主無誤。[*]

霸王龍等暴龍超科恐龍所統治的世界，與這個家族一路演化歷經的世界截然不同。哈卡斯龍、冠龍、羽暴龍只會跟蹤獵物，當時盤古超大陸也才開始分裂，因此這群早期暴龍可以在地球各處自在遊走。然而到了白堊紀末期，漂移的大陸已大幅拉開距離，大致來到目前的所在位置（當時的全球地圖看起來

---

[*]「暴龍超科」屬於獸腳類虛骨龍類，模式種為霸王龍，下分多個演化支。本章提及的原角鼻龍、哈卡斯龍、羽暴龍及中國暴龍皆為原角鼻龍科，而霸王龍屬於暴龍科。原角鼻龍科、暴龍科及其他多個科屬皆隸屬暴龍超科。

可能跟今日相去不遠）。話說回來，白堊紀末與今日的大陸板塊仍有幾處不同：由於白堊紀晚期海平面上升，一道由北極海延伸至墨西哥灣的海路將北美洲一分為二，而歐洲則因為洪災嚴重，降格為零星散布的島嶼。霸王龍腳下的地球是一座分裂的星球，不同地區各有不同的恐龍族群據地為王，但某一區的霸主不一定能征服、搶下其他霸主的地盤，理由非常簡單：牠們根本到不了其他地方。照這樣看來，巨怪暴龍永遠不可能踏上歐洲、或南方大陸這些被其他大型掠食動物占據的土地，但是在北美和亞洲，沒有任何動物能與之抗衡。於是，暴龍成為無與倫比、卓越超群、激發你我無限想像的陸上霸主。

第 六 章

恐龍霸王

　　三角龍暫且安全無虞。牠與雄踞對岸那頭集危險、恐怖於一身的怪獸之間，隔著無法跨越的湍急河流。然而對於即將發生的慘劇，任誰都看得出來，亦無力阻止。

　　不到五十呎外，三頭鴨嘴龍「埃德蒙頓龍」（Edmontosaurus）在突入河中的泥丘上悠閒徘徊，像鴨子一樣尖突的嘴喙一片一片咬下緊貼岸邊生長的灌木細葉，因為營養充足而飽滿結實的頰部左右磨嚼，來回移動。向晚斜陽照在水面上，波光粼粼，高踞枝椏的鳥兒啁啾鳴啼，平靜安詳。

　　但危機一觸即發。隱身河岸遠處的三角龍注意到，河岸密林邊緣的幾株巨木後方躲著一頭怪獸，那一身墨綠鱗狀皮膚儼然是最完美的保護色。可是這群埃德蒙頓龍渾然未覺。怪獸的眼睛——骨碌碌又圓滾滾、閃爍著期盼的光芒——洩露了牠的意圖。兩顆眼珠子迅速左右瞟動，觀察那三頭不知大難臨頭、仍盡情大嚼大嚥的植食恐龍。牠在等待，等候時機到來。

　　來了。一場腥風血雨就此展開。

　　紅眼綠皮膚的怪獸突然衝出密林，截斷三頭植食恐龍的逃脫路徑，今日不論是誰見了牠肯定嚇破膽。這頭蟄伏暗處的怪物竟然比一輛校車還大，足足有四十呎長（十三公尺），少說五噸重，頸背部的鱗狀皮膚還覆滿根根粗毛。牠的尾巴很長、肌肉厚實，兩條腿又粗又壯，但垂掛在身側的前肢卻相對短小可憐。這頭巨獸張開大嘴、迎面衝向眼前的埃德蒙頓龍。

　　在牠大張的巨嘴裡，大概有五十顆尖銳利牙，而且每一顆都如鐵道釘一樣大。這口利牙狠狠咬住一頭埃德蒙頓龍的尾

巴，骨頭碎裂的聲音伴隨痛苦的尖銳嚎叫，響徹整座森林。

　　遭受突襲的埃德蒙頓龍使勁掙脫、蹣跚逃入密林。受傷的尾巴拖在身後，上頭還插了一根斷牙，象徵戰鬥的傷疤。這頭埃德蒙頓龍是否能逃過一劫、或者將在密林深處傷重身亡，隔岸觀戰的三角龍想必是永遠不會知道了。

　　突擊失敗令怪獸十足氣惱，遂將注意力轉向體型最小的另一頭鴨嘴龍。但這頭年輕小獸早已如箭矢拔腿奔入森林，低身躲在樹幹和灌木叢底下。肌肉隆起的肉食巨獸明白牠已錯失良機，發出憤怒挫折的低吼。

　　眼前只剩一頭埃德蒙頓龍困在沙洲上──一邊是湍急的河水，另一邊是是貪婪的食肉怪物。掠食巨獸扭頭望向沙洲，兩頭恐龍緊緊鎖住彼此的視線。眼前已無路可逃，不可避免的終局就此上演。

　　低頭猛衝。牙齒陷入皮肉。植食獸的頸子被咬斷，骨頭碎裂，鮮血噴進河水、混入湍流的白色浮沫。掠食獸猛烈撕咬牠的獵物，斷齒如雨畫過空中。

　　這時候，森林深處起了一陣騷動。樹枝應聲斷裂，樹葉四處翻飛：三角龍敬畏地看著另外四頭尖齒、大腦袋，身形尺寸和剛才那頭幾乎一模一樣的綠皮野獸衝向河畔。牠們是一夥的。剛才發動攻擊的是大頭目，小嘍囉們現身分享首領的光榮勝利。這五頭飢腸轆轆的動物猛噴鼻息、齜牙哮吼，彼此推擠磨啃咬臉頰，卯足全力搶奪最美味的部位。

　　舒舒服服躲在對岸的三角龍十分明白自己看見了什麼。因

為牠也曾身處絕境——但牠幸運逃離這群貪婪殺手的血盆大
口，以犄角奮力戳頂、直到對手放鬆箝制。沒有一頭三角龍不
曉得這批令眾生聞風喪膽的掠食者。牠們是三角龍最不敢掉以
輕心的對手。這群恐怖分子會像鬼一樣突然從森林裡衝出來，
摺倒整群動物。牠們是霸王龍，恐龍界的霸主，地球有史以
來——整整四十五億年來——體型最大的陸上掠食動物。

　　霸王龍毫無疑問是恐龍界的名流要角，也是擾人清夢的恐
怖怪獸，但牠可是貨真價實的動物。古生物學家對霸王龍的了
解還算透徹：譬如牠的長相，牠如何移動、呼吸、感知周遭世

界，牠吃什麼，如何長大、以及牠何以長得如此巨大。部分原
因是我們挖到許多霸王龍化石——粗估超過五十副骨架，有些
幾近完整，這個比例和數字遠遠超過其他任何一種恐龍。然而
更重要的是，有太多科學家不由自主地被牠王者的雄霸氣勢所
吸引，與一般人迷戀電影明星或崇拜運動員的行為沒有兩樣。
只要科學家迷上某樣東西，就會玩遍所有儀器、實驗或是任何
能取得或進行的分析。我們會端出所有工具來研究霸王龍，利
用電腦斷層掃描牠的大腦和感覺器官，透過電腦動畫理解牠的
姿勢和運動能力，或者透過工程軟體模擬牠進食，再藉顯微鏡
研究牠的骨骼、了解牠如何成長……凡此種種，列都列不完。
其結果是，我們對這種白堊紀恐龍的了解程度遠遠超過其他許

紐約市美國自然史博物館收藏的霸王龍骨架。

多動物。

　　一頭活著的——會呼吸、會吃、會動、會長大的霸王龍，究竟是何模樣？且讓我帶領各位縱情展讀這頭「恐龍霸王」的非授權傳記。

　　咱們先從幾項重要統計數據開始。

　　明眼人都看得出來，霸王龍真的很大：成年身長約四十二呎（十三公尺），體重大概七或八噸（這是利用前幾章提及的方程式——根據大腿骨厚度計算體重所估算出來的數字）。就肉食恐龍而言，這個身材比例好得沒話說。侏儸紀的統治者屠夫「異特龍」、還有蠻龍及其近親大概能長到三十三呎長（十公尺），也有個幾噸重。牠們確實也是怪獸，但是跟霸王龍完全沒得比。進入白堊紀之後，由於氣溫與海平面劇烈變化，有些生活在非洲與南美洲的鯊齒龍體型也比牠們的侏儸紀祖先大上許多。以南方巨獸龍為例，牠的身長與霸王龍差不多，體重可能上看六噸，但牠仍舊比霸王龍輕了一、二噸，所以咱們的恐龍霸王獨坐恐龍時代——或是這顆星球有史以來——「陸上體型最大的純肉食動物」寶座。

　　若您把霸王龍的照片拿給幼稚園小朋友看，他們鐵定能馬上喊出牠的名字。牠的外型，如筆跡般非常獨特，以科學術語來說是「體型呈現」獨樹一格：霸王龍的頭很大，安置在短而結實、猶如健美先生的脖子上。而這顆過大的腦袋則仰賴尾巴，其如蹺蹺板朝身體後方水平延伸、末端尖細且能保持平衡。霸王龍單靠後肢站立，肌肉強健的大小腿令其行動自如。

霸王龍和芭蕾舞伶一樣，皆以趾尖平衡，足弓和腳底鮮少觸及地面，因此全身的重量完全靠粗大的三根腳趾支撐。霸王龍的前肢看起來毫無用處，又瘦又小，兩根指頭既粗且短，像Q版漫畫一樣與身體其他部位完全不成比例。霸王龍的身體不像長頸蜥腳類那般圓胖，也不如快閃盜伶龍骨瘦嶙峋。牠的體型就是牠獨有的特色。

而霸王龍的巨力核心就在那顆腦袋。牠的腦袋是一具殺戮機器，獵物眼中的拷問室，也是多合一的恐怖面具：光從鼻吻部到耳朵便足足有五呎長，腦袋全長與成年人的平均身高差不多。那一臉兇惡的笑容由五十顆以上、銳利如刀鋒的尖牙構成：鼻吻部前端有一些鋒利小牙，上下顎邊緣各有一排巨如香蕉且帶鋸齒的棘牙。負責開闔上下顎的肌肉突出腦袋後方，而肌肉兩側各有一個寶特瓶蓋大小的圓孔（那是耳朵）。霸王龍的眼珠子跟葡萄柚一樣大，兩眼前方是龐大的竇室系統（覆於皮下），有助於減輕腦袋重量。可見到肉質棘角一路延伸至鼻吻部尖端。霸王龍兩眼前後有小小的角狀突起，兩頰側面也有類似構造，且向下延伸，有點像外覆角質的粗糙骨結（角質就是構成指甲的物質）。請想像這張醜陋大臉是你此生最後的記憶，然後利齒隨之重擊咬下，粉碎骨頭……許多恐龍就是這樣走完一生的。

霸王龍全身上下──從頭、細瘦的前肢一直到粗壯的後腿和尾巴最末端──覆著一層厚厚的鱗狀獸皮，因此看起來就像超級放大版的鱷魚或鬣蜥，總而言之就像蜥蜴。不過，霸王龍

和蜥蜴仍有一項關鍵差異，那就是前者的鱗皮之間穿出根根羽毛。誠如前章所言，這種羽毛並非鳥翼那種大而分岔的飛羽，而是構造簡單，看起來、摸起來都像毛髮的細絲，粗一點的就像豪豬身上的刺。霸王龍當然不會飛，而牠那群最早演化出這種原始羽毛的恐龍祖先們也不會飛。我們稍後會知道，這些羽毛最剛開始只是用來覆蓋身體，讓霸王龍等動物得以保暖，或是用來展示炫耀，吸引異性或嚇退敵手。雖然古生物學家還未在任何一副霸王龍骨骼化石上找到羽毛的痕跡，但我們相信牠身上肯定有這種毛絨絨的玩意兒。我們在上一章讀到，像帝龍、羽暴龍這類原始暴龍確實裹著一身毛髮狀的羽毛。不只牠們，許多獸腳類的恐龍化石也找得到羽毛痕跡（特殊的保存條件使得這類軟組織罕見地變成化石）。也就是說，既然霸王龍的祖先身上有羽毛，那麼霸王龍身上極可能也有羽毛。

霸王龍大致活躍在距今六千八百至六千六百萬年前，地盤為北美西部，主要是有森林覆蓋的濱海平原或河谷。牠們統治的生態系種類繁多，可獵捕的對象亦不勝枚舉，包括頭上長角的三角龍，嘴喙像鴨子的埃德蒙頓龍，身材像坦克的甲龍，還有腦袋渾圓的厚頭龍（*Pachycephalosaurus*）等等，而唯一敢跟霸王龍爭食的僅有體型相差一大截的馳龍類恐龍（*dromaeosaurus*）──俗稱「盜龍」，其中最出名的是盜伶龍──不過牠們的競爭力也同樣差一大截就是了。

儘管其他暴龍超科動物在霸王龍雄霸前的一千五百萬至一千萬年前，也在北美洲作威作福，興盛繁衍，但牠們並非霸王

龍的直系祖先。事實上，霸王龍的最近親屬是特暴龍、諸城暴龍（*Zhuchengtyrannus*）等亞洲物種——原來霸王龍是「移民」去了北美。牠最初在中國或蒙古境內發跡，然後越過白令陸橋，從阿拉斯加散步去加拿大，最後一路往南來到今日美國的心臟地帶。年輕的霸王龍初抵新家，發現所有的一切皆唾手可得、任其掠奪。於是牠們便像害蟲一樣橫掃北美西部，並且從加拿大一路南侵至新墨西哥州和德州。牠們強硬排擠其他中大型掠食恐龍，想獨霸整塊大陸。

　　然後有一天，一切都結束了。六千六百萬年前，霸王龍望著那顆小行星從天空墜落，為白堊紀畫上狂暴猛烈的句點，所有不會飛的恐龍全數滅絕。但這部分稍後再說。眼前只有一件事最重要：恐龍霸主一度邁向顛峰，卻在鼎盛之時驟然終結。

　　世間美饌饗宴無數，但哪些才入得了咱們恐龍霸主的口？我們知道，霸王龍是最高等級的肉食獸，純肉食主義者。對於恐龍這種動物，牠們「吃什麼」是古生物學家簡簡單單就能做到的推論，不需要太繁複的實驗或儀器就能找出答案。霸王龍長了滿口邊緣帶鋸齒、鋒利如剃刀的粗齒利牙，掌足亦帶有尖銳巨爪。若有哪頭動物擁有這一身配備，理由肯定只有一個：武器。牠們用這些武器來取得、處理獸肉。假如各位的牙齒像小刀，手指腳趾像鈎爪，那麼你的主食絕對不會是高麗菜。倘有誰懷疑這個說法，咱們手上還有一堆證據等著亮相：譬如科

學家在暴龍骨骼的胃部區與糞化石（就是變成化石的糞便）都發現骨頭殘餘物，此外，北美各地出土的許多植食恐龍骨骼化石上都有咬痕（其中又以三角龍、埃德蒙頓龍最多），其尺寸和形狀都與霸王龍的牙齒完美吻合。

　　霸王龍就像人類史上的多數暴君一樣，貪吃嘴饞。牠超愛吃肉。科學家曾經根據現存肉食動物的食量放大比例估算，試圖了解一頭成年霸王龍每天得吃多少東西才能存活，最後算出的數字著實令人作嘔。若以爬行類的代謝標準來計算，霸王龍每天得吞下十二磅（五‧五公斤）的三角龍肉塊才不致餓死。但這個數字極有可能嚴重低估。我們接下來會讀到，恐龍在行為與生理上比較像鳥類，而非爬行類，甚至說不定和你我一樣都是溫血動物（就算不是全部，至少種類還不少）。如果照這樣的條件估算，霸王龍每天就得大嚼兩百五十磅（相當於一百一十一公斤）的獸肉才行——這可是好幾萬卡路里的熱量耶！搞不好十幾萬，端看各霸王龍喜歡多肥多油滋的排肉而定。這種食量大約是三或四頭大型公獅（而且是特別活潑好動、餓到前胸貼後背的現代肉食之王）的總食量。

　　或許各位曾經聽說霸王龍最愛吃腐肉死屍的謠言，還說牠是「食腐動物」，因為一頭七噸重的屍體清道夫動作太慢、腦子太笨、體型太龐大，無法自己獵捕鮮肉。這種指控大概每隔幾年就會流行一次，算是科學報告做不膩的題材。請各位千萬別信。這種說法完全違背常理。是說，一頭敏捷、精力充沛、滿口尖刀利牙且腦袋跟「Smart」小車一樣大的動物，竟然無

法利用自己與生俱來的優勢獵捕動物，只能瞎走亂晃、到處撿其他動物吃剩的食物果腹？而且這種說法也跟我們對現代肉食動物的理解互相牴觸。目前地球上僅有極少數肉食動物屬於食腐一族，而且拾荒技能比較好的大多是會飛的動物──譬如兀鷲。兀鷲能從高處巡視更寬廣的區域，並且在看見或嗅到腐屍的瞬間俯衝而下。另一方面，肉食獸大多會主動出擊，不過有機會的話也吃吃腐肉。說到底，有誰會拒絕免費食物？獅子、獵豹、狼或甚至鬣狗皆是如此。牠們都不是典型的純食腐動物，主要是透過追捕獵物取得大多數的食物。霸王龍也像牠們一樣，充其量不過是掠食者兼投機食腐主義者。

若各位仍舊懷疑霸王龍當真會自己出門獵食，那麼咱們還握有確切的化石證據，證明霸王龍會打獵，至少有些時候確實如此。不少三角龍和埃德蒙頓龍坑坑疤疤、布滿霸王龍齒痕的骨骼化石皆顯示有癒合、再生的跡象，這表示牠們必定是在生前遭受攻擊、並且幸運生還。在所有化石標本中，最叫人振奮的證據當屬兩節埃德蒙頓龍的尾椎──這兩節骨頭不僅癒合在一起，中間還嵌了一顆霸王龍的牙齒。傷口癒合時，大量疤痕組織將這根牙齒包圍起來、連帶使得兩節椎骨融為一體。這頭可憐的鴨嘴龍遭到霸王龍猛烈無情的攻擊，也因此受重傷，但牠留下掠食者的牙齒，作為從鬼門關逃過一劫的光榮獎盃。

霸王龍的咬痕大多相當特別。獸腳類恐龍通常只會在獵物骨頭上留下相對簡單的獵捕痕跡，譬如長而平行、深度較淺的刮痕，顯示牠們的牙齒只是輕輕畫過獵物的骨頭表面。這點其

實不令人意外。理由是，儘管恐龍終其一生都能長出新牙（人類就不行），但牠們也不願意每次進食都弄斷牙齒。可是霸王龍不一樣。牠的咬痕頗為複雜：先是一記較深的圓形鑿痕，有點像彈孔，然後逐漸拉長。這顯示霸王龍會一口咬住獵物——通常深及骨頭——再使勁往回拖。古生物學家特別為這種獵食方式取了一個專用詞彙：「戳刺—拖取獵食法」（puncture-pull feeding）。在「戳刺」階段，霸王龍瞬間用力咬合，力道足以擊碎獵物的骨頭，這也是霸王龍的糞化石堆之所以滿滿都是碎骨的原因。然而不論在當時或現在，獵物被咬碎骨頭的狀況並不常見。雖然某些哺乳動物（譬如鬣狗）會咬碎獵物骨頭，但現代爬行類大多做不到。就目前所知，霸王龍這種大型暴龍科動物是唯一有能力咬碎骨頭的恐龍。這股蠻力使霸王龍成為終極殺戮機器。

霸王龍到底是怎麼辦到的？首先，牠的牙齒相當完美地適應這種獵食習慣，宛如粗釘的牙齒十分強健，即使撞上骨頭也不會輕易斷裂。其次，各位想想開闔這口利牙的巨力，霸王龍的顎肌非常粗大，肌腱鼓起如小丘，讓牠們有足夠的力量咬碎三角龍、埃德蒙頓龍及其他獵物的四肢、背脊和頸子。根據霸王龍頭骨上極寬且深的溝狀構造（肌肉附著處）研判，我們推斷霸王龍的顎部肌肉可能是所有恐龍中最粗大、也最有力氣的。

此外，我們也能透過實驗模擬霸王龍顎部肌肉的動作。我的一位同僚——佛羅里達州立大學的葛瑞格・艾立克森（Greg Erickson）——在一九九〇年代中期、他剛從研究所畢業不

久，就設計了一套相當高明的實驗。（艾立克森是我喜歡作伴打發時間的朋友之一，講起話來總是一副高中生調調，磨得爛爛的棒球帽和永不離手的冰啤酒也和他的個人風格十分相襯。）幾年前，艾立克森是某有線電視節目的固定主持人，專做一些「鱷魚爬進下水道、入侵聯結車停車場」之類的動物搞笑意外報導。我欣賞艾立克森的風趣，但我更欽佩他的科學視野，他為古生物學界帶來截然不同的研究方法，透過與現代動物的比對、並以此為基礎，擴展成更具實驗性、更縝密的量化研究。

艾立克森以前常跟工程師泡在一起。有一天，這群人蹦出一道瘋狂構想：他們打算做一頭「實驗室版」霸王龍，研究牠的咬合力到底有多強。他們先從三角龍骨盆骨再加上半吋深的咬痕著手，然後提出一道非常簡單的問題：要想弄出這麼深的凹痕，得花多少力氣？他們當然不可能請一頭真的霸王龍來咬一頭真的三角龍，但他們想出一套辦法來模擬這個過程。先用銅鋁合金做出霸王龍的牙齒，裝在液壓起重機上，再把這根牙齒往乳牛骨盆上砸（牛的骨盆形狀及尺寸與三角龍相似）。他們一再反覆撞擊，終於一鼓作氣敲出一個半吋深的小洞；艾立克森等人以儀器讀取作用力數值，答案是一萬三千四百牛頓，相當於三千磅的力量。

這個數字著實叫人吃驚，差不多是一台小貨卡的重量。相較之下，人類臼齒的咬合力最多也不過一百七十五磅，非洲獅再厲害也只有九百四十磅。現存唯一能與霸王龍匹敵的陸上動

物是短吻鱷，咬合力同樣可達三千磅──但各位別忘了，三千磅這個數字是霸王龍一顆牙齒的力量。請想像一下，被滿口這種鐵道釘牙狠咬一口，究竟得承受多麼恐怖的力量！此外，這僅是我們依據某塊化石上咬痕的測量結果，因此極有可能低估了霸王龍的最大咬合力。霸王龍大概是地球有史以來咬合力最強的陸上動物吧！牠輕輕鬆鬆就能咬碎骨頭，牙口健壯得大概連汽車都能一口咬穿。

　　霸王龍的咬合力來自強大的顎部肌肉，這群肌肉是送出碎骨怪力的動力引擎。但這還不是全部。如果肌肉傳送的力道與敲碎獵物骨骼相除，照理說應該也會害霸王龍頭骨骨折。這是基本物理定律：所有的力都有一道等量且方向相反的反作用力。所以，霸王龍光是擁有粗厚的顎肌和大牙還不夠，牠的顱骨還要能承受上下顎每一次咬合所產生的巨大壓力。

　　為探究這一點，我們得回頭去找工程師以及另一位跨足硬核數據分析（hard-core numbers science）領域的古生物學家。艾蜜莉・萊菲爾德（Emily Rayfield）位於英國布里斯托大學的實驗室十分寬敞明亮，裡頭擺著成排電腦；超大的窗戶和通風開放的空間設計，與矽谷科技公司如出一轍。各式軟體操作手冊在書架上排排站好，但視線所及看不見半塊化石。萊菲爾德不常採集化石，她不屬於這類古生物學家，但她為化石建構電腦模型（譬如霸王龍頭骨），並使用一種名為「有限元素分析」（finite element analysis, FEA）的技術，從力學原理研究動物的行為動作。

　　FEA是工程師研發的數值技術，常用來計算數位模型在多種模擬負載情況下，結構內「應力」（stress）與「應變」（strain）的分布變化。以白話文來說，這是一種能預測「某物被施予某種作用力會發生何種結果」的技術。這項技術在工程學上非常好用。這麼說吧，工程團隊在著手造橋之前，工程師最好百分之兩百確定重型車過橋時，橋不會突然垮掉。為了確認這一點，工程師可以建構一套橋樑的數位模型，利用電腦模擬真車過橋時、整座橋各部位的反應：橋身是否能輕鬆吸收車子的重量與衝擊力？還是承受壓力後出現了裂縫？如果出現裂縫，電腦也能找出結構上的弱點，讓工程師回頭研究橋樑設計圖，採取必要的修正措施。

　　萊菲爾德也用同一套方法研究恐龍。霸王龍可說是她最愛的繆思之一。她根據一副保存良好的霸王龍頭骨化石的電腦斷層掃描圖，建構霸王龍頭骨的數位模型，然後再跑FEA程式模擬咬碎骨頭的力道、同時分析頭骨結構如何反應。結果判定如下：霸王龍的頭殼驚人地強壯，能充分承受來自每顆牙齒三千磅所集結的極大咬合力道。牠的腦袋就像飛機機身，每一塊骨頭皆緊密嵌合，受壓力衝擊也不會瓦解。霸王龍鼻吻上方的鼻骨融合成一條帶拱頂的長形管腔，作用相當於壓力槽，而眼周的粗厚骨脊則提供額外的力量與硬度。至於下顎骨不僅結實，橫切面亦幾近圓形，故能承受來自四面八方的衝擊力道。前述這些構造沒有一項出現在其他獸腳類恐龍身上；後者的頭骨大多小巧玲瓏，骨片之間的連接亦十分鬆散。

1 foot (30 cm)

霸王龍頭骨。（感謝賴瑞‧威特莫慷慨提供照片）

　　這就是最後一塊拼圖，霸王龍咬合工具包裡的最後一塊零件。牠能以雷霆萬鈞之力一口咬穿骨頭，自己卻毫髮無傷。粗釘狀的利牙，強大的顎肌，構造剛強的頭顱——這是霸王龍所向披靡的致勝組合。若是少了其中任何一樣，霸王龍只會是普通的獸腳類恐龍，只能小心翼翼地撕扯、切碎獵物。異特龍、蠻龍、還有鯊齒龍等其他大男孩們就是這麼幹的，因為牠們沒有咬碎骨頭必備的軍械級工具。恐龍霸王再度獨占鰲頭，屹立不搖。

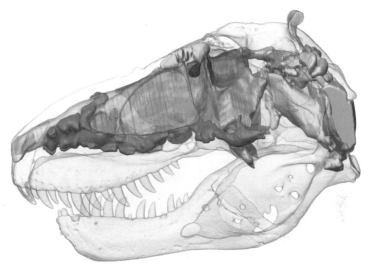

霸王龍腦腔（上右側角落）和實室的電腦斷層掃瞄圖。（感謝賴瑞・威特莫慷慨提供照片）

　　凡是霸王龍想吃的──不論是身長四十呎的巨獸埃德蒙頓龍，或是塞牙縫的零嘴、驢子大小的鳥臀目恐龍（如「奇異龍」〔Thescelosaurus〕）──幾乎沒有牠咬不動的食物。但牠是怎麼抓到牠們的？

　　霸王龍並非仰賴驚人的速度。從許多方面來看，霸王龍的確是非常特別的恐龍，但有一件事牠們實在辦不到：「迅速移動」。電影《侏儸紀公園》有一幕相當出名：對人肉貪得無厭又嗜血的霸王龍跟在一輛高速逃離的吉普車後面，緊追不捨──各位不要被電影特效給騙了，只要吉普車駕駛切換到三

檔，真實的霸王龍大概會被遠遠拋在飛揚塵土中。這倒不是因為霸王龍彎腰駝背的姿勢，看似只能在林中蹣跚行走。才不是這樣呢，幾乎相反。霸王龍身手矯健、精力充沛，牠的一舉一動都帶有目的：當牠踮起腳尖、在林中躡手躡腳跟蹤獵物時，牠的腦袋和尾巴能完美地互相平衡。只不過，牠的速度最快也只能達到每小時十至二十五哩，跑得是比你我還快，但絕對比不上賽馬，也肯定追不上全速狂飆的汽車。

　　回到正題。所以，有了高科技的電腦模擬系統，古生物學家就能研究霸王龍如何行動了。這項技術最早是在二〇〇〇年代初期、由美國移居英國的約翰・哈欽森（John Hutchinson）所研發。哈欽森目前是倫敦近郊「皇家獸醫學院」（Royal Veterinary College）的教授，終日與動物為伍：有時在實驗牧場監控家畜生理數值，有時會設法讓大象跑過地磅、研究牠們的姿勢和運動能力，再不然就是解剖鴕鳥、長頸鹿或其他異國動物。哈欽森將他歷年的冒險事蹟發表在部落格上，這個高人氣部落格有個十分貼切、卻又令人隱隱不安的名字：「約翰的冰櫃有什麼？」他也經常擔任電視紀錄片主持人，並且總是穿著他鍾愛的紫襯衫（那刺眼的顏色竟然沒讓攝影鏡頭爆掉）。哈欽森跟艾立克森一樣，研究恐龍的角度十分獨特，兩位也都是我仰慕已久的科學家。哈欽森認為，現在是探究過去的極重要關鍵，我們要盡可能找出並理解當代動物的解剖構造和特定行為，越多越好，這些資料絕對有助於我們深入了解恐龍這種動物。

　　若各位有機會造訪哈欽森的實驗室，你會發現他真的有好幾座冰櫃，存放形形色色、來自世界各地的動物屍體。說不定有幾具正在解凍，準備送上解剖台呢。不過，哈欽森的實驗室還有比屍體更「硬梆梆」的玩意兒：電腦。他用這些電腦製作恐龍的數位模型。我們曾在第三章見識過，就是用來預估長頸蜥腳類恐龍重量及姿態的那種模型。他先透過電腦斷層掃瞄——雷射掃描骨骼表面，或使用前幾章提過的攝影測量學——製作骨架3D模型。然後藉由他對現代動物的知識為其增肥添肉——也就是加上肌肉（至於肌肉尺寸及位置則按照骨骼化石上可見的附著點設計）及其他軟組織，包上皮膚，再調整姿態至接近真實模樣。接下來，電腦就會像變魔術似地讓恐龍模型做出各式各樣的制式體操，以計算動物實際的移動速度。先前我宣稱霸王龍的時速可達每小時十到二十五哩，這個範圍就是哈欽森用模型計算出來的。

　　此外，電腦模型也釐清一件事：如果霸王龍想跑得像馬一樣快，絕對需要異常粗壯的腿部肌肉——全身約百分之八十五的肌肉都必須集中在兩條大腿上，這顯然是不可能的。霸王龍的塊頭實在太大，沒辦法跑得非常快。還有，這款體型也帶給牠另一項負擔：咱們的恐龍霸王無法迅速轉身。要是轉身太快，霸王龍會像貨車過急彎一樣摔出去。所以，史匹柏大導演搞錯了。霸王龍不是短跑健將，牠傾向伏擊、迅速撂倒獵物，而非像獵豹一樣緊追不捨。

　　伏擊獵物其實相當費力，而且需要瞬間爆發力。幸好霸王

龍還藏了一手——或者更精確地說，是藏在胸腔裡。還記得蜥腳類恐龍擁有的超高效率、讓牠們得以長成巨無霸的強大肺臟嗎？其實霸王龍也有。牠們的肺和今日的鳥肺一樣，宛如固定在脊椎上的堅硬風箱，於動物吸氣吐氣時都能擷取氧氣。這種肺臟與人類的肺不一樣（我們只能在吸氣時獲取氧氣，吐氣時呼出二氧化碳），超強的生物工程設計著實令人驚嘆；今日的鳥類（或昔日的霸王龍）吸氣時，一如你我所知，富含氧氣的空氣會穿過肺臟，但是有一部分氧氣不會馬上通過肺臟，而是直接噴進與肺臟相連的氣囊系統。這些富含氧氣的空氣會在囊中等待，待動物吐氣時離開氣囊、通過肺臟，在排出二氧化碳的同時也送出氧氣。此舉等於一石二鳥，事半功倍，猶如源源不絕的永續供氧系統。若您對某些鳥類何以能飛上數萬呎，在空氣稀薄、你我肯定呼吸困難的高空四處翱翔而感到好奇（問問那些體驗過飛行途中氧氣罩緊急落下的人），牠們的祕密武器就是功能強大的肺臟。

不過，古生物學家還沒找到霸王龍的肺臟化石，而且大概永遠找不到：這種組織太薄太精緻，無法形成化石。而我們之所以曉得霸王龍擁有超高效率的鳥肺，是因為這種呼吸系統會在骨骼留下壓痕——這就說得通了吧？這些壓痕與氣囊有關，而氣囊就是與鳥肺融合、能儲存氣體的艙室。這些囊袋其實跟氣球很像，質軟、壁薄、服貼，能隨著換氣循環一縮一脹。鳥肺連接許多氣囊，這些氣囊大多棲靠在胸腹腔的臟器之間（譬如氣管、食道、心臟和胃腸）。有時候，因為體內空間不足，

氣囊甚至會設法鑽進唯一還有剩餘空間的構造：骨腔。於是，氣囊穿過大而平滑的圓孔鑽進骨頭，縱情深入骨腔。我們一眼就能在化石上認出這種宛如簽名的痕跡，不只霸王龍的脊椎有這種痕跡，其他多種恐龍也有（譬如早先讀到的超大型蜥腳類恐龍）。我們並未在哺乳類身上見過這種痕跡或構造，蜥蜴沒有，青蛙沒有，魚類沒有，總之就是不曾在其他任何動物身上見過——僅有現代鳥類、已經滅絕的恐龍與幾種親緣關係極近的物種身上才有。這些動物的肺臟與眾不同，而這種痕跡宛若指紋，洩露了牠們的祕密。

　　霸王龍伏擊的戲劇場面越來越清晰了。肺臟供應足夠的能源、再傳送到腿部肌肉，使霸王龍得以突然加速向前衝、撲向已然呆立的獵物。但接下來呢？各位就當霸王龍是「陸上巨鯊」吧，牠就像大白鯊一樣，懂得動腦筋，所有行動都在腦袋裡編排好了：先用強壯如夾鉗的上下顎咬住獵物，壓制並殺死對方，然後咬碎牠的骨肉肚腸再大口吞下。霸王龍只能用腦袋捕獵，因為牠的前肢實在太小了。雖然霸王龍是從體型較小、前肢較長且能抓取獵物的先祖們（譬如冠龍、帝龍）演化而來，但是在演化過程中，牠們的腦袋不知何故越長越大、前肢卻越來越小，最後頭顱逐漸取代前肢的功能，主導獵捕行動。

　　既然如此，霸王龍為何還留著前肢？牠們的前肢何以並未完全消失，不像從陸上哺乳類演化的鯨，定居海洋後不再需要後肢，因而徹底退化？科學家為此困擾多年，這個謎也因此成為卡通創作者和喜劇演員百用不膩的爛哏。結果呢，這對瘦巴

巴、看起來也挺蠢的細小前肢，其實並非毫無用處。霸王龍的
前肢雖然短小，但粗壯結實，有其用途。

答案是莎菈・博區（Sara Burch）想到的。莎菈和我都曾
經在塞瑞諾的芝加哥大學實驗室受訓，因此結為好友。我倆後
來各自走上截然不同的研究之路——我繼續研究系譜學和演
化，莎菈則徹底沉醉在骨骼與肌肉的世界裡。她的博士學位是
在解剖系拿到的，她大概解剖了一整座動物園的動物，從此開
創了對古生物學家而言還算常見的事業：在醫學系教人類解剖
學。莎菈對恐龍解剖架構知之甚詳，遠遠超過對其他所有現存
物種的了解。她曉得恐龍的骨頭如何銜接，曉得牠們身上有哪
些肌肉。她根據骨骼上的肌肉附著點，再參考現代爬行類和鳥
類的構造，成功重建霸王龍與其他多種獸腳類恐龍的前肢結
構，確認哪些肌肉確實存在、尺寸多大。霸王龍那看似可悲的
前肢，實際上卻擁有強健的肩部伸肌和肘部屈肌——當牠必須
將獵物扣在胸前、阻止對方扯離時，就需要這些肌群發揮作
用。照這樣看來，霸王龍在以血盆大口執行碎骨奪命的任務
時，似乎也同時用這對短小精悍的前肢扣住掙扎不休的獵物。
霸王龍的前肢是獵殺輔助工具。

關於霸王龍的獵食篇章，眼前只剩最後一道待解謎題。我
們逐漸相信，霸王龍並非獨自覓食，而是結夥行動。這份證據
來自加拿大的一座化石遺址，地點在埃德蒙頓與卡加利
（Calgary）之間的「省立乾島野牛跳崖公園」（Dry Island
Buffalo Jump Provincial Park）。發現這座遺址的竟然又是巴納

姆‧布朗。他在一九一〇年發現這處遺址，而在這之前沒有幾年，已在蒙大拿州發現第一具霸王龍骨骼化石。布朗橫越加拿大草原的心臟地帶，沿著紅鹿河（Red Deer River）乘船順流而下。只要看見河岸上有突出的恐龍骨頭，他就下錨停船。來到乾島時，他發現一堆亞伯達龍的骨頭（在霸王龍從亞洲移民北美之前，亞伯達龍曾是當地位階最高的掠食者之一，而牠也是霸王龍輩分稍長的親戚），但他只採集了少許標本便趕回紐約了。

　　這些骨骼標本被鎖在自然史博物館的庫房達數十年，無人聞問，直到一九九〇年代，菲爾‧柯里（Phil Currie）──加拿大首屈一指的恐龍獵人，也是我在這世界上遇過最好最善良的那種人──才注意到它們的存在。他依循布朗當年的足跡，再次找到那片遺址並著手挖掘。在接下來十年間，他的團隊採集到一千多塊、分屬於十幾頭恐龍的骨骼化石。這些恐龍從少年到成年都有，全部都是亞伯達龍。這麼多頭同種恐龍一起保存下來的可能原因只有一個：牠們肯定一起生活、亦同時死去。多年後，柯里團隊在蒙古發現另一處情況相似的集體墳場，這回是好幾頭特暴龍（牠和暴龍是關係非常近的亞洲親戚）。顯然，亞伯達龍和特暴龍都是群居動物，因此我們推測霸王龍同樣會結隊出沒。假如一頭七噸重、能一口咬碎骨頭又懂得埋伏攻擊的動物還不夠嚇人，不妨想想一整群這樣的動物集體行動的畫面吧？祝各位好夢！

伊恩‧巴特勒正在為原始暴龍「帖木兒龍」的頭骨進行電腦斷層掃描。
於愛丁堡大學。

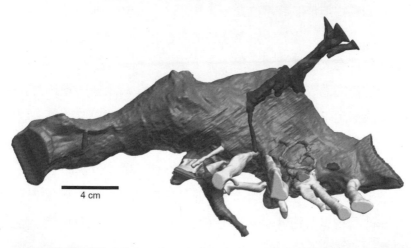

4 cm

以電腦斷層掃描重建霸王龍的大腦、內耳及相關血管神經構造。（感謝
賴瑞‧威特莫慷慨提供）

現在讓我們進入恐龍霸王的腦子吧！牠到底在想什麼？牠如何感知世界、如何定位獵物？當然，這些問題都很難回答，就算是現存的動物們，你我也不可能鑽進牠們毛茸茸的身體、設身處地感受牠們的世界。但是，我們可以研究動物的腦和感覺器官，設法拼湊概略的樣貌。不過講到恐龍這種動物，咱們的運氣通常不會太好，腦啊、眼睛啊、神經啊以及種種與耳鼻有關的組織幾乎都是軟組織，很快就分解掉了，它們鮮少熬過形成化石必經的嚴苛過程。那咱們該怎麼辦呢？

　　科技又再一次將不可能化為可能。恐龍的眼腦鼻耳等組織或許消失已久，不過這些器官曾經在頭骨內占有空間，譬如腦腔、眼窩等等。我們可以研究這些腔室，大致了解這些原本曾經填滿某個空間的器官。不過這又衍生出另一個問題，這些腔室許多都位於頭骨深處，無法從外側探知。這時科技就派上用場啦——我們可以用電腦斷層掃描（英文縮寫為 CAT 或 CT）透視恐龍頭骨內部。電腦斷層掃描其實就是高功率 X 射線，這也是醫學普遍使用電腦斷層掃描的理由，假如你肚子痛或是骨頭裂了，醫生大概會把你送進斷層掃描儀，瞧瞧你身體裡頭到底出了什麼毛病，不用開腸剖肚，一探究竟。恐龍的情形也一樣。我們可以利用 X 射線取得一系列且大量的顱內影像，再透過軟體將這些影像拼湊成三維立體模型。在古生物學界，這道程序已逐漸成為例行作業手序，許多實驗室——包括我自己在

愛丁堡的實驗室——都設有電腦斷層掃描儀。我們實驗室的掃描儀是我同事伊恩・巴特勒（Ian Butler）親手組裝的。巴特勒以前念的是地質化學，現在他幾乎天天掃描化石，每處理完一份標本就讓他更沉迷在古生物學的世界裡。

伊恩和我算是化石掃描界的新手。我們亦步亦趨，跟隨該領域幾位巨人的腳步前進：俄亥俄大學的賴瑞・威特莫（Larry Witmer），愛荷華大學的克里斯・布洛區（Chris Brochu），以及艾美・巴蘭諾夫（Amy Balanoff）和蓋博・畢佛（Gabe Bever）這對夫妻檔。巴蘭諾夫與畢佛最早在德州大學做研究，後來轉到紐約的美國自然史博物館服務（我就是在讀博班時認識他們倆的），現在則是舒舒服服窩在巴爾的摩的約翰霍普金斯大學。這對夫妻技藝精湛，他們解讀斷層掃描結果的功力，就像語言學家破解遠古手稿一樣神乎其技。在一片由Ｘ射線創造的灰階斑點中，他倆一眼就能分辨出，這些逝去已久但腦袋聰明、五感敏銳的恐龍顱內構造。而霸王龍這類暴龍科動物恰巧名列他們最愛的研究對象，或者也可以說是他們「最鍾愛的患者」——牠們的行為、牠們的認知能力都是有待破解的謎題。

掃描結果告訴我們不少這名「患者」的故事。首先，霸王龍的大腦十分特別，看起來和你我的腦子截然不同，比較像一條長長的管子、後端微微糾結，周圍則覆蓋廣闊的竇腔網絡。霸王龍的腦容量算大，至少比其他恐龍大得多，隱約代表霸王龍應該是相當聰明的動物。目前，測量智商的方法充滿種種不

確定性，就算對象是人類也一樣──各位只消想想那一大堆IQ測驗、考試、學測、以及各式各樣試圖評估你我究竟有多聰明的測驗就行了。不過，科學家倒是有一套直截了當的方法，可以概略評估各種動物的智力。這個法子叫「腦化指數」（或稱腦商〔encephalization quotient, EQ〕）。基本上，腦化指數就是大腦與身體的相對比值。（說到底，體型較大的動物之所以腦子比較大，純粹只是因為牠們的體積比較龐大而已。譬如大象的腦子就比人類還大，但大象並不是最聰明的動物。）像霸王龍這種最大型的暴龍科動物，其腦化指數介於二・○至二・四之間，人類約莫是七・五，海豚在四・○至四・五之間，黑猩猩大概是二・二到二・五，犬貓介於一・○至一・二，而小鼠和大鼠勉強只有○・五。根據這些數字，我們可以說霸王龍的智商與黑猩猩差不多，也比犬貓聰明。霸王龍顯然比咱們刻板印象中的「恐龍」聰明多了。

　　霸王龍的腦子有個部分特別膨大：嗅球（olfactory bulbs）。嗅球位於大腦最前端，主導嗅覺。霸王龍的兩顆嗅球體積都比高爾夫球大一些，遠遠大過其他獸腳類恐龍。既然霸王龍名列體型最大的獸腳類恐龍之一，牠的嗅球能長這麼大，或許純粹只是體型龐大使然。因此我們必須進一步比對暴龍科動物的嗅球相對大小──這碰巧是我在卡加利大學工作的朋友姐菈・澤勒尼斯基（Darla Zelenitsky）的拿手絕活。她蒐集、彙編多種獸腳類恐龍的斷層掃描資料，計算嗅球大小再除以體型，將數字標準化。即使做了如此大規模的分析研究，姐菈發

現大型暴龍科動物仍是超級奇葩。與馳龍科恐龍相比，暴龍類的嗅球比例出奇地大，牠們的嗅覺也比其他肉食恐龍更為敏銳。

　　但牠們敏銳的不只鼻子。其他感官也同樣強化升級。電腦斷層掃描讓我們得以一窺霸王龍「內耳」的內部構造，也就是控制聽力和平衡、形狀像椒鹽捲餅（pretzel）的管狀網絡。霸王龍的半規管——也就是內耳上方、構成椒鹽捲餅圈圈的部分——長度很長，圈圈很多。與其他現代動物比較，這代表霸王龍感官靈敏，「頭眼協調」能力極佳。緊附在半規管之下的是耳蝸，主要功能是協調聽力，而霸王龍的耳蝸同樣特別長，比大多數的恐龍都要長。對動物來說，耳蝸和聽力關係密切：耳蝸越長，動物對低頻音就越敏感。換言之，霸王龍的耳朵很靈。至於視力自當不在話下，霸王龍的眼珠位置介於顏面部的側面與正面之間，代表牠們擁有雙眼視覺——恐龍霸王就像你我一樣，能看見三維空間，也能感知深度。在《侏儸紀公園》中，有一幕是旁人叫一群被嚇壞的人別亂動，這樣霸王龍就看不到他們了。簡直胡說八道。霸王龍可以感知深度，牠輕輕鬆鬆就能抓住這幾個情資有誤的可憐人，飽餐一頓。

　　所以霸王龍並非單憑蠻力爬上顛峰。霸王龍確實肌肉發達，但牠的頭腦可不簡單。牠不僅智商高，還擁有世界級的嗅覺、犀利敏銳的視覺和聽覺。有了這些利器在身，只要牠們選定哪頭恐龍必須成為口中冤魂，那頭可憐的傢伙就只有喪命的份，別無選擇。

在我將霸王龍視為真實的動物時，最令我不可思議的是，牠竟然也是從一顆小不隆咚的卵蛋孵化出來的。誠如你我所知，所有恐龍都是卵生動物。雖然目前還沒有人發現霸王龍蛋，但我們已經找到許多獸腳類近親的蛋和巢。恐龍大多都有護巢行為，至少一定程度會保護年幼恐龍。如果少了父母關愛，這群小恐龍大概沒有生存希望——因為牠們實在太小了。目前所知的恐龍蛋沒有一顆大於籃球。即使是巨如霸王龍的物種，在牠們初次踏進世界時頂多也只有鴿子這麼大而已。

　　以前，我爸媽那一代在學校學恐龍的時候，科學家臆測霸王龍及其近親會像蜥蜴一樣「一輩子都在長大」，越長越大。而霸王龍之所以能長到這麼大，是因為牠活得夠長——花個一百年，牠就能長到四十二呎長、七噸重的最終尺寸——然後到處閒晃，倒地死亡。我小時候看的恐龍書也抱持這種觀點，然而我們對恐龍所抱持的觀點與資訊，多數到頭來全是錯的。其實，霸王龍這類恐龍的生長速度極快，甚至比鳥類、蜥蜴都快上許多。

　　這份證據就藏在恐龍的骨骼深處，而艾立克森等古生物學家也找到方法取得真相。骨骼並非塞在動物體內、停滯不變的棍子和圓球。才不是呢。骨骼會持續變化、成長，是「活組織」，能持續修復與自我重組，這也就是骨頭斷了何以能再癒合的原因。骨骼成長時，會從中心向外延展，朝四面八方變寬

加拿大亞伯達省「皇家蒂勒爾博物館」展示的霸王龍骨架。

長大。就一般而言，骨頭只會在一年中的特定時期成長：即夏季或雨季，也就是食物最充足的時節。到了冬季或乾季，骨骼成長趨緩。若將骨頭橫切，你會看見動物在不同階段的成長紀錄，從快速過渡至緩慢，然後再變快，一圈一圈的。沒錯，就像樹木一樣，動物的骨頭也有年輪。因為冬夏更迭是一年一次，一圈就代表一年。各位只消數一數骨頭斷面的年輪有幾圈，就能曉得這頭恐龍活了多少年。[*]

---

[*] 黃大一老師指出，以「生長停止線 Line of Arrested Growth, LAG」來計算恐

　　艾立克森獲准切開幾頭霸王龍與許多同科近親（譬如亞伯達龍、魔龍）的骨頭，震驚地發現竟然沒有一根骨頭的年輪超過三十圈。也就是說，暴龍家族的成員們從小恐龍長起、達到成年體型最後死去，整段過程全部發生在短短三十年內。原來霸王龍這種大型恐龍並非好整以暇、數十年或數百年地慢慢成長，而是在相對較短的時間內迅速長成巨無霸。牠們到底長得多快？為釐清這一點，艾立克森決定建構暴龍的生長曲線，先依年輪算出每根骨頭的年齡，再對照體型——根據四肢尺寸得出大略體重的關係式——能得出數字並製成圖表，最後推導出霸王龍每一年能長大多少。他得到的數字大得令人難以理解。在霸王龍的青少年期，也就是十到二十歲這段期間，牠每年增重約一千七百磅（相當於七百六十公斤），幾乎是一天五磅欸！難怪霸王龍的食量這麼大，牠們大口吞下的埃德蒙頓龍、三角龍讓青春期霸王龍突增重、猛長高，體型從破殼而出的小貓咪，迅速升級至恐龍界的特大號。

　　你或許可以說，霸王龍就如同恐龍界的「詹姆斯・狄恩」

龍年齡，有個小小的問題。新骨頭隨著時間透過造骨細胞「Osteoblast」往外長，讓骨頭變大，所以在硬骨頭部分累積生長停止線，然而靠近骨髓腔的老骨頭也隨著時間被消化掉，讓骨髓腔隨著骨頭成長而擴大，那麼，到底有多少條生長停止線被破骨細胞吃掉了呢？由於新增和消失的生長停止線，沒有證據顯示為 1:1，即便為 1:1，也不知道失去了多少條生長停止線；再者，從我們的研究得知，胚胎骨頭看不到生長停止線，孵化之後第一年內的幼仔，理論上也沒有生長停止線，因此，我們需要其他證據一起驗證。

（James Dean）*——英年早逝。生活的種種艱辛給這副軀體帶來極大的壓力。在成長勃發期，牠們的骨骼必須承受每天五磅的快速增重，意即牠們的身體得設法從剛孵化的小小動物轉變成巨型猛獸。因此霸王龍在步入成年時，牠們的骨骼勢必發生劇變，這點絕不意外。年幼的霸王龍就像皮毛光滑的小獵豹，擁有短跑健將的纖長體型，但是長大成熟後，牠們一個個都變成純種恐怖怪獸，體重和身長皆遠勝大巴士。年輕的霸王龍跑得可能比成年霸王龍快，說不定也有能力追捕獵物。隨著年歲增長，體型過於龐大的霸王龍只能轉為伏擊，偏重蠻力而非速度。而霸王龍最令眾生恐懼的是，牠們似乎不分老少、成群生活在一起，這代表牠們採取團隊獵擊戰術，各自竭盡所能、發揮所長，使獵物陷於萬劫不復之境。

　　我有個相當要好、且同為古生物學家的加拿大朋友研究過霸王龍的成長變化——他是湯瑪斯・卡爾（Thomas Carr），目前在威斯康辛迦太基學院（Wisconsin Carthage College）任職教授。卡爾超級好認，遠遠就能一眼看見他，他的衣著品味近似七〇年代牧師，另外還帶點情境喜劇《宅男行不行》（The Big Bang Theory）主人翁「薛爾登・庫伯」（Sheldon Cooper）的怪模怪樣。卡爾總是一身黑色緞面西裝，西裝外套底下不是黑色就是暗紅色襯衫，鬢角毛茸茸的，一頭淺髮蓬亂有如拖把，手腕還掛著一只骷髏銀手環。他很容易迷上一件事，而對

---

* 美國電影明星，二十四歲車禍身亡。

苦艾酒與「門合唱團」（The Doors）的迷戀則始終不變。對了，還有霸王龍——他可以沒完沒了地跟你聊霸王龍，那是他最最喜愛的話題。他從小就想研究這頭恐龍之王，後來也終於如願以償，寫了一篇題目為「成年霸王龍的頭骨變化」博士論文——那篇論文足足有一千兩百七十頁長，嚴謹程度一如既往。這已經算是他篇幅較短的學術著作了。

卡爾一根一根、逐筆記下霸王龍骨骼的蛻變軌跡——從小恐龍變成大恐龍，不分公母——牠們的整副頭骨幾乎徹底變了樣。霸王龍的頭骨起初較為扁長，鼻吻突出，牙齒尖細，附著下顎肌肉的凹槽較淺。進入青春期，霸王龍頭骨越來越大、越來越厚，內徑也越來越深。同時骨與骨之間的接縫日益緊密，下顎肌肉的凹槽加深，牙齒也逐漸變成能粉碎骨頭的釘牙。不過，年少的霸王龍還無法執行「戳刺—拖取」獵食法，這項特技唯有在成年以後方能嫻熟操作，約莫就是霸王龍從迅捷的短跑健將升格為從容的伏擊高手之時。除此之外，霸王龍的頭骨還有以下變化：顱內竇腔延伸擴大（或許有助於減輕腦袋的重量），眼睛和雙頰上原本不起眼的棘角裝飾，也因為青春期荷爾蒙作祟而變得更大、更突出，吸引異性。

這真是非常徹底的轉變。吃了那麼一大堆肉，歷經十年的指數成長與頭骨徹底改造，喪失快跑能力卻獲得「戳刺—拖取」戰力，霸王龍自此脫胎換骨，長成巨龍，準備一舉拿下屬於牠的王座。

以上帶各位一窺史上最出名的恐龍之生命歲月。霸王龍的咬合力極為強大，能一口咬穿獵物骨頭。牠的成年體型太過巨大，無法快跑，在青春期又成長極快，一天能增重五磅且維持十年之久。牠擁有發達的腦子和敏銳的感官，傾向集體行動，身上甚至還覆著羽毛。這也許並非各位期望的「霸王龍傳」版本，然而這才是重點所在：目前你我已知的一切證據再再顯示，霸王龍──普遍來說是「所有恐龍」──的確是相當不可思議的演化傑作。不僅環境適應良好，更成為牠們那個時代的統治者。恐龍與失敗完全扯不上邊，牠們是演化的成功故事，而且牠們與現存動物之間的相似之處也很不可思議，尤其是鳥類──霸王龍有羽毛，成長快速，就連呼吸方式都像鳥。恐龍絕對不是奇物幻獸。不是的，牠們是貨真價實的動物，其他動物會做的事牠們一件不少──會長、會吃、會動、會繁殖──只是沒有一種動物表現得比牠更好。霸王龍才是唯一真霸主。

第 七 章

恐龍稱霸全世界

　　儘管霸王龍令眾生聞風喪膽，牠卻不是全球等級的大壞蛋。受牠宰制的地區僅限北美洲——精確來說是北美西部。生活在亞洲、歐洲、南美洲的恐龍氏族，全都無懼於霸王龍的殘暴。事實上，牠們壓根沒打過照面。

　　在白堊紀末期——也就是恐龍演化的最後陣痛期，約莫介於八千四百萬至六千六百萬年前，霸王龍與其他巨型暴龍科動物雄踞食物鏈頂端的這段期間——和諧一統的盤古大陸已成為遙遠記憶。早在許久許久以前，盤古大陸已分裂成好幾塊，並且在侏儸紀到白堊紀初、中期這段期間逐漸分崩離析，彼此漂離，新陸塊之間的鴻溝也化為海洋。就在霸王龍高舉王冠的那段時間——離恐龍時代在爆炸中消失只剩一、兩百萬年——世界地圖差不多已經是今天這副模樣。

　　當時的赤道以北有兩大陸塊，北美洲和亞洲，形狀基本上跟現在差不多。兩塊陸地於近北極處幾乎碰在一起，其餘部分則隔著寬闊的太平洋。北美洲的另一側還有一片大西洋，這片海洋圍著一串島嶼，而這些島嶼正是今日的歐洲。白堊紀末的海平面非常高，溫室效應導致南北極冰帽幾乎完全融化，鎖不住液態水，因此歐洲地勢較低的區域大多沒入海洋，只剩零星幾處高地突出於浪花之間。高海平面也使得海水更深入內陸，因此溫暖的亞熱帶海洋覆蓋北美和亞洲的面積，也比今日更廣。譬如北美就有一條從墨西哥灣直抵北極海的海路。事實上，這條海路將今日的北美切成東西兩半：東半邊稱為「阿帕拉契亞大陸」（Appalachia），西半邊——也是霸王龍的狩獵

場——則稱為「拉臘米迪亞大陸」（Laramidia）。

　　赤道南邊的情況也差不多。猶如「陰陽拼圖」的南美洲與
非洲才剛仳離不久，中間夾著一條猶如窄巷的南大西洋。南極
洲端坐世界底部，以南極為中心，均衡分布。南極洲上方是澳
洲，外型比今日更趨近新月。當時的南極洲與澳洲、南美洲仍
藕斷絲連但關係脆弱，只要海平面稍微上升，隨時都可能將陸
橋淹沒。在這段高水位期間，南半球也和北半球一樣，海岸線
深入內陸，使得北非和南美洲南部大多覆蓋在海水之下（今日
的撒哈拉沙漠在當時肯定常常淹水）；然而當海水稍稍後撤，
非洲和歐洲之間的群島儼然化身「公路」——儘管經常曇花一
現且沿途凶險——成為南北兩地的聯絡道。

　　非洲東岸之外數百公里處，嵌著一塊三角狀、宛如島嶼的
大陸：印度。從今日的角度來看，這是白堊紀末唯一一塊看起
來不太「順眼」的陸塊。印度最剛開始只是古老岡瓦納大陸的
一小部分（岡瓦納就是盤古大陸南北分裂時，位於南方的那一
大塊），嵌在後來的非洲與南極洲之間。約莫在白堊紀早期的
某個時間點，印度決定斬斷與左鄰右舍的關係，開始朝北跑，
移動速度達到每年十五公分（相較之下，其他陸塊的漂離速度
可就慢多了，差不多是你我指甲生長的速度，每年至多四公
分），此舉使得印度在白堊紀末來到原始印度洋的正中央，就
在「非洲之角」（Horn of Africa）南方不遠處。後來又經過了
一千萬年，印度古大陸終於完成旅程並撞上亞洲、造出喜馬拉
雅山。到那時候，恐龍已不復存。

　　這群陸塊之間夾著偌大海洋，惟恐龍氏族從來就沒能征服這片領域。白堊紀的溫暖水域一如之前的侏儸紀和三疊紀時期，一向是多種巨型爬行類的獵食場，譬如脖子像長麵條的「蛇頸龍」（*plesiosaurus*），頭大、鰭肢如槳的「上龍」（*pliosaurs*），還有身體呈流線型、四肢化為鰭、看起來活像海豚的爬行動物版「魚龍」類（*ichthyosaurus*），諸如此類。這些海洋爬行類以彼此為食，也吃魚捕鯊（當時的鯊魚尺寸大多比現代物種小了幾號），而魚鯊則以塞爆洋流的有殼浮游生物為食。這群爬行類沒有一種是恐龍；雖然牠們在大眾書籍或電影裡經常被誤認為恐龍，但牠們和恐龍其實是關係很遠的爬行類親屬。不論理由為何（我們也還不知道真正緣由），恐龍始終沒能做到像鯨類那樣，從陸地奔向海洋，四肢化為能泅水的構造，從而在水中生活。

　　恐龍被困在陸地上——海洋是牠們少數無法克服的障礙——這也表示牠們必須面對白堊紀末分崩離析的世界。古大陸被填滿爬行類的海洋隔開，分裂成多個獨立國度，生活在這些乾燥陸地上的恐龍也被迫孤立隔離，其中也包括霸王龍。咱們的恐龍霸王或許不費吹灰之力就能征服歐洲、印度或南美洲的恐龍，只是牠們不曾有過這種機會。牠們被關在北美西半陸了。

　　對其他恐龍來說——尤其是植食恐龍——這可是天大的好消息，不過這也給其他肉食恐龍一個獨霸稱王的好機會。白堊紀期間，許多不同族群的肉食恐龍都曾達到類似成就，只是各

大陸上演的劇碼略有不同罷了。當年，每一塊大陸都有其獨特的恐龍組合：唯我獨尊的掠食巨獸、排名第二的獵食動物、食腐恐龍、大大小小的植食與雜食恐龍。這種組合特色也延伸至其他物種：各地的鱷魚、龜、蜥蜴、青蛙及魚類皆大不相同，連植物種類也大異其趣——這種地理上的隔離創造出物種多樣性。

因此，恐龍在白堊紀末期達到極盛。這是個地理和生態皆相當複雜、各大陸皆擁有多個不同生態系的世界，而牠們的多樣性在此時達到顛峰，使牠們站上成功的頂點。這段時期的恐龍物種是有史以來最多的，體型從小巧可愛到巨型怪物都有，食物選擇囊括所有陸上動植物；而牠們身上的脊冠、角棘、羽毛、爪齒更是千變萬化，令人嘆為觀止。恐龍一族處於絕對的顛峰狀態，適應得相當成功或甚至不曾如此成功過。從牠們的祖先最早在盤古大陸發跡開始，恐龍血脈已延續了一億五千多萬年，至此仍屹立不搖。

要想找到白堊紀末期最棒的恐龍化石（包括霸王龍），你得下地獄去——我的意思是「地獄溪」（Hell Creek）附近的惡地。地獄溪曾是密蘇里河（Missouri River）的支流，如今則是蒙大拿州東北部保留區內一處經常淹水的突出地帶。此地窒悶潮濕，蚊蟲肆虐，少有微風且幾無遮蔭。唯見張牙舞爪的崖壁朝四面八方無盡蔓延，像三溫暖一樣散發滾滾熱氣。

　　巴納姆‧布朗是首批前往地獄溪尋找恐龍的探索者之一。
一九〇二年，他在溪谷東南方約一百哩的嶙峋丘陵地上，找到
全世界第一副霸王龍骨架。他的紐約老闆開心得要命，遂委任
布朗帶回更多化石。於後數年，布朗身披他的招牌毛大衣、肩
掛鶴嘴鋤，沿著密蘇里河朝東南方一路登上懸崖峭壁、深入沖
溝溪谷或乾涸河床，不斷敲挖。布朗持續挖出化石。沒多久，
他漸漸理解這塊區域的地質結構，他挖到的骨骼化石全都埋在
一段相當厚、且多半由惡地地貌組成的連續岩層中──由遠古
河流沉積形成的一系列砂岩和泥岩，像蛋糕層層鋪疊，且每一
層的顏色都不一樣（有紅、橘、棕、褐、黑等等）。布朗管這
群岩層叫「地獄溪層」（Hell Creek Formation）。

　　地獄溪層約莫成形於六千七百萬至六千六百萬年前，由西
側匯流、發源於當時年輕的洛磯山脈的幾條溪流沖積而成。這
群溪流蜿蜒越過偌大的泛濫平原，間或溢流衝出河岸，注入湖
泊和沼澤，最後向東傾盡所有，投入將北美一分為二的南北海
路懷抱中。這裡土壤肥沃、植被茂盛，環境條件極佳，讓許多
恐龍得以在此興盛繁衍。而此處也適合累積河流沉積物，連同
其所挾帶的動物遺骨一併化為岩石。大量恐龍與大量沉積
物──這就是形成「化石帶」（fossil bonanza）的主要素材。

　　二〇〇五年時，正值布朗發現的霸王龍在紐約公開展示的
一個世紀後，我初次踏上地獄溪。當時我還在念大學，一個月
前才剛結束人生首次「獵龍行動」（隨塞瑞諾前往懷俄明州挖
掘侏儸紀蜥腳類恐龍）。因為想多累積野外考察經驗，我再次

駕車隨著另一支隊伍前進蒙大拿州。這支隊伍來自離我最近、也就是我家附近的博物館——位於伊利諾州羅克福德（Rockford）的伯比自然史博物館。

羅克福德不是一般認為會蓋恐龍博物館的地方，至少在我看來是如此。伊利諾不曾出土過半塊恐龍化石，理由是地勢太平坦、地質結構太單調乏味，整個州幾乎不見任何在恐龍稱霸時期形成的石頭。不僅如此，我的家鄉在過去數十年來亦不屬於美國製造業經濟體的一環。但是，羅克福德卻擁有一座館藏堪稱美國中西部數一數二精采的自然史博物館。伯比自然史博物館的職員們常自嘲是「苦盡甘來的小小博物館」，道盡他們一路走來的坎坷命運。伯比自成立以來，館藏品大多是一堆死板板的鳥類標本、石塊或美國原住民的箭頭，這裡一堆、那裡一落地放在這幢一度氣派輝煌的十九世紀大宅裡。後來在一九九〇年代期間，博物館獲得一筆數字驚人的私人捐款，於是增建側廳。至此便需要新設展覽來填滿新增的空間，行政單位遂大舉開拔至地獄溪，帶回恐龍骨頭。

當時，伯比的古生物部門只有一名正職人員——語氣輕柔、胸膛厚實的北伊利諾州年輕人邁克·韓德森（Mike Henderson），正沉迷早於恐龍數億年前的「蠕蟲生痕化石」（smeared fossils）。韓德森亟需協助，找來童年好友史考特·威廉斯（Scott Williams）搭檔合作。威廉斯精力旺盛、聲若洪鐘，從小就是個漫畫迷和超級英雄影痴，此外他也超愛恐龍，只可惜他沒機會走上古生物學這條路，成了警察。我頭一次在

伯比自然史博物館見到他的時候（那時我念高中），他還在當警察，而且看起來就像個警察——山羊鬍、身材結實、操著濃濃的芝加哥口音。幾年之後，他離開警界、徹底投入自然科學這一行，成為伯比的館藏經理。而今天，他照管的範圍擴及蒙大拿州「洛磯山脈博物館」（Museum of the Rockies）——那裡的恐龍館藏規模在全球名列前茅。

二〇〇一年夏天，韓德森和威廉斯帶領一群由博物館職員、地質系學生與業餘自願者組成的隊伍，前往地獄溪心臟地帶。他們在居民不到三百人、離蒙大拿州與達科塔州T字型交界處不遠的迷你小鎮「艾卡拉卡」（Ekalaka）附近紮營。一個世紀以前，布朗也曾搜索過這片區域，但韓德森和威廉斯卻意外找到連獵龍大師也沒能發現的驚人寶藏：一頭狀況極佳、保存幾近完整的年輕霸王龍骨架。古生物學家正是憑著這一副極具關鍵意義的骨骼化石，才知道青春期的恐龍霸主原來是身材瘦長、齒牙尖細、鼻吻較長的短跑健將，於成年之後才變身為巨如卡車、能一口咬碎獸骨的凶猛野獸。

韓德森、威廉斯及其組員發現的這副化石，讓伯比自然史博物館一躍成為恐龍研究的重鎮。幾年後，這副骨架在伯比公開展出，世界各地的古生物學家蜂擁而至，來到沒沒無聞的伊利諾州羅克福德，與成千上萬的大人小孩、觀光客一睹「珍」（Jane）的真面目（他們給這頭霸王龍取了小名「珍」，紀念該館某位捐贈者）。伯比博物館的新展廳終於迎來上頭條等級的超級明星了。

接下來的幾個夏天，韓德森與威廉斯多次返回地獄溪挖掘，一待就是好幾個月。後來，在我終於獲得他倆信任之後，他們也會邀我結伴同行。我從高二開始頻繁造訪伯比博物館，和他倆結為朋友。起初，我在他們眼中只是個煩人的少年恐龍迷，手裡拿著錄音機和簽字筆，以朝聖的心情參加博物館舉辦的「古生物節」活動（PaleoFest）──館方邀請許多知名科學家蒞臨演講，分享他們研究恐龍的歷險故事（我就是在那次活動遇見未來的指導老師：保羅・塞瑞諾和馬克・諾列爾〔Mark Norell〕）。大學期間，我仍舊年年開車回羅克福德。待我進入塞瑞諾的實驗室、接受古生物學家的正式訓練之後，韓德森和威廉斯才認可我已經準備好，可以加入他們一年一度的「地獄行」了。

羅克福德到艾卡拉卡的車程約一千哩。進入地獄溪惡地之後，我們在拔地參天的冷杉林深處「尼德莫爾露營區」（Camp Needmore）小木屋紮營。第一天晚上，我不斷被隔壁房揚聲器的哀鳴聲驚醒。住那間房的是三名業餘志工，他們各自從羅克福德駕車出發，都是暫時逃離辦公室磨人環境的專業人士。三人組的頭頭是個身材矮小的怪咖「海慕特・雷德施拉格」（Helmuth Redschlag）。他的名字令人聯想到蠻橫的普魯士將軍，但他其實是土生土長的美國中部人，還是個靠譜的建築師。他每晚都和兩位好友開趴作樂、直至清晨──伴著迪斯可猛烈無腦的強力節奏大啖菲力牛排和義大利進口起司，暢飲水果口味比利時啤酒──但他仍舊有辦法每天早上準時六點鐘起

床，興致勃勃直奔地獄溪，一頭栽進堆滿恐龍遺跡的化石坑裡。

「這股熱度讓我感受到生命力。陽光照在身上，燙傷皮膚。儘管裹著衣服、不停澆水，陽光仍舊在頸背留下焦痕。」某天清晨，大地一片靜謐，雷德施拉格在大夥兒前往地獄之前，如此對我說。嗯嗯，是啊，我喃喃應道，不確定該怎麼評斷這個人。

幾天後，我正準備跟塞瑞諾及幾位志願生出門挖掘時，突然接到一通緊急電話。雷德施拉格打來的。當時他正在離我幾公里遠的路上閒晃，享受驕陽洗禮與隨之而來的刺痛，但他突然瞄到溪谷裡好像有什麼名堂，某種深咖啡色的物體從暗褐色泥岩表面突出來。雷德施拉格常會注意到一些小細節——好歹他也是建築師，而且是很厲害的那種——就是這種對形狀與紋理的細微覺察力，使他成為相當厲害的化石獵人。他直覺認為這是一處特別地點，因此動手挖掘邊坡。當我們其他人抵達現場時，他已清理到露出一截大腿骨、幾根肋骨、幾節脊椎骨和部分頭骨的程度。這是一頭恐龍，頭骨細節則表明了牠的身分：牠的頭骨由許多不規則的扁平或板狀骨片組成，有點像碎玻璃，此外還有幾處尖銳錐狀物：犄角。在地獄溪生態圈裡，只有一種恐龍符合這項特徵：三角龍。顏面部有三根犄角，兩眼後方還立起一道又寬又厚、活像招牌的褶狀頭盾。

三角龍和牠的死對頭霸王龍一樣，都是恐龍界的樣板動物。牠在電影或紀錄片裡通常是溫和的植食恐龍代表，儼然是暴戾之王霸王龍最天差地別的完美陪襯。「小三」（Trike）和

「大霸」（Rex）的關係有點像福爾摩斯和莫里亞提教授，或是蝙蝠俠和小丑；不過這兩種動物並非只是單純的電影魔幻設定，牠倆在六千六百萬年前可是貨真價實的死對頭。當年，小三和大霸同時在地獄溪谷的湖泊與河畔討生活，而且都是當地最普遍的物種。在地獄溪出土的恐龍化石中，三角龍大概占了百分之四十，霸王龍排名第二，約占百分之二十五。恐龍霸王需要大量肉食供應代謝燃料需求，而牠的三角龍敵手個個都是移動緩慢、重達十四噸的頂級肉排——接下來會發生什麼事，各位想必不難猜著。確實，三角龍骨頭上的咬痕與霸王龍齒列吻合，足證雙方在遠古時代有過激烈戰事。各位可別以為那些全是不公平的戰爭——完全不是這樣。牠們之間的戰爭不總是掠食的一方獲勝。三角龍擁有全套武器配備：牠有犄角，一根長在鼻子上方，而兩眼後上方各有一支更長更細的利角。三角龍演化得來的犄角或許和頭盾一樣，最初目的大概都只是為了炫耀——讓自己看起來更有魅力、吸引可能的交配對象，並且嚇退對手——不過在危急時刻，三角龍也會用犄角自我防禦，這點不難理解。

　　在我們這篇故事裡，三角龍算是個新角色。牠屬於鳥臀目底下「角龍科」（Ceratopsians）的植食恐龍，而角龍科則是侏儸紀早期齒如細葉、移動迅速的畸齒龍、賴索托龍等小型恐龍的後代。在侏儸紀某個時期，角龍科動物開展了屬於自己的演化路徑，從原本藉後肢行走的雙足動物轉為四肢著地、行動緩慢的四足動物，頭上也長出各式各樣的犄角和頭盾。這些犄角

頭盾還越長越大、華麗翻倍，陪伴牠們從剛孵出的小幼獸變成荷爾蒙加持、滿腦子只想追求異性的成年巨獸。角龍科動物最初只有狗狗這麼大，然後不斷演化並延續至白堊紀晚期，其中的「纖角龍」（*Leptoceratops*）甚至與牠們體型稍大的親戚三角龍一起生活呢。角龍一族的體型隨著時代演進而越來越大（牠們在白堊紀末已變身為體壯如牛、北美相當常見的恐龍），顎部構造也逐漸改變，能大口吞下大量植物。牠們的牙齒緊連在一起，變得像刀片一樣，上下顎左右兩側共四片。這下只消簡單一咬，上下顎「啪」地閉闔，對生的刀齒則如斷頭台劃過，斬斷植物。牠們的鼻吻前端是利如剃刀的喙，負責摘採莖

三角龍頭骨，最出名的有角恐龍。

荷馬化石遺址的三角龍骨堆。這些骨頭屬於一群年輕的三角龍。

二〇〇五年，我隨伯比博物館人員前往地獄溪挖掘的野外考察紀錄。紀錄本上還有我為這處三角龍化石遺址繪製的位址示意圖。

葉再後送給刀齒處理。三角龍採食植物的能耐與霸王龍大口吃肉的狠勁不分軒輊，兩者一樣狼吞虎嚥。

發現三角龍化石又一次為伯比博物館帶來意想不到的成功，伯比正需要這副恐龍化石來陪伴新展廳的年輕霸王龍。從雷德施拉格在溪谷把恐龍骨頭秀給我們看的那一刻起，我感覺得出來，韓德森、威廉斯和雷德施拉格肯定也在想同一件事：雷德施拉格身為發現人，他得給這頭恐龍取個小名。由於他和我都超愛看《辛普森家庭》，所以他決定叫牠「荷馬」（Homer）；我們認為「荷馬」將來一定會加入「珍」的行列，在伯比展覽廳連袂亮相。

但我們得先把荷馬撬出來才行。大夥兒用石膏繃帶將已經暴露的部分包起來，保護它們在運回博物館的路上不致受損，另外幾人銜命留下來尋找更多骨頭。我那位嗜飲苦艾酒、總是一身黑、專攻霸王龍的朋友卡爾也是隊上成員，當時也在挖掘現場。卡爾穿著卡其服（慣常的黑衣黑褲在這裡太吸熱了）、灌了好幾侖運動飲料（苦艾酒比較適合室內品嘗），拿著他的小岩鎚（暱稱「勇士」）和鶴頭鋤（小名「軍閥」）在泥岩上敲敲打打，挖出好些三角龍骨頭；於是卡爾等人繼續磨碎邊坡岩塊，讓更多骨骼化石鬆動露出。最後，這座挖掘遺址的面積達到近七百多平方呎（約六十四平方公尺），挖出超過一百三十塊骨頭。

現場狀況突然變得非常複雜，於是威廉斯吩咐我著手製作位址示意圖——我前一個月才跟著塞瑞諾學到這門技術。我先

用鑿釘和細線，在挖掘區岩塊表面拉出單位一公尺見方的網格，然後再利用網格作為參考座標，把每一塊骨頭的位置畫在筆記本上。我會把示意圖畫在左頁，在右頁依序標名每一塊骨頭、為其編號，大致描述大小和座向（orientation）。透過這種方式，這場混亂逐漸上了軌道。

這份現場示意圖和骨骼目錄揭露了一件怪事，某塊骨頭竟然有三份——現場有三塊左側鼻骨（構成鼻吻部前方與側面的骨頭）。照理說，每一頭三角龍應該只有一塊左鼻骨，畢竟牠們只有一顆腦袋呀！於是我們赫然驚覺：這裡有三頭三角龍——不只「荷馬」，還有「霸子」（Bart）和「莉莎」（Lisa）。雷德施拉格發現了一座三角龍墳場。

這是史上頭一次在同一處地點發現一具以上的三角龍骸骨。在雷德施拉格意外走進那處谷地以前，我們一直以為——甚至堅信——三角龍是獨來獨往的動物。由於三角龍化石實在太普遍，超過一世紀以來，已有數百具三角龍骨骼化石出土，但每一副都是獨自被發現，周圍沒有其他同類。不過，單一一次發現也可能推翻全局，憑著雷德施拉格的發現，現在我們認為三角龍應該也是群居動物。

其實這不算太意外，因為有大量證據顯示三角龍的近親也是群居動物，經常大批成群生活。這些動物也都是大型、頭上長角的角龍科動物，在白堊紀的最後兩千萬年主要在北美其他區域活動。其中一種生活在今日的加拿大亞伯達省，名喚「尖角龍」（Centrosaurus）——鼻子上方突出巨角——生存年代比

三角龍早了約一千萬年。科學家曾經發現一處尖角龍骨層，規模可不像荷馬化石遺址這麼小——那片遺址足足有近三百座足球場那麼大，堆埋超過一千具恐龍骸骨。除此之外，科學家也發現過其他數種角龍的大型墳場，蒐集到相當充分的環境證據，證實這種頭上長角、體型龐大、行動緩慢、專吃植物的恐龍族類傾向團體生活。一幅美好景象就此浮現：在白堊紀尾聲的北美西半陸，這種大型恐龍可能成群結隊（數千頭身強體壯的三角龍）、足聲隆隆地奔越浩瀚大地，揚起如雲塵土，而這幅景象著實像極了美洲野牛（bison）在數千萬年後征服同一片大草原的壯闊情景。

　　荷馬遺址的工作結束後，我們繼續探勘艾卡拉卡周圍方圓數哩、地貌單調的惡地。隊員們盡可能大清早出發，試著躲過折磨人的酷熱天氣。我們陸陸續續挖出許多恐龍化石，沒有一副的重要性比得上「荷馬」，但也讓我們掌握不少線索，進一步了解白堊紀末期，與三角龍、霸王龍在泛濫平原一同生活的其他多種動物。我們發現大量小型肉食獸的牙齒，包括盜伶龍一類的掠食盜龍，還有「傷齒龍」（*Troodon*）這種牙尖齒利、大小跟小型馬差不多的掠食動物近親（後來牠們的食性逐漸朝雜食發展）。我們也意外挖出一些獸腳類、屬於「竊蛋龍」這類雜食恐龍的足骨。這種恐龍體型與人類相當，長相怪異且沒有牙齒，頭骨上方有一道花俏骨脊，尖銳的嘴喙能採食多種多樣的食物，從堅果、水生甲殼類、植物、小型哺乳類到蜥蜴全都能吞下肚。另外還有幾組化石分屬兩種截然不同的植食動

物：一是平凡無奇、大小如馬的鳥臀目動物「奇異龍」；一是比奇異龍稍大、也比奇異龍有意思的厚頭龍。後者腦袋呈半球形，圓得像顆保齡球。比起求偶和宣示領域，牠們比較常用腦袋互相頂鬥。

　　我們在另外一處挖掘地耗了幾天，希望這裡能像荷馬化石遺址一樣成果豐碩。結果不如預期，不過咱們仍挖到幾副名列地獄溪層第三常見的恐龍化石：埃德蒙頓龍。這種植食恐龍重達數噸，鼻吻到尾巴末端有四十呎長（十二公尺）。儘管牠跟三角龍都是吃素的大型恐龍，在分類上卻大不相同。埃德蒙頓龍屬於鴨嘴龍科（Hadrosaurs），在鳥臀目這個大家族底下和三

地獄溪出土、腦袋近似半球形的厚頭龍。

角龍分屬完全不同的演化支系。不過牠也是白堊紀晚期相當常見的恐龍（尤其在北美），大多成群出沒，依行進速度以雙足或四足移動。牠們透過低沉的哞鳴相互溝通，發聲部位在隆起的頭脊內（裡頭是曲折如螺絲麵條的鼻腔）。埃德蒙頓龍小名「鴨嘴龍」，取自鼻吻前端寬而無齒、像鴨嘴一樣的喙，用以摘採小樹枝和葉片。這些鴨嘴龍和角龍一樣，上下顎演化成能切斷食物的利剪，但牠們的牙齒數量也變多了，亦排列得更緊密。鴨嘴龍的口顎不光只能上下開闔，還能左右轉動甚至微微外翻，執行更複雜的咀嚼動作，無疑是演化所創最精密複雜的嚼食機器。

　　鴨嘴龍之所以擁有這麼一套複雜的口顎構造，其實是有原因的（或許角龍也是）。這套機關是演化微調的成果，目的是為了食用白堊紀早期開始出現的一種新型植物：被子植物；另一個較為人所知的名稱是「顯花植物」。雖然今日顯花植物的種類和數量超級多（舉凡你我餐桌上的大部分食物、裝飾花園的多種植物等都是被子植物），然而當遠古恐龍於三疊紀的盤古大陸興起時，壓根沒見過這種植物。侏儸紀的長頸蜥腳類恐龍對它們也同樣不熟悉，當年牠們大口掃蕩的素食多半是蕨類、蘇鐵、銀杏及多種常綠樹。後來到了一億兩千五百萬年前左右（也就是白堊紀早期），亞洲首度開出小小花朵。再經過六千萬年演化，這些原始被子植物種類越來越多，有低矮灌木也有高大樹木（包括棕櫚和木蘭），四處點綴白堊紀晚期的大地，也成為能讓新種植食恐龍大快朵頤的美味糧秣。當時，大

地說不定還長出青草——青草屬於另一種特別的被子植物——零零星星，數量不多，一直要到很久很久以後、甚至是恐龍滅亡數千萬年之後，地球才會出現「草原」這種景象。

鴨嘴龍和角龍這兩類恐龍的主食都是顯花植物，體型小一點的鳥臀目恐龍啃食灌木，厚頭龍則成天互頂腦袋爭老大，大小如貴賓犬的馳龍潛行捕捉蠑螈、蜥蜴或甚至咱們的早期哺乳類親戚——這些全是地獄溪層的化石告訴我們的。此外還有偏好撿拾其他肉食動物剩食、或者挑揀植食動物殘羹冷炙的多種雜食恐龍（譬如傷齒龍和長相奇特的竊蛋龍一族），或是我還沒機會提到的「似鳥龍」（似鳥龍下目，*ornithomimosaurs*）與自備重裝的甲龍，牠們也在這片大地上捍衛自己的地盤。翼龍和原始鳥類在高空盤旋，鱷魚蟄伏在河岸湖畔伺機出動。這裡看不見半頭蜥腳類恐龍，而恐龍霸主——偉大的霸王龍——統治一切。

這就是白堊紀晚期的北美景象，恐龍一族在災難來臨前的最後榮景。從布朗以至伯比博物館探勘隊，他們發現的化石寶藏使地獄溪層成為整個恐龍年代已知最豐富的恐龍生態系，全球無他處可與之匹敵。地獄溪呈現多種恐龍共存共榮、緊密結合、構成完整食物鏈的精采景象。

亞洲版的故事情節也差不多，「皮諾丘暴龍」這類大型暴龍超科動物同樣壓制鴨嘴龍、厚頭龍、馳龍、獸腳類雜食恐龍等族群。由於亞洲和北美地緣相近，使得兩塊大陸上的物種得以規律交替生息。

　　然而在赤道南邊，情況可就大不相同了。

　　巴西中部和緩起伏的高原區——幾乎就在國土正中央——一度是熱風吹襲的疏林莽原，如今舉目盡是翡綠蒼翠的農田。此地種植的農作物和我家到伯比博物館那片田野上的種類差不多，大多是玉米和黃豆。不過還有一些美國較不常見，如甘蔗、桉樹以及許許多多我喊不出名字、但看起來十分美味的水果。這片區域叫「戈亞斯」（Goiás），是個擁有六百萬居民的內陸州，境內有數條寂寞公路縱橫交錯。巴西首都「巴西利亞」（Brasília）距此車程數小時，而亞馬遜河朝北方浪湧而去，故外國遊客鮮少來此造訪。

　　然而，戈亞斯是個藏有許多祕密的地方，這點從它單調乏味的地形地貌上完全看不出來。這片農田底下埋藏一片於八千六百萬至六千六百萬年前鋪展於地表的廣袤岩基，由位於大河谷前緣的風吹沙漠逐漸累積數千吋厚，最後成為孕育今日玉米田和大豆田的沃土。這群岩基源自白堊紀晚期的河流、湖泊與砂丘——當年此處是一座由南美與非洲彼此扯離的「殘餘應力」（residual stresses）所形成的大盆地——也是恐龍的避世桃源。

　　雖然戈亞斯的白堊紀岩層大多埋在地下，但仍在這兒突一角、那兒冒一塊，路邊溪畔隨處可見。然而若要說哪裡才是最佳考察點，仍非採石場莫屬，因為採石場的重機械會直接挖開

地表，暴露底下的砂岩與泥岩。二〇一六年七月初的某一天，我來到戈亞斯的採石場。儘管南半球剛進入冬季，天氣仍潮濕悶熱，我戴上工地安全帽，以免被落石削去頭皮。我的綁腿直上膝蓋，以防遭遇「蛇吻」此一致命攻擊。這回我乃是應戈亞斯州最高學府「戈亞斯聯邦大學」（Universidade Federal de Goiás）教授暨南美恐龍專家羅伯特・甘德洛（Roberto Candeiro）之邀，來到巴西。在這之前，我已有過北美和亞洲的挖掘經驗，研究過許多白堊紀晚期的恐龍。但甘德洛建議我走一趟南美，理解南方的觀點。他壓根沒提到毒蛇這項附帶驚喜。

　　幾年前，甘德洛在戈亞斯聯邦大學的大學部開了一門地質學程。這所大學位於戈亞斯州首府「戈亞尼亞」（Goiânia）快速發展的市區邊陲，校園裡棕櫚樹林立，學院講堂迴廊開敞、迎入亞熱帶的習習微風，潔白的講堂建築則與沙土飛揚的街道及數哩外的鐵皮屋頂形成強烈對比。小綿羊機車隆隆穿梭繁忙街道，老人家在路邊拿柴刀劈椰子，猴群在遠方林中擺來盪去。我想下一次再回到這裡的時候，眼前這片舊日巴西風情大概差不多消失殆盡了吧。

　　這門學程刺激有趣——再加上這座嶄新校園位於巴西中部最大城——吸引不少熱衷學習的學生來修課，其中幾位甚至隨甘德洛和我一起去採石場，譬如個性活潑、肚腩渾圓的喜劇演員安德。在重返校園前，安德嘗試過許多不同職業：他種過木瓜、開過計程車，還在平原區某大養豬場負責人工採精（公豬）和人工授精（母豬）。另一位是個頭不高、年紀輕輕的十

八歲女生卡蜜拉，從外型完全看不出來她是個精力旺盛的功夫高手（閒暇之餘練跆拳道紓解壓力）。再來是瘦瘦高高、皮膚黝黑的萬人迷拉蒙，他愛穿窄管牛仔褲、頭髮總是旁分，活脫脫就是從巴西男孩樂團音樂錄影帶蹦出來的（當地餐館經常播放這類節目）。

　　我們所在這處採石場的老闆是一名年輕人，家族好幾代都在巴西中部務農。他們開採岩石是為了挖取有機肥。這是一種外觀像水泥、形制奇特的石頭，大大小小、各形各樣的礫石嵌在白色基質中。白色部分是石灰岩，而礫石則源自多種岩石，大多經受白堊紀末湍急河水的淘洗。這些礫石中有極少部分是

羅伯托‧甘德洛在巴西戈亞斯尋找化石。

骨頭——恐龍骨頭，大概每一到兩萬顆礫石中就有一顆是骨骼化石。不論你找到哪一種恐龍化石，它們全是無價珍寶，因為這些化石屬於南美洲最後一批恐龍——也就是和霸王龍、三角龍這群北方「地獄溪幫眾」生存在同一年代的恐龍遺骨。

總之，我們尋尋覓覓好幾個鐘頭，最後一無所獲，但也沒被蛇咬就是了。所以，那天是我少數幾次兩手空空卻滿心歡喜回到家的野外考察經驗。不過在那趟旅程尾聲，我們確實在其他地方小有斬獲，但都只是零星碎骨。我想這回應該不會發現新物種了。這種事比較常發生在探索新區域的時候，要發現全新物種的恐龍其實相當困難，端看運氣和當時的條件、狀況而定。不過這十年來，甘德洛多次率領這類野外考察團，隊員也常是學生組成的雜牌軍，但成果依然豐碩。甘德洛邀請幾位學生加入他在戈亞尼亞的實驗室，而我本人也在這裡度過巴西之行的剩餘時光，和他及他的另一位伙伴菲利浦‧辛布拉斯（Felipe Simbras）——任職某石油公司的地質學家，興趣是研究恐龍——並肩工作。

望著甘德洛實驗室架上的化石標本，你會非常震驚地發現：沒有霸王龍。事實上，巴西境內還未發現過任何一種白堊紀晚期的暴龍科恐龍。若是在蒙大拿地獄溪的惡地上隨處走逛，一天下來大概會撿到好些霸王龍牙齒——霸王龍就是這麼常見。然而在巴西、或是這個星球南半部的任何一塊土地上，看不見半隻霸王龍。甘德洛蒐集了好幾抽屜、各種各類的肉食恐龍牙齒，其中有些屬於我們已經見過的「鯊齒龍」一族。這

種肉食恐龍從異特龍類演化而來，在白堊紀早期雄踞地球大部分的領土。後來，這個家族也有好幾名成員的體型長到足以匹敵霸王龍的程度（譬如我跟塞瑞諾曾研究來自非洲的伊吉迪鯊齒龍）。在地球北半部，鯊齒龍一族來來去去，統治北方領土近數千萬年，約莫在白堊紀中期就把王座皇冠交給暴龍一族。然而在南半球，鯊齒龍持續雄霸至白堊紀末，始終保有重量級頭銜，因為這裡沒有任何暴龍家族成員威脅其地位。

　　另外還有一種牙齒在巴西也很常見，同樣非常尖銳，像是邊緣帶鋸齒的刀片，故肯定也來自肉食動物之口，只不過尺寸通常比較小、也更精緻些。這款牙齒屬於另一種截然不同的獸腳類恐龍「阿貝力龍」類（Abelisaurids）——源自一群頗為原始的侏儸紀恐龍族類。牠們獨具慧眼，發現白堊紀時期的南方大陸是一片適合生存繁衍的理想天地。科學家就曾經在戈亞斯州隔壁的馬托格羅索州（Mato Grosso）挖到一副阿貝力龍類「密林龍」屬（*Pycnonemosaurus*）的恐龍骨骸。儘管化石相當破碎，仍足以推斷這頭動物身長約三十呎（九公尺），重達數噸。

　　在南美洲更南邊的土地上（譬如阿根廷），科學家也發現不少保存良好的阿貝力龍骨架；此外在馬達加斯加島、非洲和印度也有所斬獲。從這些較為完整的骨骼化石研判——譬如「食肉牛龍」（*Carnotaurus*）、「瑪君龍」（*Majungasaurus*）和「蠍獵龍」（*Skorpiovenator*）——顯示阿貝力龍是一群十分凶猛的動物，只略小於暴龍、鯊齒龍兩大家族，但依舊穩居（或接

近）食物鏈頂端。牠們的頭骨短、顱腔深，某些種類的眼睛周圍有粗短角突。同時顏面骨和鼻吻骨表面有一層粗糙的瘢痕狀紋理，推測上方可能附著角質鞘。阿貝力龍的雙腿和霸王龍一樣粗壯，也同樣以雙腿行走，但前肢竟然比霸王龍更細瘦不堪。以食肉牛龍為例，儘管重達一‧六噸、身長三十呎，牠們的前肢大概只比鍋鏟大一點點，垂在胸前無用地擺動。倘若各位有機會觀察食肉牛龍的日常生活，大概連牠的前肢在哪兒都找不到吧。顯然，阿貝力龍並不需要前肢，單憑上下顎和那口利牙就足以包辦全部的骯髒活兒了。

對阿貝力龍和鯊齒龍而言，所謂的「骯髒活兒」就是獵捕並大啖和牠們一起生活的其他恐龍——尤其是植食恐龍。這類植食恐龍有些跟北半球的物種差不多（譬如在阿根廷就發現過幾種鴨嘴龍），不過南半球的植食恐龍絕大多數都和北半球不同，這裡沒有成群結隊、熱熱鬧鬧的角龍科恐龍（如三角龍），也沒有腦袋渾圓的厚頭龍，不過卻有好大一群蜥腳類恐龍。在遠古的蒙大拿州境內，霸王龍從來不曾追捕過這種長頸巨龍，因為在白堊紀中期左右，蜥腳類似乎從北美消失了（不過牠們倒是頻繁出現在北美大陸南端）。但是在巴西或其他南方大陸就不同了，蜥腳類在這裡仍是最主要的大型植食恐龍，並且持續至恐龍時代結束。

有一種蜥腳類恐龍在南方大陸分布得特別廣。蜥腳家族在侏儸紀的美好時光已成久遠過去，腕龍、雷龍、梁龍及其他活在相同生態系、也同樣特別的同類們——根據其獨特的牙齒、

脖子和採食習慣而進一步細分支系——亦不復存在。來到白堊紀末，這個家族僅剩一支條件相當有限的次群留存下來，牠們就是「泰坦巨龍」。有幾種泰坦巨龍實在可說是《聖經》裡才會出現的動物：譬如來自阿根廷的無畏龍，或是在戈亞斯州正下方的聖保羅州（São Paulo）出土、由石油公司地質學家辛布拉斯和他同事根據幾塊脊椎骨（每一節都跟浴缸一樣大）而率先描述的「南方海神龍」（*Austroposeidon*）。南方海神龍是巴西境內發現最大的恐龍，從鼻吻到尾尖大概足足有八十呎長（二十五公尺）。由於體型實在太大，很難想像牠到底有多重，大概介於二十到三十噸之間（說不定更重）。

其他活在恐龍時代晚期、分布於今日巴西等國境內的南方泰坦巨龍們，體型就沒這麼大了。「風神龍」（*aeolosaurins*）體型中等，勉強達到一般蜥腳類等級；至於其他較知名的物種（如「林孔龍」〔*Rinconsaurus*〕）僅有四噸重，身長不過區區三十六呎（十一公尺）。另外還有一支名為「薩爾塔龍」（*saltasaurids*）的次群，同樣屬於中等體型。每當遭遇飢餓的阿貝力龍和鯊齒龍時，牠們便以植入皮下的裝甲盾板對抗。

此外，南方大陸還有一些小體型的獸腳類恐龍，然而與北美各式各樣、體型從小至中都有的雜食及肉食恐龍相比，委實遜色多了。也許各位心有不服，認為那只是我們還沒找到牠們小巧精緻的骨骼化石，但這個說法並不具說服力。科學家在巴西境內已經找到許多小型動物骨架，但全都屬於鱷魚支系，沒有一副是獸腳類恐龍；前者有些過著標準的水中

生活，大概沒什麼機會和恐龍競爭對抗，其餘則是已適應陸
地生活的奇異生物，與今日的鱷魚大不相同。譬如「包魯鱷」
（*Baurusuchus*）是四肢修長、外型似犬的追獵型動物；「馬里
利亞鱷」（*Mariliasuchus*）的齒列頗似今日哺乳類的門齒、犬
齒與臼齒，故推測牠們大概像豬一樣屬於雜食動物，什麼都能
來一點；「犰狳鱷」（*Armadillosuchus*）喜歡挖地洞，身上覆有
可彎折、具彈性的盾甲，說不定還能像現代犰狳一樣把身體蜷
成球（故因此得名）。就我們所知，這些動物沒有一種曾現身
北美。照這樣看來，包括巴西在內的整個南半球世界裡，這群
鱷魚填補了恐龍在世上其他生態圈裡的位置。

　　北方有暴龍類，南方有阿貝力龍和鯊齒龍類。角龍科遍布
北大陸，蜥腳類則偏安南大陸。北半球有各形各色的馳龍、竊
蛋龍及其他小型獸腳類，到了南半球則換成包山包海的各式鱷
魚。在白堊紀邁向尾聲的最後年歲裡，地球南北的生態景象別
若天壤，至少這一點是可以確定的。不過，若與同一時期慘遭
海水淹沒的歐洲相比，這幾塊大陸上的生活實在再正常、再乏
味不過了，因為大西洋中央正演化出一群相當古怪的恐龍，在
殘存的歐陸島嶼上蹦來跳去。

　　在所有研究恐龍、蒐集恐龍骨頭、或者曾以任何形式嚴肅
思考恐龍的歷史人物之中，法蘭茲・諾普查（Franz Nopcsa
von Felső-Szilvás）堪稱獨一無二。

　　我應該尊稱他諾普查男爵。這位先生實際上是一名貴族，只是他專挖恐龍骨頭。他彷彿是瘋狂小說家創造出來的人物，性格古怪、不可理喻，這種人肯定只出現在小說的虛構世界裡，但他再真實不過，還是個時髦花俏的悲劇型天才人物。男爵在外西凡尼亞（Transylvania）奇妙的獵龍經驗，充其量只是他整個瘋狂人生的短暫休止符；說真的，與咱們這位「恐龍男爵」相比，吸血鬼德古拉（Dracula）*遜色多了。

　　諾普查男爵生於一八七七年、外西凡尼亞山丘上的一個貴族家庭。外西凡尼亞在今日羅馬尼亞境內，當年則位於衰落的奧匈帝國邊境。他能流利使用多種語言，也在家人薰陶之下對探險尋奇懷抱極大的熱情。他對性事也相當熱衷。他在二十多歲時成為當地某伯爵的愛寵，這名年長貴族經常講述南方山中隱密王國的傳奇故事給他聽——那部族的男人身著華服，揮舞長劍，口說難以理解的語言。山裡的人稱自己家鄉為「Shqipëri」，也就是今日的阿爾巴尼亞；然而在當時，那裡只是歐洲南方的窮鄉僻野，被另一個強大帝國「鄂圖曼土耳其」占據統治。

　　男爵決定親自走一趟瞧瞧。他一路向南，越過分隔兩大帝國的邊境荒地。然而當他終於抵達阿爾巴尼亞時，迎接他的卻是一記槍響。子彈擦過帽緣，只差一點點就可能擊中腦袋。但他沒被嚇跑。他繼續徒步穿越開闊鄉野，學習當地語言，留長

---

*「德古拉」傳說也源自外西凡尼亞。

頭髮，開始像部落男人那般穿著打扮，最後終於漸漸贏得這群保守山民的敬重。只不過，要是部落族人曉得男爵的真實身分，大概就不會這麼歡迎他了：他其實是間諜。奧匈帝國政府付錢給他，請他提供鄰國（鄂圖曼土耳其）的機密情報；隨著帝國崩潰瓦解，一次大戰導致歐洲版圖重新劃分，這項任務也變得越來越艱鉅、越來越危險。

這倒不是說男爵純粹是個唯利是圖的傢伙。其實他是愛上——不，迷上阿爾巴尼亞了。他成為歐洲首屈一指的阿爾巴尼亞文化專家，打從心裡喜愛這裡的人民。特別是其中一個，他愛上一位來自高山牧羊村落的年輕男子，此人名喚杜達（Bajazid Elmaz Doda），後來成為男爵名義上的祕書，但他的身分絕不僅止於此。只是在那個同性關係還未廣泛被接受的年代，有些事不方便說得太明白。這對愛侶相知相伴近三十年，忍受同儕的異樣眼光，熬過兩方帝國的崩解，一起騎著摩托車暢遊歐洲（諾普查負責駕駛，杜達則坐在邊車上）。

在一次大戰前夕的混亂時期，男爵曾密謀叛亂，煽動高山族人起義對抗土耳其（他甚至走私槍械建立軍火庫），後來亦嘗試自立為王，而杜達始終陪伴在男爵身邊。只不過這兩項計畫都失敗了，男爵遂轉而把興趣投注在其他事物上。

於是他挑上恐龍。

其實，早在男爵探索阿爾巴尼亞、早在他與杜達相識之前，他就已經對恐龍感興趣了。十八歲那年，年輕男爵的妹妹在家族莊園撿到一副難以辨認的頭骨。這些骨頭早已變成石

頭，看起來不屬於任何在莊園產業上跑來跑去或飛來飛去的動物。那年他去維也納上大學，順便把骨頭也一塊兒帶去了。他把這些石頭拿給地質學老師看，教授立刻指示他再去多找一些回來。男爵照辦了，他騎馬或步行深入田野、河床與山丘，著迷似地探索這片日後將屬於他的領地。四年後，這名擁有貴族頭銜的學生站在一群奧地利科學院的飽學之士面前，朗聲分享他最近從事的活動及新發現：由一群奇特恐龍所組成的完整生態系統。

在往後的人生中，諾普查仍斷斷續續蒐集外西凡尼亞的恐龍化石，最後獲邀至阿爾巴尼亞貢獻所學。他繼續研究恐龍化石，甚至視牠們不只是待分類的化石，成為史上最早試圖捕捉恐龍生前模樣的科學先鋒之一。對於在自家產業發現的恐龍化石，諾普查才研究沒多久便察覺事有蹊蹺：他能辨別這群動物分屬於其他地區的哪些常見物種。譬如由他命名的新種恐龍「沼澤龍」（*Telmatosaurus*）就屬於鴨嘴龍科，而脖子長長的「馬札爾龍」（*Magyarosaurus*）無疑是蜥腳類恐龍，此外他還發現一些自帶盾甲的恐龍遺骨。然而，這些恐龍全都比牠們大陸上的親戚小了幾號，有些甚至小得誇張。以馬札爾龍為例，牠們重達三十噸的遠房親戚在巴西步步撼動大地，馬札爾龍個兒卻不比一頭牛大上多少。起初，諾普查以為這些都是年幼恐龍的骨頭，但是當他把骨頭往顯微鏡底下一擺，卻發現它們全都擁有成年動物的紋理特徵。這種情況只有一種合理解釋：這些外西凡尼亞恐龍全都是迷你恐龍。

　　這帶出一個明顯疑點：這群恐龍的個頭為何都這麼小？諾普查對此自有一套想法。男爵除了在間諜活動、語言、文化人類學、古生物學、運籌謀略方面皆頗擅長之外，他還是相當厲害的地質學家。他不僅能畫出嵌有恐龍化石的岩石位置圖，還辨識出這些石頭都是在河裡形成的——是沉積在河道內，或因河水泛濫、堆積於河畔的層層砂岩與泥岩。這些岩層底下則是其他源自海洋的沉積物，譬如包埋大量浮游生物化石的黏土與頁岩。詳盡追查河流沉積岩的擴及範圍，並仔細研究河流層與海洋層之間的接觸面之後，諾普查這才明白，他家莊園曾經是座島嶼，在白堊紀晚期的某段時間露出水面。這群迷你恐龍就在這塊三萬平方哩左右（八萬平方公里）、面積大概跟西班牙島（Hispaniola）*差不多的小小土地上討生活。

　　諾普查猜想，這群恐龍之所以迷你，乃是因為牠們在島上生活。這個論點源自當時生物學家才剛開始玩味的某個發想。生物學家研究過多種生活在島上的現代物種，還在地中海中央的幾座島嶼發現一些怪異的小型哺乳類化石，至此他們提出一套理論，島嶼就如同「演化實驗室」，主宰大面積陸塊的生存法則在此幾乎不成立。島嶼位置偏遠，在演化上總是帶點隨機的況味，讓物種能自己找到生命的出路（譬如倚藉風力、或依附漂流木）。島嶼的可利用空間不多，資源也少，有些物種或許因此沒辦法長得太大。此外，由於島嶼和大陸以海洋相隔，

---

* 加勒比海第二大島。東側為多明尼加，西側為海地。

因此島嶼上的動植物能在極佳的隔離環境下進行演化，不僅與大陸上的親戚斷絕DNA聯繫，且持續近親繁殖，致使雙方後代的差異越來越大，也越來越具獨特性。諾普查認為，這就是這群「島嶼侏儒化」（island-dwelling）恐龍身材如此迷你、長相如此滑稽的原因。

後續研究顯示諾普查的推論完全正確。今天，他的「侏儒恐龍」亦被視為「島嶼效應」的重要範例。可惜命運對恐龍男爵並不仁慈。奧匈帝國在一次大戰戰敗，外西凡尼亞拱手讓給戰勝國之一的羅馬尼亞。諾普查失去他的領地和城堡，還愚蠢地試圖索回產業，最後落得被一幫惡人毆打、扔在路邊等死。諾普查僅剩的資產無法支持他原本奢靡的生活方式，因此他勉為其難前往布達佩斯，接下匈牙地地質研究院院長一職。然而講究繁文縟節的官僚生活並不適合他，後來他便辭職了。他變賣化石，和杜達一起搬到維也納，過著一貧如洗的生活，試圖克服「縈繞不去的憂傷」（可能就是今日所稱的憂鬱症）。最後他受夠了。一九三三年四月，這位前男爵在杜達的茶裡摻入鎮靜劑。待愛人沉沉睡去，諾普查將子彈送進杜達腦門，再將槍口轉向自己。

諾普查悲劇性的死亡留下一個謎。男爵已然破解島嶼恐龍之謎，知道牠們何以生得如此迷你，然而他採集到的骨骼化石──不論是蜥腳類、鴨嘴龍或是身負盾甲的甲龍──幾乎清一色都屬於植食恐龍。這群迷你野生動物通常會遭到哪些掠食動物伏擊，男爵幾乎毫無線索。當時難不成有什麼古怪版的暴

龍或鯊齒龍動物從大陸那邊一路蹦跳過來、統治這座島嶼？而其他肉食恐龍是否也像這群素食恐龍一樣，身材矮小？又或者，島上根本沒有肉食恐龍？這群植食獸的體型之所以大幅縮水，正是因為周遭沒有任何伺機獵捕牠們的掠食者？

　　拖延整整一個世紀，最後在另一位幾乎與諾普查同一個模子印出來的外西凡尼亞老兄協助之下，這道謎題才得以解開。馬提亞斯·維米爾（Mátyás Vremir），博學多聞，通曉多種語言，揹著小背包踏遍奇鄉僻壤。就我所知，他沒做過間諜，不過倒是在非洲各地東奔西跑好些年，在鑽井平台工作、發掘新的鑽油據點。目前，他返回老家克盧日納波卡（Cluj-Napoca）成立自己的公司，做一些環境調查、建築計畫地質顧問之類的工作。他熱衷多種活動，在喀爾巴阡山（Carpathians）滑雪，或者洞穴探險，也會在多瑙河三角洲划獨木舟，偶爾還攀岩，而且總是帶著妻兒同行（這點跟諾普查截然不同）。維米爾高瘦結實，蓄著一頭搖滾歌手式的長髮，目光敏銳如灰狼，渾身散發「榮譽」和「對蠢蛋零容忍」的強烈個人準則。但他若真心喜歡並尊敬你，他會與你並肩作戰。他是我在這個世界上最喜歡的傢伙之一。要是哪天我發現自己身處險境——不論當時我在這個星球的哪個偏僻角落——我會希望有他在我身邊。我知道我能信任這個人，把性命託付給他。

　　維米爾天賦異稟，才華洋溢，但他做得最好的一件事是找恐龍。除了我那位波蘭朋友尼茨威茲基之外（他找到一大堆初代恐龍形類動物的足跡），他是我個人所知直覺最靈、最會找

化石的人，似乎總是不費吹灰之力就能找著。我們一起在羅馬尼亞做田野的時候，我裝備齊全，而他老兄就一條及膝短褲、嘴上叼菸，但每次發現好東西的人都是他。其實他才沒有我說的那麼輕鬆啦。維米爾這人挺自虐的，若他察覺哪裡有化石，他會在大冬天就這麼毅然決然涉水踏過羅馬尼亞冰冷的溪水，或是垂降百餘呎高的峭壁，或是扭曲身體、鑽進極窄極深的洞穴。有一回他的腳都已經骨折了，我卻親眼看著他快步涉水過河，只因為他發現對岸有根突出地表的骨頭。

　　二○○九年秋天，就在同一條河邊，維米爾有了此生最重要的發現。當時他和兩個兒子出外探查，不經意看見幾枚灰白色塊狀物從水線上方數呎的鐵鏽色岩石中突出來──骨頭──於是他拿工具刮那塊泥岩，這下冒出更多驚喜，是動物的四肢和軀幹，體型和標準貴賓犬差不多。但他的興奮立刻轉為恐懼，當地的發電廠再過不久就會把大量廢水排進河裡，驟升的渦流可能沖走化石。於是維米爾動作飛快，以外科醫師的精準技術將這副骨架從它沉睡了六千九百萬年的墳墓中挖出來。他把化石帶回克盧日納波卡，確認它安全保存在當地博物館，這才坐下來思考牠是何方神聖。維米爾非常確定牠是恐龍，但與他過去在外西凡尼亞發現的所有恐龍都不一樣。他左思右想，覺得問問別人的意見或許也不錯，於是發了電子郵件給另一位古生物學家馬克‧諾列爾。諾列爾曾經挖掘並描述多種白堊紀晚期的小型恐龍，而他也是紐約美國自然史博物館恐龍館的館長（巴納姆‧布朗也坐過這個位置）。

　　諾列爾和我一樣，常常收到許多來自非特定對象、要求協助鑑識化石的電子郵件，結果多半只是畸形岩或水泥塊。然而當他打開維米爾的郵件，下載附檔照片之後，他嚇呆了——我之所以曉得，是因為我當時就在現場。那時我是諾列爾的博士班學生，正在寫一篇有關蜥腳類恐龍系譜及演化的論文。諾列爾把我叫進辦公室（那是一間能俯瞰中央公園、風格穩重的古典套房），問我對這封來自羅馬尼亞的神祕信件有何看法。我倆都同意這副骨架看起來頗似獸腳類恐龍，然後我們又查了一下，發現外西凡尼亞從沒出現過任何肉食恐龍遺骸。諾列爾回信給維米爾，兩人很快交上朋友，幾個月後，咱們三人就在布達佩斯冷冽的二月天裡碰面了。

　　我們借用維米爾同事隆重典雅、滿室鑲木壁板的辦公室開會（這位三十出頭的佐坦・西基薩瓦博士〔Zoltán Csiki-Sava〕在羅馬尼亞獨裁者希奧塞古〔Ceauşescu〕的共黨政府垮台後，結束徵兵生涯返回學校讀書，成為歐洲頂尖的恐龍專家）。維米爾把他發現的恐龍化石全部鋪展在我們面前的桌上，讓咱們四人一起確認牠的真實身分。親眼看過這份骨骼標本之後，我們十分確定這頭恐龍是獸腳類無誤。牠的骨骼大多質輕細緻，與盜伶龍及其他身材輕盈、性格凶猛的馳龍科動物相似。而且牠的體型也和盜伶龍差不多，或者再小一號。但是維米爾的這頭恐龍有處地方跟馳龍對不上：牠的兩腳各有四根大趾，而且靠內側的兩趾還長出鐮刀狀的巨爪。馳龍確實以可縮回的鐮刀爪聞名（用於撕扯及掏挖獵物），不過牠們只有一個腳趾有鐮

馬提亞斯・維米爾在外西凡尼亞的紅峭岩地區勘查地形，尋找侏儒恐龍
化石。

刀爪（兩足各一）。此外，馳龍只有三趾，而非四趾。推理就此碰壁。看來，咱們手上這頭說不定是新種恐龍。

　　那個禮拜，我們天天研究這堆骨頭，測量、記錄再跟其他恐龍骨架相互比較。最後咱們漸漸明白，這頭新發現的羅馬尼亞獸腳類恐龍也屬於馳龍科，只是牠比較特別，比大陸上的親戚多了腳趾和爪子。這項發現猶如天啟：既然遠古時代外西凡尼亞島上的植食恐龍都變小了，這裡的肉食恐龍肯定不會太正常。牠們怪的地方不只腳趾（多一根趾頭且有兩支奪命爪），這群羅馬尼亞馳龍比盜伶龍矮壯結實，上肢和雙腿有許多骨骼融合在一起，前掌粗短的指頭與腕骨亦萎縮並聯合成團狀物。這是一個新的肉食恐龍物種。幾個月後，我們給牠起了一個頗名副其實的學名：*Balaur bondoc*。「巴拉烏爾」（balaur）在羅馬尼亞古語是「龍」的意思，而種小名「bondoc」則有「矮胖」之意。

　　這種「矮胖龍」是白堊紀晚期歐洲島嶼的第一把交椅。雖不及殺手刺客殘酷冷血，但牠總能以軍刀利爪征服體型如牛的蜥腳類、鴨嘴龍和甲龍，牠們同樣因海平面升高，受困於大西洋中央。就目前所有的資訊判斷，巴拉烏爾龍是歐洲島嶼上最大的肉食恐龍。雖不知維米爾將來還會挖到什麼寶，不過大概可以確定的是，他應該永遠不會在路邊巧遇巨大的暴龍成員骨骸。自恐龍男爵開始，經過整整一世紀的搜尋、也蒐集到成千上萬的化石標本──不只骨頭，還有蛋和足跡，除了恐龍之外也包括蜥蜴、哺乳類等動物──偏偏就是找不到半點大型肉食

巴拉烏爾龍（足部化石），白堊紀末期外西凡尼亞島上體型嬌小的掠食
者之王。

恐龍的蹤跡，連顆牙齒也無。如此徹底的不存在或許正告訴我們：這座島嶼實在太小，小到無法容納大口吃肉啃骨的巨型怪獸存在，也因為如此，才會讓巴拉烏爾龍這種靈活迅捷的小傢伙登上食物鏈頂端——這也是在白堊紀邁向尾聲的最後年歲裡，恐龍生態系所呈現最驚人的不尋常景象。

　　我曾多次前往外西凡尼亞。有一回，我們決定享受午後時光，擱下尋獵化石的工作，走向山野。維米爾在小村落瑟切爾（Săcel）附近的一座城堡外，把車停下。這座城堡以前肯定相當宏偉，如今已成廢墟，棄置多年。外牆亮綠色的塗漆大多褪色，露出底下的紅磚。窗子全破，木窗櫺亦殘破不堪，灰泥牆上塗鴉處處。野狗像僵屍一樣遊蕩徘徊。每一處表面都積了一層灰。但是在門廳的天花板上，一盞鍍金吊燈氣派地從天降下，彷彿執意對抗重力法則與時光的無情摧殘。我們提心吊膽從吊燈底下穿過，登上咿呀作響的木梯，更多破敗凌亂的景象映入眼簾，空房餘音迴盪，過去的橫幅八角窗僅剩一方驚愕的大開口。

　　一百多年前——當時這裡是圖書室——諾普查男爵就坐在這裡研讀恐龍文獻，深刻理解骸骨上的每一處細微差異，立論闡明他在這片土地上找到的恐龍化石何以如此奇特。這座城堡曾是男爵的家，幾百年來都是諾普查家族的產業，世世代代安居於此。而當男爵本人的成就到達顛峰時——也就是他為帝國

前往阿爾巴尼亞刺探情報，以及向歐陸各地湧入的聽眾講述恐龍故事時──彷彿未來還會有更多像諾普查的人，一代代延續下去。

恐龍也一樣。在白堊紀即將走向尾聲的這個時刻──霸王龍和三角龍在北美打擂臺，南方則有鯊齒龍遍地獵捕巨大蜥腳類，此外還有各種各類的侏儒恐龍在歐洲島嶼耀武揚威。恐龍家族似乎打遍天下無敵手，威震八方。然而就如同這座城堡，如同當年的偉大帝國，如同那位才華洋溢的貴族一樣，最波瀾壯闊的演化王朝也會有衰落頹敗的一天──有時甚至以最意想不到的方式上演。

第 八 章

恐龍飛上天

窗外有隻恐龍。此刻我正看著牠，並寫下這一行字。

不是看板上的圖片，不是博物館複製來的骨骼標本，也不是各位在歷險樂園看見的那些令人大皺眉頭的玩意兒。

活生生、再真實不過——我可以對天發誓——那是一隻會動、會呼吸的恐龍。相比兩億五千萬年前現蹤於盤古大陸、生性勇猛的恐龍形類動物，牠是前者的後代，某種程度與雷龍、三角龍系出同源，與霸王龍、盜伶龍是遠房親戚。

牠的體型跟家貓差不多，修長的前肢折疊收攏於胸側，樹枝般的後肢相對矮短。身體大部分潔白如婚紗，但前肢邊緣帶點灰色、掌尖烏黑。牠挺著雙腿站在我家鄰居屋頂上，腦袋驕傲地向上弓起，在蘇格蘭東方幽暗的雲朵上鑿出一抹莊嚴剪影。

待驕陽破雲而出，我不經意看見牠晶亮的眼眸射出一抹光芒。這對眼珠子靈活地來回瞟動，無疑是隻五感敏銳、絕頂聰明的動物。牠似乎意識到了什麼。或許牠能察覺到我的觀察吧。

這時，牠毫無預警地張開嘴巴，發出一聲高亢啼叫——向伙伴示警，抑或求偶呼喚，或也可能在向我示威。不論牠意圖為何，即使隔著雙層玻璃，我依舊能清楚聽見牠的鳴叫（感謝咱們之間隔了一扇窗）。

這團毛絨絨的小生物再次安靜下來，扭過頸子，直直望著我。牠毫無疑問知道我在這裡。我原以為牠會發出另一聲淒厲鳴啼，但牠意外地緊閉嘴喙，上下顎閉合成一枚尖銳的黃色小鉤，尖端朝下微彎。牠沒有牙齒，但牠的喙一看就知道是能造

成極大傷害的危險武器。我再次想起自己待在安全的室內，一切危險皆隔絕在外。我打趣地輕輕敲了敲窗玻璃。

　　那小傢伙終於採取行動，帶蹼的纖足以某種我難以形容的優雅，輕輕一蹬石瓦，鋪覆羽毛的雙臂亦同時開展，牠躍入微風中。牠的身影消失在樹林枝椏間，轉眼就看不見了。或許正朝北海飛去吧。

　　方才描述的恐龍是一隻海鷗。愛丁堡這一帶有成千上萬隻海鷗，每天都看得到。有時牠們潛入我住處北方數哩的海中捕魚，但更多時候，我心煩地看著牠們在舊城街上，挑揀扔棄的漢堡紙包或其他垃圾。我偶爾也會瞥見其中一兩隻俯衝飛向毫無防備的觀光客，以帶鉤的嘴喙盜走幾根薯條，再迅雷不及掩耳地振翅返回空中。每當我目睹這類行動時——那狡猾、敏捷又惡劣的行徑——總不免在這些叫人轉眼即忘的海鷗身上看見盜伶龍的身影。

　　海鷗——以及其他所有鳥類——全都是從恐龍演化而來的。所以牠們也是恐龍家族的一分子。換言之，鳥類可以一路追溯至恐龍的共同祖先，牠們和霸王龍、雷龍或三角龍一樣是貨真價實的恐龍，就如同我和我的堂兄弟姐妹都是布魯薩特家族的成員，我們之間的聯繫在於我們的祖父是同一人。鳥類其實就只是恐龍的一個子群或次群，就像暴龍超科或蜥腳類之於整個恐龍家族一樣，牠們都是「恐龍」這株系譜樹的眾多分支

之一。

這個註解實在太重要了。請容我重複一遍：鳥類也是恐龍。各位可能很難理解，事實上也常有人同我爭論這一點。他們說：鳥類演化自恐龍，話是沒錯，但牠們跟霸王龍、雷龍及其他我們熟悉的恐龍長相天差地別，不該將牠們混為一談。鳥類體型小巧，全身覆有羽毛，而且還會飛，牠們壓根就不是恐龍。乍聽之下，這個論點似乎頗有道理，但我總能馬上以一句話反駁回去：蝙蝠的長相、行為和老鼠、狐狸或大象同樣天差地別，怎麼就沒人質疑牠們不是哺乳類？蝙蝠只是比較奇特，演化出翅膀且會飛翔的哺乳動物，所以鳥類也只是比較奇特的恐龍──一群演化出翅膀、會飛的恐龍。

還有一點要釐清的是，這裡說的鳥類就是真真正正、如假包換的「鳥」，跟恐龍時代頗受喜愛的成員「翼龍類」──常被稱為「翼手龍」──完全不同。翼手龍是一群能飛天翱翔的爬行類，其修長骨感的翅膀乃以延伸的第四指固定在身上而成。翼手龍的體型大多和今日一般鳥類差不多，不過有些翼龍的翼展比一架小型飛機還要寬。牠們和恐龍約莫在三疊紀的同一時間於盤古大陸發跡，也和大多數恐龍一樣在白堊紀末消亡。但翼龍不是恐龍，翼龍也不是鳥類，牠們只是恐龍的近親。翼龍是第一批演化出翅膀、會飛的脊椎動物，而恐龍則以鳥類之名排名第二。

這也就是說，恐龍至今仍活在你我的世界裡。我們太習慣說「恐龍已經滅亡」，但其實還有一萬多種不同物種的恐龍仍

活在這個世界上，並且是建構現代生態系不可或缺的一分子。牠們有些是人類的食物，有些是你我的寵物。若以海鷗這個例子來說，那麼偶爾還得加上「討人厭的有害小動物」這個身分。白堊紀末——也就是屬於霸王龍與三角龍、巨型巴西蜥腳類以及外西凡尼亞嶼侏儒恐龍的時代——突然陷入一場大混沌，導致絕大多數的恐龍確實都在六千六百萬年前滅絕了。恐龍王朝因此覆滅，革命興起，迫使牠們將地球王國拱手讓給其他物種。不過仍有不少較晚演化的恐龍設法熬過劫難，存活下來。這群非凡倖存者的後代延續至今，成為鳥類。牠們也是恐龍稱霸一億五千萬年來——那個逝去的帝國——所遺留下來的歷史痕跡。

　　明白「鳥類是恐龍」這檔事，大概是研究恐龍的古生物學家所發現最重要的一項事實了。過去數十年來，儘管我們對恐龍的了解已大為進步，但這個徹底的新概念卻不是我這個時代的科學家所提出來的——正好相反。這個論點可一路往回推、追溯至許久以前的達爾文時代。

　　當時是一八五九年。達爾文歷經二十年伏案寫作，悉心整理他年輕時隨「小獵犬號」（HMS *Beagle*）巡航世界所做的種種觀察，這才終於做好準備，打算向社會大眾公布他的驚人發現：物種並非亙久不變，它們會隨時間演進改變。他甚至建構了一套可以用來說明演化、名為「天擇」（natural selection）的

過程機制。那年十一月,他在著作《物種源始》(*Origin of Species*)裡陳述整套概念。

「天擇」這樣運作:所有的生物體皆擁有多變且彼此各異的性狀。舉例來說,若各位仔細觀察一群野兔,即使牠們全都屬於同一個物種,你會發現每一隻兔子的毛色仍略有不同。有時候,這群變異之中的某一種能賦予動物生存優勢。譬如,毛色深一點能讓野兔偽裝得更好(保護色)。因為如此,擁有這項性狀的個體比其他個體有機會活得更久、繁殖更多後代。假如變異可以遺傳(能傳給子代),隨著時間推移,這種性狀會在族群內一代代大量散布開來,最後讓這個物種的野兔全都變成深色毛。「深色毛」就是野兔演化的天擇結果。

這個過程甚至能創造新物種。假如某族群因為某種原因被分成兩個次群,按照各自的天擇性狀持續演化、生存繁衍,最後還因為彼此差異過大而無法互相交配產子,那麼我們可以說,這兩個次群已發展成獨立物種,不再屬於同一物種。這個過程在全球所有物種之間已持續進行數十億年,也就是說,地球上的所有生物——不論現存或已滅絕——全部互有關聯,都是同一株超大系譜樹上的表兄弟姐妹。

達爾文天擇演化論的優美之處在其精煉簡潔,影響廣泛且深遠,故今日眾人將其視為鞏固你我所知世界的基礎法則。恐龍就是這麼來的。天擇將牠們形塑成如此驚嘆多變、長期統治這顆星球的強大物種,讓牠們適應大陸漂移、適應持續變動的海平面和氣溫,使牠們有能力對付覬覦其王座的所有競爭物

種。你我同樣也是經由天擇演化而來，而且別搞錯囉，這套法則還在運作，持續不斷在你我周圍繼續發生。我們之所以對發展出強大抗藥性的「超級細菌」感到憂心，正是基於這個理由，因此我們總是得超前致病細菌、病毒一步，研發新藥，防患未然。

時至今日，仍有些人將演化論斥為無稽之談——針對這一點，我個人不打算多做陳述。但無論今天雙方的歧見有多大，與一八六〇年當時的情況相比，根本是小巫見大巫。達爾文的《物種源始》以適合大眾閱讀的散文體寫就，詞藻優美，淺顯易懂，卻在當時引發眾怒。某些涉及宗教、靈性、人類的宇宙地位等重要社會觀點似乎一下子全部受到挑戰。各方你來我往，頻頻拋出證據自辯或相互指控，同時也都在尋找能一招致勝的王牌。對達爾文的許多支持者而言，這套新理論的終極證據是所謂「消失的連結」——像定格畫面一樣，能捕捉某種動物從某一類型演化至另一類型的「過渡型化石」。這類化石不僅能展示演化過程，還能讓社會大眾「眼見為憑」，具有書本或演講所沒有的說服力。

達爾文沒多久就等到證據了。一八六一年，德國巴伐利亞的採石工人發現不尋常的古怪玩意兒。當時他們正在開採某種質地較細、常斷成薄片的石灰岩，算是平版印刷時代的常用材料。某位佚名礦工掰開其中一塊岩片，發現裡頭藏著一副保存約一億五千萬年的動物骨架，活像科學怪鳥。牠像爬行類一樣，有尖銳的爪子和長長的尾巴，可是那身羽毛和翅膀卻無疑

是隻鳥。沒多久，散布在巴伐利亞鄉間的多座石灰岩採石場也陸續發現同一種動物的骨骼化石，其中一副幾乎完整保存下來，令人驚嘆。這頭動物胸前有叉骨（這點像鳥類），但上下顎卻長出成排利牙（這部分像爬行類）。不論牠是何方神聖，看來就是隻「半鳥半爬蟲」的動物。

這頭侏儸紀混種名為「始祖鳥」，一時轟動四方。達爾文將始祖鳥收進增修的《物種源始》中，作為證據，指出鳥類擁有一段只能透過演化說明的久遠歷史。這份奇特的化石也引起達爾文至交湯瑪斯・亨利・赫胥黎（Thomas Henry Huxley）的注意。赫胥黎是達爾文最強力的擁護者，而他留給後世最深刻的印象，大概要屬他創造「不可知論」（Agnosticism）一詞來描述自己不確定的宗教觀點。不過在一八六〇年代，他最為人所知的身分是「達爾文的鬥牛犬」。這個綽號其實是他自己取的，因為他堅定不移地捍衛達爾文的理論。不論個人或報章媒體，若有誰敢惡意汙衊中傷達爾文及其理論，他絕不輕饒。赫胥黎也認為始祖鳥是過渡物種，是爬行類與鳥類之間的連結。但他更進一步注意到，始祖鳥化石和另一種同樣在巴伐利亞石灰岩床發現的動物化石——名為「細頸龍」（*Compsognathus*）的小型肉食恐龍——存在某種神祕的相似之處。於是他提出屬於他自己的激進觀點：鳥類是恐龍的後代。

接下來一個世紀，各方為此爭論不休。有些科學家贊同赫胥黎的見解，有些則完全不能接受恐龍和鳥類之間有所關聯。即使後來在美國西部挖出大量新種恐龍化石——譬如異特龍等

體表覆有羽毛的始祖鳥骨骼化石──始祖鳥是化石紀錄最古老的鳥類。

出自侏儸紀莫里森層的恐龍，以及同時期的多種蜥腳類恐龍，還有白堊紀地獄溪層的大批霸王龍與三角龍──學界似乎仍缺乏足夠證據，亦無法解決這個問題。後來到了一九二〇年代，有位丹麥藝術家在其著作中提出一則過分簡化的論點，認為鳥類不可能源於恐龍：因為恐龍明顯沒有「鎖骨」（鳥類的鎖骨融合成「叉骨」，就是一般說的「許願骨」）。儘管聽來荒謬可笑，這項觀點在一九六〇年代以前卻蔚為主流。（而且今日我們也已經明白，恐龍確實有鎖骨，前述觀點不成立。）就在「披頭四」風靡全球、美國南部爭取民權的示威遊行不斷、越南飽受戰火摧殘的同時，學界達成共識，認為「恐龍與鳥類無關」──雙方只是外觀有些相似、但血緣關係非常遠的親戚。

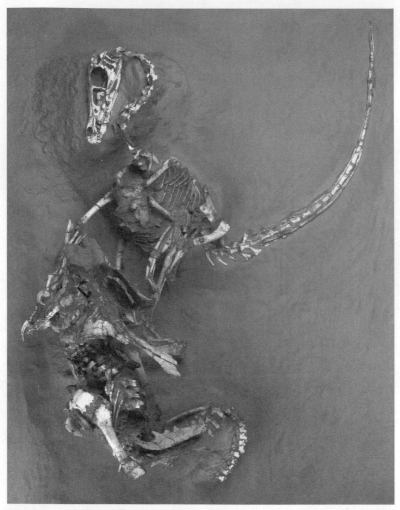

盜伶龍（馳龍科）與原始有角恐龍「原角龍」（Protoceratops）永遠鎖
定在糾纏扭打的那一刻。化石出自蒙古戈壁沙漠。（丹尼斯·芬寧協助
米克·埃力森拍攝）

　　但是在一九六九年、也就是胡士托（Woodstock）音樂節喧鬧混亂的那一年，情況徹底改變。革命大行其道，整個西方社會奉行已久的準則、傳統無一不受到挑戰。這股反叛精神也燒進科學界，令古生物學家開始以截然不同的眼光看待恐龍：恐龍不再是毫無亮點、相貌呆蠢、身色暗濁、行動遲緩的史前廢物，而是更為活躍機敏、精力充沛、憑藉天賦及智力主宰全球的生物，並且與今日多種動物——尤其是鳥類——有許多相似之處。新一代古生物學家以謙遜低調的耶魯教授約翰·奧斯特倫姆（John Ostrom）及其桀驁不馴的學生羅伯特·巴克（Robert Bakker）為首，徹底重塑恐龍形象，甚至提出恐龍性屬群居、五感敏銳、具護幼行為，說不定和你我一樣都是溫血動物等嶄新論點。

　　促成所謂「恐龍文藝復興」（Dinosaur Renaissance）的催化劑，乃是奧斯特倫姆及其團隊於數年前（一九六○年代中期）發現的一系列化石。出土地點在蒙大拿州南端，非常靠近懷俄明州邊界。這批暗藏化石、顏色豐富的岩石推估時間是在一億兩千五百萬年至一億一千萬年前的白堊紀早期，因洪水泛濫而形成的。該團隊在這裡發現某一種恐龍的上千塊骨頭。這種恐龍驚人地超像鳥類——牠擁有宛如翅膀的修長臂膀，而輕巧的身形則顯示這是一頭活動力強、跑動迅速的動物。歷經數年研究，奧斯特倫姆於一九六九年將其定名為新種「恐爪龍」（Deinonychus），屬於馳龍科，與盜伶龍是近親。盜伶龍於一九二○年代由亨利·奧斯本（也就是為霸王龍命名的紐約貴

族）首度於蒙古發現並描述，然而在這段「前」《侏儸紀公園》時期，盜伶龍還未成為家喻戶曉的名字。

奧斯特倫姆明白這項發現隱含極重大的線索。藉著恐爪龍之名，他讓赫胥黎「鳥類演化自恐龍」的概念起死回生，並且在一九七〇年代發表一連串堪稱學科史里程碑的科學論文，猶如律師提出不容置疑的證據為其辯護，極其嚴謹地證明論述有理。在此同時，過去曾拜於他門下，才華洋溢、好大喜功的巴克則踏上截然不同的道路。這位總是頭戴牛仔帽、蓄著嬉皮長髮的六〇年代之子化身布道者，在一九七五年和之後的八〇年代，分別透過《科學人》（Scientific American）封面故事和廣受好評的著作《恐龍異說》（Dinosaur Heresies），向社會大眾強力宣揚恐龍與鳥類之間的關聯（還有恐龍是溫血動物、大腦發達的演化成功案例等嶄新形象）。兩人對比鮮明的論述風格雖然造成不小的摩擦，留下嫌隙，但奧斯特倫姆和巴克聯手革新了世人對恐龍的看法。到了八〇年代末期，絕大多數投身古生物研究的學生們皆已採用並依循他們的思維模式。

「鳥類從恐龍演化而來」的觀點也帶出不少頗具啟發意義的提問。奧斯特倫姆和巴克推測，現代鳥類有些你我最為熟知的特徵，已先在恐龍身上演化實現。像恐爪龍這類骨骼及身形比例已經非常像鳥類的馳龍科動物，說不定就連鳥類最最基本的特徵「羽毛」也都有了。畢竟鳥類從恐龍演化而來，而始祖鳥這種半鳥半爬行類的動物化石也明顯覆有羽毛。在鳥類的演化系譜中，「羽毛」肯定早就出現了；或許在鳥類還沒現蹤之

前，恐龍身上就有羽毛了。不僅如此，假如某些恐龍身上當真有羽毛，對於那些無法接受恐龍與鳥類有關聯的老派信徒而言，這無疑是最後一根稻草。

但問題是，奧斯特倫姆和巴克都無法確定恐爪龍這類恐龍到底有沒有羽毛。因為皮膚、肌肉、韌帶、內臟、還有──對，羽毛──這類組織鮮少能熬過死亡的摧殘和破壞，更遑論成為化石，而始祖鳥──奧斯特倫姆和巴克都認為牠是化石紀錄中最古老的鳥類──則是幸運的例外。牠在平靜無波的潟湖區迅速被埋葬，很快就石化。或許這對師徒當年找不到其他方式確認恐龍有沒有羽毛，他們只能等待，希望哪個地方的哪個誰能在某隻恐龍身上找到羽毛。

然後到了一九九六年，奧斯特倫姆的職業生涯即將告終之際，他前去紐約參加「古脊椎動物學會」（Society of Vertebrate Paleontology）年會，會場聚集來自世界各地、希冀能在此展示新發現並交換研究成果的化石獵人們。奧斯特倫姆在自然史博物館內漫逛之際，加拿大籍的菲爾・柯里上前攀談。柯里是「一九六〇後」、提倡「鳥類也是恐龍」的首批學者之一。柯里深深迷上這套理論，因此他從一九八〇到一九九〇年代期間，花了大把時間在加拿大西部、蒙古及中國尋找這類小型、長相近似鳥類的馳龍科化石。其實那天他才剛從中國回來不久。他在中國的時候，聽說中國某處有一份相當厲害的化石標本。柯里從口袋掏出一張照片，遞給奧斯特倫姆瞧一瞧。

這就是了──包裹在一圈光暈似的蓬鬆絨毛中一隻小型恐

龍，完美清晰得彷彿昨日才沒了呼吸。奧斯特倫姆哭了起來。
他雙膝癱軟，差點跪倒在地。終於有人找到他心心念念的有羽
毛恐龍了。

　　柯里秀給奧斯特倫姆看的照片主角──後來命名為「中
華龍鳥」（*Sinosauropteryx*）──只是故事的開端。科學家一窩
蜂湧入中國東北的遼寧省，也就是發現中華龍鳥的地方，像
淘金分子一樣個個心懷壯志。然而當地農民才是真正權威。
他們熟悉這塊土地，亦充分理解只要找到一小塊珍貴標本、
賣給博物館，就能換得比一輩子辛苦耕田更豐厚的財富。數
年之內，各地農民紛紛舉報，陸續發現另外幾種有羽毛恐
龍（後來分別命名為「尾羽龍」〔*Caudipteryx*〕、「原始祖鳥」
〔*Protarchaeopteryx*〕、「北票龍」〔*Beipiaosaurus*〕、「小盜龍」
〔*Microraptor*〕）。二十多年後的今天，已知的近似物種累積超
過二十種，蒐集到的化石數目則高達數千份。這群恐龍命運坎
坷，擠在一片圍繞古老湖區的濃密森林中過活，而這座森林每
隔一段時間就慘遭火山覆滅掩埋。其中幾次爆發噴出海嘯般的
火山灰，與湖水混合後便將舉目所及的一切全埋在黏呼呼的爛
泥底下。於是，這些恐龍便以日常活動之姿、猶如龐貝城的居
民動物一般被保存下來。這也是牠們的羽毛細節如此細膩完好
的原因。

　　奧斯特倫姆活像個等公車等了個把鐘頭、結果一次等到五
班車的傢伙。現在他掌握了相當完整的有羽毛恐龍生態系統，
足以證明他是對的。鳥類確實演化自恐龍，與霸王龍、盜伶龍

系出同源。遼寧省出土的有羽毛恐龍化石已成為世界上最有名
的化石標本，而它們也實至名歸。談到「發現新物種恐龍」這
件事，我想在我有生之年，沒有哪一椿足以媲美這批化石所代
表的意義吧。

　　能在中國各地的博物館，研究許許多多出自遼寧省的有羽
毛恐龍，應該算是我職場生涯中最備感榮幸的際遇之一吧。我
甚至有幸為其中一種命名及描述──就是我們在本書最初幾頁
讀到的振元龍，有著翅膀、身形似騾的馳龍科動物。這群出自
遼寧省的恐龍化石美得無與倫比，就算不放進自然史博物館，
擺在藝廊展覽也同樣合適。但它們不僅僅是美麗而已。

　　因為，協助我們解開「演化如何重塑體型、造出極端變異
的新物種以執行截然不同的新行為」此一生物學奧祕的，正是
這批化石。譬如體型嬌小、生長快速、溫血且會飛翔的鳥類，
竟源自類似霸王龍、異特龍這類動物的祖先們，即是這類躍
變──生物學家稱其為「重大的演化過渡階段」──最重要的
例子。

　　要想研究這類重大過渡歷程，不能沒有化石。這段過程無
法在實驗室重建，在大自然裡也觀察不到。而遼寧省的恐龍們
幾乎可說是最完美的個案研究對象。牠們數量龐大，身材、體
型和羽毛結構亦呈現極豐富的多樣性。這群恐龍從狗狗大小、
羽毛形式像豪豬一樣簡單的植食角龍，到體長三十呎、全身覆

滿髮樣細毛的霸王龍原始親戚（例如前幾章讀過的羽暴龍），
再到振元龍這種擁有完整翅膀的馳龍科動物，或是烏鴉大小、
雙臂雙腿皆有翅膀的怪物（這在現代鳥類身上完全看不到），
所在多有。這裡的每一種動物都彷彿是一張快照。若將這些照
片連接起來、擺在系譜樹上，成果就是一幅宛若動態呈現的演
化變遷影片。

　　這批遼寧省化石還有一項最重要且根本的意義，那就是確
認鳥類在恐龍系譜樹上的位置。鳥類是獸腳類恐龍的一種，與
多種殘暴的肉食恐龍系出同門，譬如最有名的霸王龍和盜伶
龍，還有許許多多我們讀過看過的掠食恐龍，包括群居於幽靈
牧場的腔骨龍，來自莫里森層的侏儸紀屠夫異特龍，以及雄踞
南方大陸的鯊齒龍和阿貝力龍。完全符合赫胥黎、以及後來的
奧斯特倫姆提出的概念。遼寧省的恐龍化石讓這一切拍板定
案，釐清有哪些特徵是鳥類與其他獸腳類恐龍所共同擁有的：
除了羽毛，叉骨，先端為三指並可收疊於體側的前肢，還有其
他數百項骨骼特徵。除了鳥類和獸腳類恐龍，沒有其他任何動
物——不論是現存或已滅絕的——像牠們一樣擁有這些特徵，
這必然表示鳥類確實從獸腳類恐龍演化而來。除此之外的其他
論點都需要大量特例或例外才可能成立。

　　在獸腳類這一支系中，鳥類被歸在較進化的「近鳥型恐
龍」（paravians）。這群肉食動物打破了一般人對恐龍——尤
其是獸腳類——的某些刻板印象。牠們不是霸王龍那種體型笨
重的怪獸，而是小巧、敏捷、更為機靈的物種，身材跟人類差

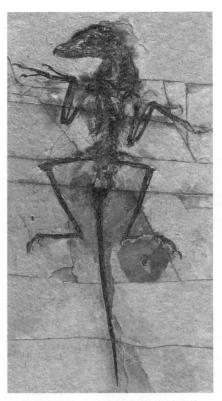

中國遼寧省出土的有羽毛馳龍科恐龍：「中國鳥龍」（*Sinornithosaurus*）。（米克・埃力森拍攝）

中國鳥龍局部近照。（上）頭部羽毛：纖毛樣、構造簡單。（下）前肢羽毛：羽絨狀、長度較長。（米克・埃力森拍攝）

不多（或再小一號）。事實上，這群動物是獸腳類底下的一個次群。牠們走上自己的演化道路，把祖先發達的肌肉與粗壯的體魄換成大一號的腦子、更敏銳的五感、更緊實的身形和更輕的骨架，如此得以適應更活躍的生活方式。盜伶龍、奧斯特倫

姆的恐爪龍、我描述的那頭活像鳥兒的振元龍，以及其他所有
馳龍科及傷齒龍科的恐龍們，全都屬於近鳥型恐龍。這些恐龍
都是與鳥類血緣關係最近的親戚。牠們全都有羽毛，大多有翅
膀，其中有好幾種在外觀與行為上與現代鳥類非常相似。

在這群近鳥型恐龍的諸多物種之間，有一道區隔非鳥類與
鳥類的分界線。然而就如同三疊紀的非恐龍與恐龍一樣，這條
界線非常模糊，只要遼寧省又挖出一種新物種化石，這條線就
會再模糊一些。說實話，這只是語義學的問題而已。今天的古
生物學家會把任何一隻落在始祖鳥、現代鳥和所有在侏儸紀擁
有共同祖先在內的同支系動物們，全部歸入鳥類。這項做法有
其歷史因素，而非如實反映生物學上的區隔。因為這層定義，
恐爪龍和振元龍總是落在「非鳥類」那一邊。

讓我們暫時擱下「定義」這檔事。定義問題總是會讓故事
偏離主軸。

今日的鳥類在所有現代動物中可謂獨樹一格：有羽毛，有
翅膀，有喙無齒，胸前有叉骨，銜接在S型頸部上快速晃動的
大腦袋，骨骼中空，腿細如籤……不勝枚舉。這些像筆跡一樣
的特徵，就是對鳥類體型呈現的定義，讓鳥類之所以為鳥類的
設計圖。鳥類正因為擁有這樣的體型設計，才能展現多種赫赫
有名的超級技巧，譬如飛行、超能生長速率、溫血生理特質、
高智力和敏銳感官等等。我們想知道這樣的體型設計究竟是從
哪兒來的。

答案就在遼寧省這群有羽毛恐龍身上。今日許多「理所當

然」屬於鳥類的鮮明特徵──也就是牠們體型設計的基本元素──其實已先一步在恐龍先祖身上演化出現了。羽毛壓根不是鳥類的專利，出現時間提早許多，在地面討生活的獸腳類早就有羽毛了，理由與飛行完全無關。所以羽毛就是探究鳥類起源最好的例子（等一下再回頭細談），但羽毛也只是另一套超大模式的象徵標誌而已。為了看清這套模式，我們得從系譜圖的根基開始，一步步往上爬。

咱們先從鳥類體型設計最主要的特徵開始吧──修長筆直的腿足與三根皮包骨的腳趾。這項現代鳥類的經典特徵首現於兩億三千萬年前，在最原始的恐龍身上就看得到。當時，牠們的身型重塑為能直立行走、快速跑動的發動機，使牠們得以勝過及獵捕競爭對手。這種後肢特色算是恐龍一族的界定特徵（defining characteristic），也是讓牠們能統治世界如此之久的關鍵因素。

然後又過了一段時日，在這群能直立行走的恐龍之中，部分動物（牠們是獸腳類王朝的最初成員）的左右鎖骨融合成新的結構，名為「叉骨」。這一項改變看似微小，卻有助於穩定肩帶（shoulder girdle），說不定還讓這群鬼鬼祟祟、體型如犬的掠食者們在抓取獵物時，能更順暢地吸收衝擊力道。在許久之後的未來，鳥類將為叉骨新增另一項功能：彈簧，在振翅時可儲備力量。不過，這群原始獸腳類恐龍根本不曉得未來的故事發展，就像當初發明螺旋槳的人，哪知道萊特兄弟會把它裝在飛機上呢？

　　沿著這條演化支繼續往下走，歷經數千萬年後，這群能直立行走、胸懷叉骨的獸腳類恐龍之中，名為「手盜龍」（*maniraptorans*）的子群發展出優雅、彎曲的頸子，惟原因不明。我推測這可能跟搜索獵物有關。在此同時，這種動物中又有一小群體型越來越小。或許體型縮小，讓牠們得以進入嶄新的生態棲位——樹上、灌木叢，說不定還包括地洞或地道——也就是無法容下雷龍、劍龍這類巨型動物之處。後來，這群小體型、可直立、有叉骨、頸部可伸縮的獸腳類又衍生出另一支能收攏前肢、緊貼軀幹的子群，而這說不定是為了保護也在此時演化出現、細緻如鵝毛筆的羽毛。這個子群就是近鳥型恐龍，屬於手盜龍類底下的一個演化支系，也是現代鳥類的直系祖宗。

　　以上只是共有特徵的幾個例子，實際上多得不得了。重點是，在我望著窗外那隻海鷗時，讓我能立刻認出牠是隻鳥的多項特徵，其實並非鳥類獨有——它們也是恐龍的標記。

　　而且這個模式並不局限於解剖構造。現代鳥類最顯著的一些行為和生物學特徵，同樣與恐龍淵源頗深。最好的證據也是一批令人驚嘆的恐龍化石，但這回不是出自遼寧省，而是蒙古的戈壁沙漠。過去二十五年來，美國自然史博物館和蒙古科學院每年夏天都會組成聯合隊伍，前往探勘中亞這片荒涼浩瀚的區域。他們蒐集到的化石標本——地質年代大概在八千四百萬年至六千六百萬年前的白堊紀晚期——造成空前震撼，讓我們得以一窺恐龍和早期鳥類的生活方式。

這項「戈壁計畫」的領隊是美國古生物學界第一把交椅：馬克‧諾列爾。諾列爾是美國自然史博物館恐龍部門的頭頭，也是我的博士班指導教授。這位長髮、熱愛衝浪的老兄從小在加州南部長大，他崇拜英國音樂人吉米‧佩吉（Jimmy Page），同時亦無可救藥地深深著迷於蒐集化石。他大學念耶魯（奧斯特倫姆曾是他的指導老師），不到三十歲就坐上巴納姆‧布朗當年的位子——美國自然史博物館古脊椎動物館館長——全球恐龍研究者普遍認為最頂尖的職位。

但諾列爾完全不是那種做事硬梆梆的學術型館長。他雲遊四方，到處獵尋他最熟悉的兩樣東西：恐龍（自然不在話下）以及「亞洲藝術」（這是他痴迷的另一項嗜好）。他到處蒐集故事——地點有拍賣會、中國舞廳、蒙古包、時髦的歐式旅館與亂糟糟的酒吧——內容經常荒誕得不像是真的，卻也讓他成為我認識最會說故事的人。好些年前，《華爾街日報》（Wall Street Journal）撰文介紹諾列爾的生平，恭維他是「當今最酷的傢伙」。諾列爾確實打扮得像時髦版的安迪‧沃荷（這又是他的另一個偶像），坐擁能俯瞰紐約中央公園的雄偉辦公室，蒐集的佛教文化古物足以令許多博物館蒙羞，還經常帶著攜帶式冰箱深入沙漠，好在野外考察時能隨時做壽司來吃——以上事蹟是否讓他有資格獲封「世上最酷傢伙」的名號？這就留給讀者去評判囉。

不過我倒是可以確定一件事：諾列爾絕對足以名列世界上最懂指導、最會給建議的人。他機智聰慧，大處著眼、思慮周

馬克‧諾列爾使出他在潮濕地採集化石的獨門絕活：先以石膏板蓋住化
石，再淋上汽油放火燒。

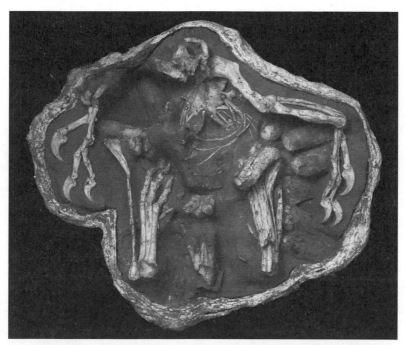

諾列爾在戈壁沙漠的成果之一：一頭在護巢時遭活埋的竊蛋龍。

全，總是督促學生思考演化運作的最根本問題。譬如：恐龍如何變成鳥類？諾列爾絕不是那種事事干涉，或者一事不理、只會竊取他人成果的指導教授。他會設法吸引積極、有抱負的學生加入團隊，提供最酷最厲害的化石標本，然後放手讓學生自行發揮。還有，他從來不讓學生付啤酒錢。

　　我和諾列爾許多學生的學術事業，都是藉由他辛辛苦苦從戈壁帶回來的化石建立起來的。其中有幾副骨骼化石是突遭風暴掩埋所留下，瞬間捕捉到恐龍的護巢行為（巢裡還有幾顆

蛋）——與今日的鳥類如出一轍。這些化石標本顯示鳥類承襲了恐龍先祖的高超養育技巧，而這類行為至少可以追溯至某些小型、弓頸、有翅膀的手盜龍類。諾列爾的團隊還發現大量恐龍頭骨，包括盜伶龍和另外幾種手盜龍的頭蓋骨。諾列爾的另一位高徒艾美・巴蘭諾夫（我們在前幾章介紹過她）帶頭指揮，將標本送去做電腦斷層掃描，結果顯示這群恐龍的腦容量都不小，而且還有膨大的前腦。現代鳥類的智力之所以如此高超，能像飛行電腦一樣控制複雜的飛行行為，外加錯綜難解的空中 3D 定位，全拜膨大的前腦所賜。至於手盜龍何以演化成如此高智能的動物，確切原因還不明朗，但這批戈壁化石明明白白告訴我們：鳥類的祖先在飛上天以前，腦袋已經先開竅了。

　　類似的例子還有不少。不論是戈壁沙漠或其他地方出土的獸腳類恐龍化石，許多都有中空、與氣囊相連的骨頭。誠如我們在前幾章讀過的，這項特徵代表牠們擁有效率超高的「單向肺」：意即能在吸氣與呼氣時獲得氧氣。靠著這項珍貴特質，鳥類得以運送充足的氧氣，維持高能量的生活方式。而恐龍骨骼的顯微構造也顯示，多種恐龍（包括所有已知的獸腳類恐龍）的生長速率及生理特質，已介於冷血、發育緩慢的爬行類與生長快速、溫血的現代鳥類之間。因此現在我們知道，這種單向換氣的肺與相對快速的發育速度，其實早在鳥類展翅飛翔的一億年前就已經存在了。那些快速發育的長腿恐龍開闢一條嶄新的生存之路，牠們精力充沛、靈動活躍，與競存者的呆滯

遲緩（包括兩棲類、蜥蜴和鱷魚）截然不同。我們甚至還得知，鳥類獨特的睡姿以及從骨頭汲取鈣質、形成蛋殼的生理行為，也都是恐龍的既有特徵，比鳥類還早了數千萬年。

由此可見，我們認定的「鳥類體型呈現」其實不是先設計好的藍圖，亦不能想成像樂高積木，一塊一塊隨著演化時間堆疊起來。現代鳥類的所有典型行為、生理和生物特徵也都一樣。當然，羽毛也是。

每次去中國，我總會設法擠出時間拜訪徐星。他彬彬有禮、脾氣溫和，從小在新疆的窮村長大。（新疆位於中國西部，在政治地位上始終有所爭議，古老的絲路就從這裡經過。）徐星與多數在西方長大的小孩不一樣。小時候，他對恐龍毫無興趣，甚至不知道恐龍的存在。後來他拿到全額獎學金、去北京上大學，政府指派他研究古生物學，但他聽都沒聽過這學科。徐星聽從指示，實際上也樂在其中，後來甚至更進一步，到紐約接受諾列爾的訓練。今天，徐星是全球最了不起的恐龍獵人。由他命名的新種恐龍多達五十種以上，紀錄遠遠超前當今在世的任何一位同行。

與諾列爾坐落於美國自然史博物館塔樓、直逼總統級套房的辦公室相比，徐星在北京「古脊椎動物與古人類研究所」的辦公室著實相當簡樸。不過，這裡卻擺著好些化石，堪稱任何人但凡此生見過都會大感驚嘆的收藏。徐星不僅親自出馬尋找

恐龍，他還不時收到來自中國各地農民、建築工人以及各式各
樣的人寄來的化石標本。其中許多都是遼寧省的有羽毛新種恐
龍。不論任何時候，只要我去找他，在推開他辦公室大門之
際，總會感受到一股小孩子闖進玩具店、腎上腺素瞬間飆過全
身的興奮輕顫。

　　我在徐星辦公室見到的恐龍化石，足以解釋羽毛的演化歷
程。比起鳥類其他身體上或生物學上的特徵，羽毛才是釐清鳥
類身分——以及鳥類獨具的諸多能力，譬如飛翔——的主要角
色。羽毛具有多重功能，可謂大自然版的「萬能瑞士刀」：它能
用以展示、隔熱、保護蛋及幼雛，當然還包括飛翔。事實上，
正因為羽毛的多功用途，使科學家難以釐清它最初是為了什麼
目的演化而來，以及如何改造成現有的「翼型」（airfoils）。不
過，在研究遼寧省的化石之後，答案漸漸浮現。

　　羽毛這玩意兒並非在鳥類初登場時才突然冒出來。鳥類遙
遠的恐龍先祖身上，就已經演化出羽毛。所有恐龍的共祖說不
定就是一種有羽毛的物種，但這個論點還未確定，因為我們無
法直接研究恐龍的老祖宗。不過這項推論其來有自，在遼寧省
出土的小型恐龍化石中，有許多標本保存狀況相當不錯——不
僅有大量的肉食獸腳類恐龍（如中華龍鳥），還有吃素、體型
偏小的鸚鵡嘴龍——而牠們身上全都裹著某種覆蓋物。這群恐
龍的羽毛若非各自演化而來（可能性偏低），就是雙方皆遺傳
自某位古早以前的共祖。不過，這種最早期的羽毛和現代鳥類
身上那種「鵝毛筆」似的羽毛截然不同。讓中華龍鳥和其他遼

寧省恐龍看起來全身光滑發亮的覆蓋物，質地比較像絨毛，由成千上萬的髮樣纖毛（hairlike filament）構成（古生物學家稱之為「原始羽毛」〔proto-feathers〕）。於是乎，這群恐龍當然飛不起來——羽毛構造太簡單，而且牠們甚至沒有翅膀。羽毛最初肯定是為了其他目的演化而來，說不定是讓這群花栗鼠般的嬌小恐龍能夠保暖，又或者是某種偽裝方式。

就大多數恐龍而言（主要是我在徐星辦公室及其他中國博物館研究過的多數物種），有這麼一層毛絨絨或鬃毛似的羽毛即足以驗明正身。但是在某個次群身上——也就是有叉骨和天鵝頸的手盜龍類——這些髮樣毛羽越來越長，並且開始分叉。剛開始只是簡單分成幾束，後來變成更有系統的倒鉤形態，從中軸朝兩旁伸展。於是，近似鵝毛筆的羽毛（或科學家所稱的「正羽」〔pennaceous feather〕）就此誕生。這種形制更為複雜的絨羽根根排列、層層鋪疊，組成羽翼。許多獸腳類動物——尤其是近鳥型恐龍——都有羽翼，惟形態尺寸各異。有些物種不僅雙臂有翅膀，就連雙腿也有（譬如首批由徐星命名及描述的馳龍科動物「小盜龍」），這是現代鳥類所沒有的特徵。

不用說，翅膀是飛翔的基本要素，而翅膀獨特的「翼型」能提供浮力及推進力。因為如此，學界在許久以前即有此推測，認為翅膀必定是為了飛翔才特別演化而來的。幾種手盜龍身上那種鬃毛樣原始羽毛之所以演化成片片絨羽，理由是牠們的體型已微調成飛機體型——這個解釋雖然在直覺上說得通，但很有可能是錯的。

　　二〇〇八年，一群加拿大研究人員深入亞伯達省南部的惡地探勘（那是一處恐龍化石寶地，包括暴龍超科、角龍類、鴨嘴龍類和其他在北美地區延續至白堊紀末期的恐龍都曾在此出土）。帶隊的是彬彬有禮、脾氣溫和的科學家妲菈・澤勒尼斯基，她可是全球首屈一指的恐龍蛋及恐龍繁殖權威。她的團隊發現一副馬匹大小、屬於「似鳥龍下目」的恐龍骨架（這是一

妲菈・澤勒尼斯基在蒙古採集恐龍化石。

種嘴部有喙、長相似鴕鳥的雜食型獸腳類恐龍），全身環繞深色的條縷狀覆蓋物，其中有些甚至直接附在骨頭上。澤勒尼斯基向隊員們邊笑邊挖苦道：假如這裡是遼寧，他們可以直接斷定這玩意兒是羽毛，宣稱他們有了象徵事業里程碑的重大發現。但它們不可能是羽毛。因為這頭似鳥龍埋在河畔砂岩裡，不像遼寧省那些因火山爆發而留下的化石，保存速度快且條件完美；此外，過去亦不曾有過有羽毛恐龍在北美出土的報告。

澤勒尼斯基說了這句玩笑話的一年之後，她和團隊——隊員包括她丈夫，即恐龍生態學家法蘭索瓦‧泰里恩（François Therrien）——又發現一副幾乎一模一樣的化石。又是一頭似鳥龍，又是砂岩，全身像長了癬一樣環繞一圈棉花糖似的絨毛。這事極不尋常。於是，這對夫妻直奔皇家蒂勒爾博物館（Royal Tyrrell Museum，泰里恩任職館長），清點倉庫收存的其他似鳥龍恐龍化石。結果他們發現第三副毛絨絨的骨骼化石。這一份早在一九九五年就發現了——比柯里在遼寧省拍下第一頭有羽毛獸腳類恐龍的照片、秀給奧斯特倫姆的時間還早了一年。當年在亞伯達省挖掘恐龍化石的古生物學家們還不曉得，恐龍羽毛確實有可能保存下來，但澤勒尼斯基和泰里恩看得出來，這三頭似鳥龍身上的羽毛不論在長短、形狀、結構和位置上，幾乎都和遼寧省許多獸腳類恐龍羽毛一模一樣。這只意味著一件事：他們確實找到北美的第一批有羽毛恐龍了。

這對夫妻檔找到的似鳥龍不僅有羽毛，還有翅膀。前肢骨上的深色斑點清楚可見，密集的小黑點成排沿著前肢骨上下兩

側分布——這些斑點正是絨羽附著之處。不用說，這種恐龍根本飛不起來，因為牠們身軀太龐太笨重，臂膀相對太短，翅膀也太小、表面積不足，無法支撐牠們騰空的重量。再者，牠們的胸肌不夠大，無法提供飛行所需的強大力量（現代鳥類的胸肌相當發達，也非常好吃），而且也沒有不對稱排列的羽毛（即較短硬的「飛羽前緣」〔leading edge〕和較長軟的「飛羽後緣」〔trailing vane〕）——鳥類迅速通過氣流時，這種不對稱組合是承受劇烈衝擊的必要結構。許多遼寧省出土的有翅膀獸腳類恐龍（包括振元龍）情況也差不多：牠們確實有翅膀，但身體相對巨大，如此柔弱、小得不成比例的翅膀使牠們完全不適合在空中活動。

　　既然如此，恐龍又何必演化出翅膀？乍看之下，這似乎是個複雜難解的謎團，但是別忘了，現代鳥類的翅膀除了飛翔以外，還有其他多種用途（畢竟不會飛的鴕鳥並未徹底失去翅膀）。翅膀能用來展示，吸引異性或嚇退敵人，在攀爬時輔助平衡，在泅水時划水，還能充作覆毯為巢中的鳥蛋保暖，此外還有其他多種功能。翅膀可能因為前述任何一種理由、又或者是其他截然不同的目的演化發生，但「展示」似乎是可能性最高的一個，而且有越來越多證據支持這項推測。

　　我在紐約跟隨諾列爾修習博士時，雅各・溫賽爾（Jakob Vinther）在北方一兩個鐘頭車程的耶魯攻讀學位，而系所正是奧斯特倫姆於二○○五年過世前任教的單位。來自丹麥的溫賽爾一看就是個維京後裔：個兒高，沙金色頭髮，濃密的落

腮鬍與北歐民族特有的深邃眼眸。溫賽爾走上恐龍研究之路純
粹是意外——他熱愛寒武紀，也就是比恐龍時代還要早個數億
年、海洋生命歷經宇宙大霹靂般的蓬勃發展時期。在研究這些
遠古生物時，溫賽爾開始思考一個問題：不知化石在微觀條件
下的保存狀況如何？於是他把許多不同種類的化石放在高倍
顯微鏡底下觀察，發現其中大部分都有小小的泡泡狀構造，
樣式多變。再與現代動物比對之後，他得知這些是「黑色素」
（melanosomes），專司儲存黑色素。由於不同大小、不同形狀
的黑色素能對應不同顏色——譬如香腸狀的是黑色、肉丸狀的
是鐵鏽色等等——於是溫賽爾推斷，藉由觀察化石化的黑素
體，應該能得知這群史前動物生前的體色。過去，專家前輩們
總說這事不可能，但溫賽爾證明他們都錯了。在我心裡，溫賽
爾的這項貢獻是與我同時期的古生物學家所做過最聰明的一件
事。

　　於是乎，溫賽爾決定瞧一瞧這幾頭新發現的有羽毛恐龍。
假如羽毛的保存狀況不錯（他衷心希望），照理說應該能找到
黑色素。溫賽爾和他在中國的伙伴們，將遼寧省這批恐龍骨頭
一根一根擺在顯微鏡下檢查，結果證明他的直覺完全正確，到
處都是黑色素，各種尺寸，各形各樣，排列及分布亦大不相
同。這顯示這群有翅膀但不會飛的恐龍身披多樣色彩，有些甚
至像今日的烏鴉一樣，羽毛光澤會隨著光線呈現虹彩般的變
化。如此色彩繽紛的羽翼正如同孔雀華麗的尾羽，無疑是最完
美的展示品。目前尚無決定性的證據證明恐龍翅膀主要用於炫

耀展示，不過這項發現仍是十分有力的間接證據。

　　隨著越來越多化石出土——尤其是遼寧省的化石——故事走向也越來越複雜。飛翔的早期發展階段顯然是一團混亂，既沒有依序進展的邏輯，也沒有某次群逐漸精進調整成為傑出飛行員的長期演化進程。相對的，演化造出一群彼此差異不大的恐龍——體型小、有羽毛、有翅膀、成長快、呼吸頗有效率——牠們全都擁有從地面起飛、翱翔天際的必備條件。照這樣看來，恐龍系譜樹上必定有一塊由這類恐龍組成的特別區域，讓牠們能恣意進行飛行實驗。故飛翔說不定是透過多線進行的平行演化而來。這群物種互異、翼型和羽毛排列方式亦不相同的恐龍成員們，各自在不同情況下（譬如跳來跳去、疾步上樹、或從樹枝躍下）發現身上的翅膀竟能產生浮力。

　　在這群恐龍中，有些僅能被動仰賴氣流滑翔飛行。小盜龍肯定具備滑翔能力，因為牠腿臂的羽翼大得足以支持身體懸空——這並非憑空臆測，而是實驗展示的結果。科學家製作好些栩栩如生、構造比例完全相符的小盜龍模型，送進風洞做實驗。實驗顯示小盜龍不僅能乘風飄浮，更是御風滑翔的高手。還有一種恐龍應該也能滑翔，惟方式與小盜龍截然不同。「奇翼龍」（*Yi qi*）大概是目前所知最古怪的物種吧。牠有翅膀，但翅膀並非由羽毛構成，而是延展於身體與掌指之間的皮膜，就跟蝙蝠一樣。這層薄膜肯定用於飛行無誤，可惜沒什麼彈性，無法承受振翅拍撲，滑翔是唯一可行的辦法。小盜龍和奇翼龍的翅膀結構天差地別。這也能證明不同種類的恐龍，各自

演化出明顯不同的飛行方法。

有些恐龍則以另一種方式展開飛行之路——撲翅。這種方式稱為「動力飛行」（powered flight），動物必須撲動翅膀，自行產生飛行所需的浮力和推進力。若以數學模型來看，有些非鳥類恐龍的撲翅飛行還挺像一回事的，譬如小盜龍與傷齒龍科的「近鳥龍」（Anchiornis）。上述這兩種恐龍的翅膀夠大、體型夠輕，只消撲撲翅膀即可升空（理論上可行）。由於這些恐龍的肌力或耐力不足，無法長時間待在空中，故這些初步嘗試可能蹩腳可笑，但飛行演化卻有了起點。這群具備大翅膀、小身體的恐龍到處撲飛滑翔，於是「天擇」才能逮到機會出手介入，將牠們改造成更厲害的飛行家。

在這群「撲翅型」演化支中，有一支——可能是小盜龍或近鳥龍的後裔，或者完全是單獨演化出來的另一物種——體型變得更小、胸肌變大、雙臂也變得超長。牠們的尾巴和牙齒不見了，卵巢也少了一個，骨骼中空化的程度更大、體重大幅減輕。此外，牠們的呼吸也更有效率，成長速度更快，代謝更耗能，因此終於變成徹底的溫血動物，藉以維持恆定且較高的體溫。在演化改造之下，這群動物終於成為更厲害的飛行家：有些一升空就能持續飛行好幾個鐘頭，有些甚至能輕鬆翱翔在氧氣稀薄的對流層頂，飛越巍峨聳立的喜馬拉雅山。

今日的鳥類就是從這些恐龍演化來的。

　　演化從恐龍造出鳥類。誠如各位所見，這段演化之路進展緩慢，從最初獲得「羽毛」這項特徵的獸腳類恐龍支系開始，一步步發展出今日鳥類的各種行為，這條路走了至少數千萬年。霸王龍並非一朝醒來突變成肉雞。相反的，這個過渡階段的變化細微且平緩，使得恐龍和鳥類在系譜樹上幾乎融為一體。就系譜學而言，盜伶龍、恐爪龍及振元龍屬於「非鳥類」那一邊。然而牠們若是活在今日世界裡，我們大概會認為牠們只是另一種鳥類，與土雞或鴕鳥同等級──因為牠們有羽毛、有翅膀、既懂護巢也會照顧寶寶，而且我的天呀，有些甚至還可能略通飛行呢。

　　在數千萬年間，恐龍一步步演化出今日鳥類的獨有特徵，演化沒有遠大目標、也沒有長期策略。沒有任何強制力引導演化，讓這些恐龍更適應天空。演化只會抓準時機出手，透過天擇保留能讓動物成功適應特定時空條件的特徵和行為。飛行只是在適當時機出現的一道選項，甚至還可能是不可避免、必然發生的結果。假如演化創造了某種小體型、長臂、腦容量大的掠食動物，還賦予牠能保暖的羽毛和求偶示愛的翅膀，這頭動物大概輕輕鬆鬆就能拍拍翅膀飛上天了吧。在這一刻，這群撲翅亂走、憑著蹩腳飛行技術嘗試在「恐龍吃恐龍」的世界裡掙扎求生的小型恐龍後裔，天擇將其塑造成更優秀的飛行動物。隨著每一次精進微調，牠們飛得更快、更遠、更流暢，直到具備現代鳥類飛行模式的動物正式冒出頭來。

　　漫長的過渡期來到終點，一頭足以改變地球生命史遊戲規

則的動物於焉誕生。當演化終於成功組裝出一頭體型小、有翅膀、會飛的恐龍，也同時啟動嶄新潛能。這群初代鳥類開始瘋狂地多樣繁衍，理由可能是牠們已經演化出新的能力，讓牠們能夠植入全新的生活習慣，採取與祖先截然不同的生活方式。我們可以從化石紀錄上看見這種相對突然的轉變。

　　我把這個題目當作博士研究計畫的一部分，並且和兩位數字狂合作，估算「恐龍—鳥類」這段過渡期的演變率。雖然葛萊姆・洛依德（Graeme Lloyd）和史提夫・王（Steve Wang）都是古生物學家，可是我不曉得他們兩位有沒有親手採集過化石。不過他們都是一等一的統計學家，是那種可以坐電腦前面個把鐘頭，把寫程式、跑分析當成樂趣的數學高手。

　　我們三個一起設計了一套新方法，用來計算動物骨骼特徵的改變速度、以及它們在系譜樹各分支之間的演變率。我們先從鳥類及其獸腳類最近親的大型系譜樹著手（那是我和諾列爾新近完成的），然後將前述動物各式各樣、彼此互異的構造特徵彙整成龐大資料庫（譬如哪些物種有齒無喙、哪些有喙無齒），最後再把這些特徵標示在系譜樹上，呈現分布趨勢，清楚展示各項條件或特徵在圖上的哪個位置發生變化、進入下一階段（譬如牙齒在何時變成喙）。藉由這份圖表，我們可以算出系譜樹上的每一根樹枝發生過多少變化；同時再利用化石定年，推算每一根樹枝大約代表多長的時間。一段特定時間內的變化即為演變率，是以我們能據此估算每一道演化支的演化速度。最後，洛依德和王再憑藉其統計知識進行測試，推敲哪幾

段特定時期、或是系譜樹上的哪些群組，在恐龍邁向鳥類的演化路上顯現比其他時期或群組更高的演變率。

最後的結果和我至今在統計軟體見過的所有圖表一樣，清清楚楚，一目瞭然。絕大多數的獸腳類恐龍皆以平凡無奇的背景速度循序演進，然而，待飛行能力優異的鳥類一竄出頭來，演變率即超速飆升。初代鳥類的演化速度比牠們的恐龍祖先及近親快上許多，而且這種演化加速度維持了數千萬年之久。此外，其他研究也顯示，這株系譜樹約莫在同一個時間點發生「體型驟減」和「肢體演變率驟升」兩種現象，顯示這群初代鳥類體型迅速變小、前肢迅速延長、翅膀迅速變大，讓牠們得以飛得更好。雖然大自然耗費數千萬年才把恐龍變成飛鳥，但演化自此腳步飛快，鳥兒展翅翱翔。

出了徐星在北京的辦公室，快走幾步即可抵達另一間更為明亮、氛圍亦較明朗、但化石陳列較少的空間——這裡是鄒晶梅（Jingmai O'Connor）工作的地方，不過她也只是偶爾在這兒出沒而已。這裡的化石之所以寥寥無幾，理由是晶梅專攻遼寧省的鳥類——貨真價實、在有羽毛恐龍頭頂上振翅飛翔的鳥類——而牠們的化石大多直接壓扁在石灰岩板上。她大可透過電腦螢幕放大照片，直接描述及測量。換句話說，她在家就能幹活。她家則藏在北京最後一塊胡同遺址深處，在那些單層石屋排排站的傳統窄巷曲弄中。住在這兒其實挺不錯的，因為她

閒暇之餘經常在胡同走晃，或鑽進中國首都突然竄起的時髦俱樂部舞動嘶吼，偶爾甚至還充當 DJ 呢。

　　晶梅總愛表明自己是「女性古生物學家」（paleontologista）。她一身時髦且十足女性化的豹紋萊卡緊身衣和穿洞刺青，非常適合俱樂部狂歡，但是在一群由清一色「花格子襯衫和絡腮鬍」男性所主宰的學術圈裡，無疑鶴立雞群、十分醒目。晶梅出身南加州（愛爾蘭和中國混血），精力旺盛得像爆竹一樣。她是那種這一秒講幾句苛薄俏皮話、下一秒振振有詞評論政治時事、再下一秒又跳到音樂或藝術、或是她自己獨特的佛教哲學觀，滔滔不絕的人。噢，對了，她同時也是全球研究初代鳥類——首批突破地面束縛、飛上恐龍先祖頭頂耀武揚威的動物——第一把交椅。

　　其實在恐龍時代就已經有鳥類了，種類還不少。首批振翅飛翔的動物大概出現在距今一億五千萬年前，也就是赫胥黎描述的科學怪鳥「始祖鳥」的生存年代。就目前所知，始祖鳥仍是化石紀錄中最古老、毫無疑問具有飛翔能力的真鳥類。而且，演化極有可能在侏儸紀中期（距今約一億七千萬至一億六千萬年前）即已組裝出小體型、有翅膀且能撲翅的真鳥類了。這也就是說，鳥類和牠們的恐龍先祖實際上可能共存上億年之久。

　　一億年很漫長，足以創造極豐富的生物多樣性，更別說是這群以極快速度（與恐龍相比）演進發展的早期鳥類了。晶梅正在研究的遼寧省鳥類宛如「中生代鳥類快照」——明確指出

出自中國遼寧省的「燕鳥」（Yanornis）。真鳥類，能撲動有羽毛的大翅膀飛翔。

鄒晶梅，全球研究最古鳥類化石最厲害的專家。

演化初期有哪些物種、以及牠們的生活樣貌。每個禮拜，中國各地的博物館負責人和相關經手人都會將東北農民犁田翻土時意外挖到的鳥類化石，拍照記錄，寄給北京的晶梅和她的工作伙伴們。過去二十年來，中國東北貢獻了數千份原始鳥類的化石紀錄，數量更甚小盜龍、振元龍這類有羽毛恐龍。可能是因為大型火山爆發噴出的有毒氣體，嗆死成群飛鳥，使牠們輕柔的軀體落入湖中或森林裡，再遭火山灰泥掩埋所致（這些灰泥也是埋葬有羽毛恐龍的「墓」後推手）。

晶梅日復一日打開電子郵件，下載照片，然後每週都會發現自己盯著未曾見過的新物種鳥類。

這些鳥類的物種實在太多，晶梅大概每一兩個月就得為一

個新種命名。牠們有些住樹上、有些住地上，甚至還有像鴨子一樣在水邊和水中生活的種類；有一些保有近似盜伶龍等先祖的特徵（牙齒及長尾巴），有一些則像現代鳥類一樣，擁有小小的身體、短短的尾巴、巨大的胸肌和寬闊的翅膀。和這群鳥類同時期的還有一些又是滑翔、又是笨拙撲動翅膀的恐龍們，牠們也在實驗新的飛行方法，譬如四肢都有羽翼的小盜龍，或是翅膀像蝙蝠的奇翼龍等等。

　　以上大概就是六千六百萬年前的恐龍與鳥類概況。當霸王龍和盜伶龍在北美爭奪地盤，鯊齒龍在赤道南邊追擊泰坦巨龍，侏儒恐龍在歐洲島嶼跳來躍去的同時，這群鳥類和具飛行能力的恐龍已在空中滑翔、振翅盤旋。然後，牠們親眼目睹接下來那個讓恐龍幾乎全數滅絕的瞬間——幾乎，但仍有少數例外，就是那些最進化、適應得最好、最會飛的鳥兒們。牠們熬過白堊紀末的殘忍屠殺，直到今天依然伴隨在你我左右——其中也包括我窗外的那隻海鷗。

第 九 章

恐龍哀歌

　　那天是我們這顆星球最慘烈的一天。演化累積一億五千多萬年的成果，歷經數小時難以想像的暴力摧殘，幾乎摧毀殆盡，生命再次踏上嶄新道路。

　　霸王龍親眼目睹這場浩劫。

　　六千六百萬年前，也就是注定成為白堊紀最終日的那一天，一群霸王龍早上醒來，感覺地獄溪王國一切正常，和過去世世代代、數百萬年來的每一天沒有兩樣。

　　針葉林和銀杏林朝地平線無盡延伸，棕櫚和木蘭的鮮豔花朵點綴其間。遠方河流洶湧地向東奔騰，將河水傾盡於緊貼北美西側的巨大海道。大批三角龍發出數千倍於水聲的重音低吼，蓋過隆隆水聲。

　　霸王龍準備出門打獵。陽光步步挪移，穿透茂密林冠，亦勾勒出跨越空中的多種小巧身影──有些簌簌撲動帶羽毛的翅膀，有些乘著清晨濕氣上升形成的熱流，恣意滑翔。牠們的啁啾鳴啼十分悅耳，猶如獻給森林及泛濫平原其他所有物種的晨曦交響曲。身披盾甲的甲龍和腦袋穹圓的厚頭龍躲在樹林裡，鴨嘴龍大軍正準備大啖鮮花佐樹葉的豐盛早餐，馳龍忙著追獵穿梭灌木叢的蜥蜴和身形如鼠的哺乳動物。

　　這時大地越來越詭異，徹底超出地球歷來的常態與法則。

　　過去幾個星期以來，觀察力較敏銳的霸王龍可能會注意到，在遙遙地平線彼端的空中有一顆發光球體──邊緣火紅、輪廓不很清楚，就像一顆比較模糊也比較小的太陽。這顆火球似乎越來越大，後來卻突然從視野消失，大半天見不著影。霸

王龍不可能知道該如何解釋這個現象，因為思索天體運行之事已遠遠超出牠們的智力範圍。

　　然而這天早上，當這群霸王龍離開樹林、來到河邊時，牠們全都看見天空不一樣了：火球回來了，而且超級巨大，它的光芒幾乎照亮整片天空，射向東南方那片陰沉迷幻的濃霧。

　　接著是一道閃光。悄然無聲。黃色火焰瞬間點亮整座天空，令霸王龍們一時反應不過來。牠們眨眨眼，調整焦距，發現火球又不見了。天空湛藍。領頭的霸王龍於是轉身整隊，準備……結果牠們遭遇突襲。

　　又一道閃光。這回更加猛烈刺眼。萬丈光芒如煙火，再度照亮早晨的天空，燒灼牠們的視網膜。一頭年輕公獸不支倒地，撞斷肋骨，其餘則僵立不動，瘋狂眨眼，試著甩掉充滿視野的火花和光斑。這場視覺烈焰仍在無聲中進行。事實上，大地萬籟俱寂。鳥類和會飛翔的馳龍停止啁啾鳴啼，寂靜籠罩地獄溪谷。

　　這片寧靜只維持了幾秒鐘。霸王龍腳下的地面先是隆隆作響，接著劇烈震動，然後竟然開始流動，像波浪一樣。能量脈衝穿過岩石土壤，地面陡升驟降，彷彿有條巨蛇正從地面下蜿蜒鑽過。所有未扎根於土中的物體皆拋向空中，然後墜落，復又拋起再墜落，地表儼然已成彈簧床。小型恐龍、小哺乳動物和蜥蜴全被彈向空中，然後紛紛落在樹上、岩石上。這群受害者宛若流星，劃過空中。

　　就連體型最大最重、身長足足四十呎的霸王龍也不能倖

免，整群上拋、離地數吋。有好幾分鐘，牠們只能無助彈跳，像跳彈簧床一樣胡亂動作。不過片刻以前，牠們還是整塊大陸上最不容質疑的專橫暴君，現在卻跟七噸重的保齡球瓶差不多，無力地騰空且橫衝直撞。地表的巨力足以碾碎頭骨、折斷頸脖、撞斷腿臂。當震動終於停歇，地面不再綿彈如波，多數霸王龍群聚河岸邊，戰戰兢兢面對眼前的戰場。

僅有極少數的霸王龍能從剛才這場血洗浩劫脫身，地獄溪的其他恐龍也一樣，但終究有少數存活下來。當這群幸運的倖存者從躲避處跟蹌現身，踩過其他競存者的屍體，天空的顏色漸漸變了：藍天轉為橙橘，然後淡紅，淡紅逐漸變得鮮郁濃豔、殷紅燦亮，猶如逐漸近逼的巨型卡車車頭燈。很快的，世間萬物全都籠罩在這片白熾光輝中。

下雨了。但是從天而降的並非水滴，而是玻璃珠樣的岩石塊，炙熱灼燙。這些花生大小的玩意兒撲向倖存的恐龍，深深鑿下烙印。許多恐龍中彈倒地，遍體鱗傷的屍體也隨著前一批地震受害者遍布戰場。就在這些玻璃石塊像子彈一樣自空中胡亂掃射的同時，石塊的熱氣也散逸至空氣中。大氣越來越熱，終而使地表變成烤箱。森林開始自燃，野火橫掃大地。好不容易熬過來的動物這會兒又得承受炙熱烘烤，皮肉筋骨在足以瞬間造成三度灼傷的高溫下漸漸熟透。

自從方才那群霸王龍被第一道強光嚇得目瞪口呆以來，也不過才十五分鐘，但這會兒牠們全都死了。和牠們一起生活的大多數恐龍也一樣。一度綠意盎然的林地與河谷此刻烈焰沖

天，即便如此，還是有動物活下來——譬如躲在地面下的部分哺乳類和蜥蜴，躲在水裡的鱷魚與龜，還有能飛離險境、尋找安全避難所的部分鳥類。

過了好幾個小時，石彈雨終於停歇，空氣漸漸變涼。地獄溪谷再次獲得喘息的平靜時刻。危機看似解除，倖存者紛紛從躲避處探出頭來，查看景況。大地屍橫遍野。儘管天空已不再殷紅，卻被熊熊燃燒的森林大火冒出的灰煙嗆得越來越暗。幾頭馳龍嗅到整群霸王龍燒成焦炭的氣味，牠們肯定以為自己熬過世界末日，逃過一劫了。

但牠們錯了。在第一道閃光降下的約莫兩個半鐘頭後，天空烏雲密布。大氣中的灰煙開始旋轉，變成龍捲風，咻咻然地以颶風之勢橫掃平原河谷，力量強大得足讓河水、湖水瞬間潰堤。震耳欲聾的巨響伴隨強風而來，倖存的恐龍此生不曾聽聞這種音響。巨響再起。由於音速比光速慢上許多，故這兩聲巨響其實是音爆——與先前兩道閃光同時發生，而閃光則來自數小時前、遠方某處始於硫磺的恐怖連鎖反應。馳龍鼓膜破裂，疼得淒厲尖叫，其他許多小型動物再度匆忙躲回安全的地道中。

就在這一連串恐怖景象於北美西部上演的同時，地球其他角落也正遭逢劇變劫難。在鯊齒龍與巨型蜥腳類漫遊的南美洲，地震、玻璃石塊雨和颶風不如北美嚴重，而被外型奇特的羅馬尼亞侏儒恐龍視為家鄉的歐洲島嶼也差不多。儘管如此，這些恐龍仍得應付震動頻繁的大地、野火及高熱，而且許多動

物都在宛如大浩劫、幾乎夷平整個地獄溪生態系的兩個多鐘頭內，遇難身亡。還有一些地方情況更糟：大西洋中段沿岸地區大多被海嘯劈開（海嘯高度超過帝國大廈的兩倍），同時將無數蛇頸龍及其他蟄伏海中的巨型爬行類屍體沖進內陸。印度火山狂吐熔岩流。中美洲和北美洲南部的某塊區域——今日墨西哥猶加敦半島（Yucatán Peninsula）方圓六百哩（一千公里）之內的眾生萬物，湮滅蒸發，消失不見。

下午取代早晨，傍晚接著降臨。風漸漸停了。大氣層繼續降溫。雖然偶有餘震，地表又再一次變得穩定堅固。野火在遠方舞動。待夜幕低垂，恐怖的一天終於結束，但全球各處的許多恐龍——甚至是絕大多數的恐龍——都死了。

不過仍有少數恐龍苟延殘喘、熬至翌日，然後又撐了一禮拜，撐到下個月，翌年，然後數十年。然而這段時間並不好過。因為在那恐怖一日接下來的數年間，地球變得又暗又冷，理由是灰煙和石塵在大氣中徘徊不去，阻絕日光。黑暗帶來寒冷，唯有最堅忍的動物才能熬過這樣的核子冬天。黑暗同時也令植物難以續存，因為植物需要陽光行光合作用，產備儲糧。植物死去，食物鏈猶如紙牌屋隨之崩解，導致許多耐寒的動物耐不住飢餓而亡。海洋的情況也差不多。具光合作用的浮游生物大量死亡，以之為食的大型浮游生物和魚類也相繼死去，最後連食物金字塔頂端的巨型爬行類亦無法倖免。

待雨水好不容易洗淨大氣中的煙塵和其他灰嚕嚕的物質，陽光終於突破黑暗；然而這些雨水酸性極高，嚴重腐蝕地表。

此外，雨水也無法清除隨著灰煙升天、總量達十數兆噸的二氧化碳。二氧化碳是最惡名昭彰的溫室氣體，會將熱困在大氣層內，因此核子冬天迅速被全球暖化取而代之。這一連串挑戰猶如密謀策劃的消耗戰，意在擊垮已撐過地震、酸雨、野火等重重考驗的恐龍餘黨。

歷經「最恐怖一日」這場大浩劫後的數百年間（最多不超過數千年），北美西部是一片滿目瘡痍的悲涼大地。這裡曾經擁有豐富熱鬧的生態系統——森林翁鬱綿延，三角龍蹄聲隆隆，霸王龍獨霸宰制——如今只剩寂靜，幾近空蕩。長相奇特的蜥蜴在灌木叢窸窣竄走，少數鱷和龜在河裡緩緩游動，體型如大鼠的哺乳類不時從地洞探出頭來，另外還有不少鳥類隨處挑揀埋在土裡的種子；但是，所有的恐龍都不見了。

地獄溪谷終於成為地獄。世上其他許多地方也一樣。恐龍時代就此畫下句點。

白堊紀在轟然巨響中畫下句點，同時簽下恐龍的死亡證明書。這天發生的一切，是一場超出想像、人類未曾經歷過（謝天謝地）的大災難。當時，有顆彗星或小行星（至今無法確認）撞上地球，撞擊點在今日墨西哥猶加敦半島一帶。那塊隕石縱徑約六哩（十公里），體積大概跟聖母峰差不多。撞擊當時的速度粗估每小時六萬七千哩（時速十萬八千公里），比噴射機快一百倍，而它撞上地球的威力則相當於一百兆噸以上的

黃色炸藥，約莫是十億顆核子彈的能量。這顆隕石鑿穿地表、深入地函（深度約四十公里），留下一個超過百哩寬（一百六十公里）的隕石坑。

與這次撞擊相比，原子彈就像美國七月四日的國慶煙火一樣，根本小意思。當時的日子就連活著都辛苦。

當時，地獄溪的恐龍們正在撞擊點西北方兩千兩百哩外（約三千五百公里）討生活，小盜龍亦翱翔空中。我可能稍微加油添醋了點，但這群恐龍極可能遭遇前述那一連串恐怖攻擊，而牠們在新墨西哥州的表親——譬如南方版的霸王龍、數種角龍或鴨嘴恐龍，還有少數幾種還在北美出沒的蜥腳類（多年的暑期野地考察讓我蒐集到不少牠們的骨骸）——處境更淒慘，因為牠們距離爆炸原點僅一千五百哩（約兩千四百公里）。距離越近，情況就越恐怖。強光與巨響脈衝更快來襲，地震程度更劇烈，玻璃石彈雨更沉更密集，溫度飆高的烤箱效應也更嚴重。當時生活在猶加敦半島方圓六百哩內的生物幾乎瞬間化為幽魂。

當時引起霸王龍注意的空中火球，其實就是隨後撞上地球的彗星或小行星。（為求簡便，接下來我統一稱之為小行星。）若當年各位也在現場，肯定也會看到它。那種經驗大概和「哈雷彗星接近地球」的感覺很像。小行星彷彿飄浮空中，看似無害，壓根沒人在意。至少剛開始是這樣沒錯。

第一道閃光在小行星擊中地球大氣層、猛烈壓縮行經路徑的空氣時赫然綻現。由於衝擊猛烈，氣溫瞬間飆高、比太陽表

小行星「希克蘇魯伯」撞擊後四十五秒。塵埃雲迅速蔓延、融化的岩石噴入大氣層，足以引燃火勢的熱脈衝迅速席捲陸地和海洋。

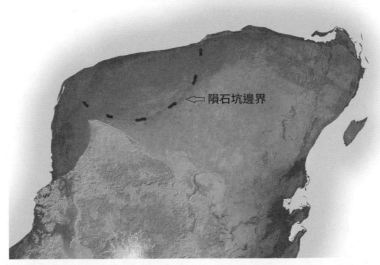

今日墨西哥猶加敦半島的地形圖，可見希克蘇魯伯隕石坑的概略輪廓（其餘在水底）。（感謝美國國家航空暨太空總署 NASA 提供照片）

面還要燙上四、五倍，大氣瞬間自燃。第二道閃光來自撞擊本身，也就是小行星擊中地表岩床的那一刻。與這兩道閃光同時產生的音爆，直到數小時後才傳開（因為音速比光速慢），暴風亦伴隨音爆而來，致使猶加敦地區的風速上看每小時六百哩（時速一千公里）。待風暴吹抵地獄溪谷，風速也還有時速數百哩左右。（提供各位另一個數字比較：二〇〇五年卡崔娜颶風席捲美國南部，當時測得的最大瞬間風速為每小時一百七十五哩。）

小行星一頭撞上地球，瞬間釋出極大能量，造成的地震使地表像彈簧床一樣巨幅震盪。以芮氏規模來說，當時的地震大概有十級，威力遠遠超出人類文明至今遭遇過的任何一場大地震。部分餘震在大西洋引發海嘯，劈裂大如馬匹的巨石並擲向內陸；餘震也導致印度火山群變得超級活躍，持續噴發數千年，令小行星撞擊造成的惡劣情勢更形惡化。

撞擊釋出的能量使小行星和擊中的岩床瞬間汽化。飛塵、砂石、岩塊和其他來自撞擊的碎屑一股腦兒衝上天際——雖然大多已汽化或液化，但仍有不少微小的固體石屑。這些物質甚至有一部分突破大氣層外緣，逸入太空。然而拋上天的總有一天會掉下來（前提是物體上衝的速度還未達「脫離速度」〔escape velocity〕），故這些岩塊微粒也當真回來了。液化的岩石冷卻凝固成玻璃小滴和淚滴狀尖銳物，同時將熱轉移至大氣，把大氣層變成烤箱。

驟升的氣溫引發森林大火。雖不見得遍布全球，但是在北

美大部分地區，以及猶加敦半島方圓數千哩內的地帶，處處烈焰沖天——這點可以從小行星撞擊後形成的沉積岩看出來。岩石保存了燒焦的枯枝殘葉，有點類似營火撲滅後留下的乾物。森林大火冒出的灰煙及飛塵，還有一些撞擊時激起、卻因為質量太輕而無法自行落下的微塵浮土，全數飄進大氣層，阻塞循環全球的氣流，最後使得整個地球變得昏冥灰暗。與燃燒的隕石坑隔著遙遠距離的大多數恐龍們，很可能就是在這一段相當於「全球核子冬天」的時期也嗚呼哀哉了。

　　我可以就這麼沒完沒了地繼續說下去，但我要是再往下說，各位可能就不會相信我了；說實話，不信我挺可惜的，因為我說（寫）的都是千真萬確的事。而我們之所以知曉這一切，全得歸功於一位地質學天才的研究成果——他也是我最崇拜的科學家之一——華特・艾爾巴雷茲（Walter Alvarez）。

　　我已經向各位描述過自己高中的那些傻事。當時的我太過沉迷於恐龍、導致判斷失常。不過，像粉絲一樣追蹤保羅・塞瑞諾的糗事還不算最糟糕的。說實話，沒有哪件事比我在一九九九年春天的某一天、貿然拿起電話打到華特・艾爾巴雷茲在加州柏克萊大學辦公室的行為更粗魯無恥了。當時我只是個愛蒐集岩石的十五歲男孩，而他則是德高望重的美國國家科學院院士，早在近二十年前就提出「巨型小行星撞擊地球造成衝擊、導致恐龍滅絕」的想法。

電話響兩聲他就接起來了。我滔滔不絕說起打這通電話來的緣由，他雖然被我嚇呆了，卻也沒掛我電話。我說，我讀了他的著作《暴龍與末日隕石坑》（*T. rex and the Crater of Doom*）──岔個題，我依舊認為這本書是至今寫得最好的古生物學科普書籍；我對於他整理各種線索、指向小行星撞擊的敘事手法非常著迷。他在書裡提到，這場偵探遊戲始於義大利亞平寧山脈中古世紀小鎮「古比奧」（Gubbio）郊外的一處崎嶇峽谷。就是在這裡，艾爾巴雷茲首次注意到一層薄薄黏土層（它也是白堊紀終結的標誌）的不尋常特徵。剛好，我們家近期也打算前往義大利一遊、慶祝我爸媽結婚二十週年。那會是我第一次踏出北美，我想做點值得紀念的事。對我來說，「值得紀念」並非參觀大教堂或者逛美術館，而是前往古比奧朝聖：站上當年艾爾巴雷茲釐清科學界最大謎團的那個起點。

但我需要有人給我指路。所以我決定直接找本人問問。

艾爾巴雷茲教授鉅細靡遺地告訴我該如何找到那個地方，就算是完全不懂義大利文的小朋友也能聽懂。後來我們還聊了一會兒我對科學的興趣云云。現在回想起來，對於這樣一位科學巨擘竟如此寬容體貼、慷慨撥出他寶貴的時間給我，我實在非常驚訝且感激。不過呢，我某種程度算是做了白工，因為那年夏天我們根本沒去成古比奧──羅馬鬧洪災，主要鐵路支線全數關閉。我絕望極了，而我沒完沒了的嘀咕，差點毀了我爸媽的二度蜜月旅行。

不過，五年後，身為大學生的我再次以「地質學野地考

察」的名義重返義大利，落腳處是亞平寧山裡的一座小觀測站。這地方由亞歷山卓・蒙塔納利（Alessandro Montanari）負責營運，他在一九八〇年代因研究白堊紀末滅絕事件而成名。考察第一天，我們路過圖書館，裡頭有個孤單身影在閃爍的日光燈下研究地質圖。

「我想讓各位見一見我的朋友、也是我學術研究上的導師：華特・艾爾巴雷茲先生。」蒙塔納利以歌唱般的義大利腔說道。「你們之中有些人大概早就聽過他的大名了。」

我呆住了。在這之前（以及之後），我從來不曾如此徹底地目瞪口呆、說不出話。接下來的行程我都在恍惚中度過。不過後來，我一逮到機會便偷溜回圖書館，輕輕開門。艾爾巴雷茲還在那裡，拱背伏在地質圖上，萬分專注。我實在很不願意打擾他，因為他可能在思索另一個懸而未解的地球史難題；我鼓起勇氣上前自我介紹，旋即再一次掉了下巴——他竟然還記得我們當年的對話。

「那時候，你順利抵達古比奧了嗎？」他問我。

我尷尬囁嚅，勉強擠出個沒有，不太想承認我打那通電話（另外再加上之後往來的幾封電子郵件）其實是浪費他的時間。

「是嘛，那你好好準備。因為過幾天我會帶你們班走一趟古比奧。」他答道。我綻開笑靨，燦亮程度直逼數兆燭光。

沒過幾天，我們一行人在峽谷集合。地中海驕陽直射，路邊行車呼嘯而過，建於十四世紀的高架渠道危顫顫地掛在懸崖頂上。艾爾巴雷茲一馬當先。他的卡其褲口袋鼓鼓的，塞了好

些岩石樣本。頭戴寬邊帽，身穿海藍色的反光防曬上衣。整座峽谷幾乎都是玫瑰紅色的石灰岩。他從皮套抽出槌子，比比他右下方一道切穿石灰岩的斷層黏土。這層黏土質地細軟，約一公分厚，像書籤一樣上下隔開成形於滅絕後「古近紀」（Paleogene period）的石灰岩與白堊紀石灰岩。四分之一世紀以前，就是在這裡——這個人所站的這一點、兩眼注視的這條黏土層——他發現的證據終於讓世人接受小行星撞擊理論。

　　後來我們停步休息，在路旁一間五百年歷史的餐館享受松露義大利麵、白酒和義式脆餅。午餐開動前，我們依循往例在一本皮面訪客簿上簽名。這本簿子記有無數地質學家和古生物學家的簽名，大夥兒都是來古比奧研究峽谷和它出名的黏土層。翻閱這本簿子宛如拜讀「名人堂」列表，而我竟然能在這裡寫上自己的名字，備感光榮。接下來那兩個鐘頭，我就坐在艾爾巴雷茲對面，他一邊大啖義大利細麵，一邊對著全班同學和我，描述他解開恐龍滅絕之謎的故事。

　　一九七〇年初期，華特剛拿到博士學位不久，板塊構造學說席捲地質界，世人終於相信大陸會隨著時間漂移。追蹤陸塊移動軌跡的方法不少，其中之一是檢視岩層內磁性礦物的方向：岩漿或沉積物硬化成石頭之際，這些微小晶體會指向北極。於是艾爾巴雷茲推斷，這門稱為「古地磁學」（paleomagnetism）的新科學可能有助於解開地中海形成之謎；幾塊較小的地殼板塊如何轉動、撞擊輾壓，終而形成今日的義大利與高聳的阿爾卑斯山。起初他是為了這個理由才來到古比

華特・艾爾巴雷茲在義大利小鎮古比奧指出白堊紀岩層（下）與古近紀岩層（上）的分界——就是他右膝與岩槌之間那塊草皮的位置。（感謝妮可・朗寧〔Nicole Lunning〕提供照片）

奧，打算測量峽谷這層層石灰岩內的微小礦物走向。然而當他來到這裡，另一道更神祕的謎題反倒挑起他的興趣。在測量過程中，他發現有些岩石擠滿各形各色、質地似貝殼的化石——其實這是一種形態多變、名為「有孔蟲」（forams）的掠食型海洋浮游生物。然而在這層岩石上方卻是極為普通的石灰岩層，零星散布些許微小、樣式簡單的有孔蟲化石。

艾爾巴雷茲正看著一條生死線。這條線在地質學上的意義，相當於失事班機最後幾秒的黑盒子紀錄。

其實艾爾巴雷茲並非首位注意到這件事的人。數十年來，無數地質學家在古比奧峽谷敲鑿研究。其中有位義大利學生（伊莎貝拉・普雷莫里希瓦〔Isabella Premoli Silva〕）嘔心瀝血、辛苦分析，確認形態多變的有孔蟲來自白堊紀，形式簡單者則屬於古近紀，而一刀畫開這兩類岩層的即為長期公認的大滅絕事件——地球史上最不尋常的幾段時間之一。而這一次，全世界的恐龍幾乎同時消失。

只不過，這次的大滅絕並非一般程度的滅絕事件。成堆的浮游生物也不是唯一傷者，受害範圍亦不僅限水域——它鋪天蓋地、席捲陸地與海洋，奪走無數動植物的性命。

其中也包括恐龍。

艾爾巴雷茲認為，這不可能是巧合。有孔蟲的遭遇肯定和恐龍及其他灰飛煙滅的眾生有關聯。他想搞清楚這件事。

而他也理解到，解謎關鍵就藏在這條細細薄薄、夾在化石種類豐富的白堊紀岩層與乾乾淨淨的古近紀岩層之間的黏土帶

裡。不過，當他第一眼見到這層黏土帶時，並不覺得有何特別，既沒有糾纏的化石從中突起、也沒有色彩鮮豔的條紋或腐敗氣味，就只是黏土。質地極細，幾乎無法以肉眼辨別單一顆粒。

　　艾爾巴雷茲打電話向老爸求救，而他父親碰巧是諾貝爾物理學獎得主路易斯・艾爾巴雷茲（Luis Alvarez）——他發現了一票次原子粒子，也是「曼哈頓計畫」（Manhattan Project）[*]的主要成員。（老艾爾巴雷茲曾經跟飛負責投擲「小男孩」〔Little Boy〕的「艾諾拉蓋號」轟炸機〔Enola Gay〕，監控廣島投彈結果。）小艾爾巴雷茲認為，老艾爾巴雷茲或許能想出什麼別出心裁的化學分析法來探究這層黏土之謎。說不定，這裡頭當真藏有什麼祕密，而謎底能告訴他們這薄薄一層黏土耗費多久時間成形。假如歷時數百萬年，由深海砂塵逐漸緩慢累積而成，那麼有孔蟲之死就是一樁漫長的歷史事件，恐龍亦同；然而若黏土層是驟然沉積而成，就表示白堊紀肯定以大浩劫告終。

　　要想量測岩層形成所耗費的時間，其實並不容易，這也是所有地質學家面對的頭痛問題之一。不過這一回，這對父子檔聯手設計一套聰明的解決辦法。地表有一些罕見的重金屬（即化學周期表下層的元素），譬如「銥」，雖然大多數人可能連

---

[*]「曼哈頓計畫」為美國研究原子彈的代號名稱。「小男孩」為當年的兩顆原子彈之一，另一顆名為擲於長崎上空的「胖子」（Fat Man）。

聽都沒聽過，不過仍有微量的銥藉「宇宙塵埃」之名，以幾乎算是穩定的速度從遙遠的太空深處徐徐落至地表。艾爾巴雷茲父子推斷，假如黏土層僅含極微量的銥，就表示它是在短時間內形成的。反之若含有大量的銥，那麼這層黏土肯定是花了相當長的時間才形成。新發明的儀器令科學家如虎添翼，即使再微量的銥也測得出來，當然也包括擺在加大柏克萊分校、老艾爾巴雷茲同事實驗室裡的那塊黏土樣本。

結果揭曉。兩人完全沒有心理準備。

他們確實測到了銥。很多，簡直太多了。黏土樣本中的銥多到得耗費數千萬年、甚至數億年才可能累積到這個量，而且還得有足量的宇宙塵埃穩定自天空落下才行。但這根本不可能。因為艾爾巴雷茲父子已利用定年法確認黏土層上下兩層的石灰岩齡，得知黏土層形成的時間至多不會超過數百萬年。這事肯定哪裡出了錯。

說不定真的是他們弄錯，被古比奧峽谷給愚弄了。於是兩人來到丹麥——此地突出波羅的海的岩層與古比奧峽谷同齡——卻同樣在白堊紀與古近紀交界處測出異常大量的銥。沒多久，有位年紀輕輕、名叫楊·施密特（Jan Smit）的高個兒荷蘭人聽聞艾爾巴雷茲父子的發現，表示他也正到處探詢「銥」的蹤影，最後在西班牙某處邊境上找到大量的銥。很快的，又有更多人宣稱在岩石中發現「銥」，有些在陸地上、有些在淺水域、還有些在深海裡，而定年所得的時間點全都落在命中注定的那一刻——恐龍消失時。

　　確認銥含量異常。艾爾巴雷茲父子設想了幾種可能性：火山爆發、洪水肆虐、氣候變遷及其他因素，然而只有一種說得通。地球的銥含量超級少，在外太空倒是比較常見。因此在六千六百萬年前，遼闊無垠的太陽系深處是否給地球送來了一顆「銥彈」？說不定是哪顆超新星的爆炸碎片，不過更有可能是彗星或小行星。總而言之，地球和月球表面有那麼多像麻子一樣的隕石坑，就是明證——這群星際訪客確實偶爾會來轟炸我們。這個想法雖然大膽，卻不荒唐。

　　一九八〇年，路易斯及華特・艾爾巴雷茲，還有他們在柏克萊的同事法蘭克・亞薩洛（Frank Asaro）與海倫・米歇爾（Helen Michel）於《科學》聯合發表極具前瞻性的理論，從此掀起往後十年的科學熱潮。新聞媒體頻繁報導恐龍與大滅絕，無數書籍、電視紀錄片對「撞擊假說」各執一詞，針鋒相對，「殺死恐龍的小行星」登上《時代》雜誌封面。數百篇科學論文你來我往、反覆推敲恐龍滅絕的真正原因，包括古生物學家、地質學家、化學家、生態學家及天文學家等各路豪傑紛紛加入戰局，針對當時最熱門的科學議題提出意見。有人交惡、有人結怨，激烈的爭辯使大夥兒更加卯足了勁，積極蒐集（或貶斥）小行星撞擊的證據。

　　來到上個世紀八〇年代即將結束時，事實已不容否認：艾爾巴雷茲父子推論正確。六千六百萬年前，確實有一顆彗星或小行星撞上地球。科學家不僅在全球各地發現相同的銥土層，其他的地質反常現象，也指向這場與異常銥含量同時發生的撞

擊事件。首先，研究人員發現一種類型奇特的石英，內部切面已然瓦解，只留下一道道刺穿晶體結構的平行帶紋。我們只會在兩種地方看見這種「撞擊石英」（shocked quartz）：一是核子試爆的碎石堆，二是隕石坑，兩者都是爆炸產生的劇烈衝擊波所造成的。此外還有「玻璃球粒」（spherules）和「似曜岩」（tektites）──球狀或標槍狀的玻璃子彈──這兩種劇烈撞擊的熱融態產物，於冷卻後穿過大氣落回地表。再來是墨西哥灣附近的海嘯沉積物，形成年代正好在白堊紀與古近紀之間，顯示在石英受震、似曜岩墜落的同一時間，地球發生了駭人聽聞的大地震。

時間剛跨進一九九〇年代沒多久，終於有人發現隕石坑了。證據確鑿。由於這座坑被埋在猶加敦半島數百萬年的沉積物底下，大夥兒費了好一番工夫才找著。這地區唯一一份詳細地質資料是某石油公司地質學家完成的，他們還把地圖、岩石樣本鎖起來，多年不見天日。不過應該就是這裡沒錯，「希克蘇魯伯隕石坑」（Chicxulub），一個埋在墨西哥底下、直徑一百一十哩（一百八十公里）的大洞，形成時間剛好就在六千六百萬年前的白堊紀末。希克蘇魯伯隕石坑是地球最大的隕石坑之一，顯示當時那顆撞上地球的小行星有多大，造成何等劇烈的毀滅衝擊。這顆小行星很可能是過去五億年來擊中地球最大的石頭之一（或許根本就是最大的一顆）。恐龍連一丁點活下來的希望也沒有。

重要的科學辯論——尤其是從專業期刊轉戰至公眾領域——總會吸引懷疑論者的注意。小行星理論也不例外。持反對意見的人無法宣稱小行星不存在（畢竟都已經發現希克蘇魯伯隕石坑了），於是他們轉而表示，世人錯怪這顆小行星了。希克蘇魯伯只是在白堊紀末、也就是恐龍與其他許多物種滅亡時，碰巧撞上猶加敦半島的無辜局外者。那些會飛的翼龍、生活在海中的爬行類、盤繞蜷捲的鸚鵡螺、大量且種類繁複的有孔蟲以及其他多種生物，其實早就走上滅亡之路了。小行星只是最後一擊，為這場已經揭開序幕的自然浩劫畫下句點。

　　嚴格來說，這種說法未免太過巧合，這顆六哩寬的小行星為何偏偏選在成千上萬物種一腳踏進墳墓時，造訪地球？不過，這群懷疑論者與認為地球是平的、或否認全球暖化的懷疑論者不同，他們的論點其實不無道理。當年，小行星從天而降，但它並未蠻橫破壞看似亙古不變、恬靜宜人、猶若世外桃源的恐龍世界。事實並非如此。希克蘇魯伯撞上的是一顆正處於巨大混亂中的星球。遭小行星一腳踹醒的印度火山群，早在數百萬年前就開始噴發了，地球氣溫逐年降低，海平面則是劇烈上下波動。或許以上其中幾項因素才是導致大滅絕的真正理由與罪魁禍首。說不定，長期環境變遷才是造成恐龍緩慢凋零的根本原因。

　　要想驗證這些彼此對立的說法，我們只能非常非常仔細研

究手邊僅有的證據——恐龍化石。我們必須追溯恐龍演化的軌跡，看看有無任何長期趨勢，瞧瞧在小行星撞擊時、也就是白堊紀與古近紀交接時（或其前後），恐龍演化是否出現任何變化。這正是我踏進古生物學的切入點。打從我第一次和艾爾巴雷茲通電話開始，我就被這道「恐龍滅絕之謎」給釣上了。當我站在古比奧峽谷、站在艾爾巴雷茲身邊時，這份癮頭更是加速竄升。後來我進入研究所，終於有機會發揮所長，運用龐大的資料庫和統計資料，以後生晚輩的身分為這個題目貢獻己力，研究演化趨勢。

我這趟「恐龍滅絕歷險」並非隻身前往——我有老友巴特勒同行。我們從好幾年前就結伴勇闖波蘭採石場，披荊斬棘，尋找最古老恐龍的足跡。二○一二年，我的博士研究進入收尾階段，我們想知道這支古老血脈成功傑出的後代何以在一億五千萬年後，倏然消失。我們自問：在小行星撞上地球的一千萬至一千五百萬年前，恐龍演化發生了哪些變化？我們採用「形態變異」來探究這個問題（意即將解剖構造的變異程度量化處理）；當年，我也用這套方法來研究最古老的恐龍。若恐龍在白堊紀末的多樣性變異度增加或維持不變，代表牠們在小行星來襲時其實過得挺好的。若變異度降低，就表示牠們早就遇上麻煩，又或者已經踏上滅絕之路了。

我們花了好些時間運算分析，得到不少有趣結果：在撞擊發生、恐龍嚥下最後一口氣以前，包括食肉的獸腳類、長脖子的蜥腳類、小至中體型的植食恐龍（譬如腦袋渾圓的厚頭龍）

在內，牠們的變異程度大多相對穩定，沒有任何徵兆顯示牠們的生存適應出了問題。不過倒是有兩個次群處於變異降低的趨勢中：角龍科恐龍（譬如三角龍）和鴨嘴龍。這兩種是最主要的大型植食恐龍，憑藉複雜的咀嚼與摘折樹葉能力，日日攝取巨量蔬食。假如各位身處白堊紀末的世界——介於八千萬年至六千六百萬年前的任一時間點——角龍與鴨嘴龍肯定是最常見（數量最多）的恐龍，至少在北美是如此。此外，這段時期的化石紀錄也最豐富。牠們就像白堊紀的牛群，屬於食物鏈底部的基礎植食動物。

在我和巴特勒埋頭研究的同時，另一群人也從其他角度檢視恐龍滅絕。保羅・厄普丘奇（Paul Upchurch）和保羅・巴瑞特（Paul Barrett）在倫敦各自領軍，調查恐龍在整個中生代時期的物種變異度——其實就是在牠們宰制地球的期間內，挑幾個時間點，數一數當時到底有幾種恐龍，再校正一些因化石紀錄品質不均所導致的偏誤。結果他們發現，在小行星撞上地球時，恐龍的整體變異度仍相當高，不只北美，全球各地都有多種多樣的恐龍快快樂樂地生活著。然而令人好奇的是，角龍和鴨嘴龍的物種數目碰巧也在白堊紀末逐漸下降，與變異度趨緩的情況不謀而合。

從真實世界的角度來看，這些現象究竟有何意涵？說到底，若將上述兩種趨勢綜合研判，確實啟人疑竇。大部分的恐龍都活得好好的，卻有幾種大型植物處理機出現壓力徵兆。在目前新一代的優秀研究者中，有名傢伙採用靈敏精巧的電腦模

型分析來探討這個問題，他就是芝加哥大學的強納森・米契爾（Jonathan Mitchell）。米契爾和他的團隊仔細檢視幾處特定遺址的化石紀錄，為數個白堊紀恐龍生態系重建食物網（他不只研究恐龍化石，還包括所有和恐龍一起生活的物種，大至鱷魚、哺乳類，小到連昆蟲都不放過）。接著他們用電腦模擬，看看若剔除其中幾個物種可能導致哪些後果。結果令人大吃一驚。這些在小行星撞擊時即已存在的食物網（即因為變異度下降，導致底層的大型植食動物在數量、種類雙雙減少的食物網），其實比數百萬年前、變異度更高的食物網更容易瓦解。換言之，就算其他恐龍的多樣性並未降低或改變，少了幾種大型植食動物仍可能使得白堊紀末的生態系統變得相當脆弱，不堪一擊。

　　統計分析和電腦模擬的成效頗佳，用途也廣，毫無疑問是恐龍研究的未來趨勢。不過，這些方法也可能過於抽象空泛，因此有時候反倒是越簡單越有用。就古生物學來說，所謂簡單就是回歸化石本身。把石頭好好捧在手心上，深入思考，想像這是活的、會呼吸的動物，把牠們當成白堊紀末那群必須面對火山爆發、氣溫和海平面劇烈變化、並且目睹巨大如山的小行星墜落地面的動物們。

　　我們最想研究的對象，是那群活到最後一刻、親眼目睹（或差一點目睹）小行星罪行的恐龍們。可惜全世界僅有幾處地方保有這類化石，然而它們已經開始訴說一則則令人心悅誠服的遠古故事。

　　毫無疑問，其中最有名的地方就是地獄溪。各路人馬在北美西部大草原上部（Upper Great Plains）四處蒐集霸王龍、三角龍及其他同時期恐龍的化石，至今已超過一百年。而地獄溪的岩層亦已精確定年，這表示我們能盡情追查恐龍數量與多樣性，一路追溯至標記小行星撞擊的銥土層。好幾位科學家才剛完成這項了不起的成就：譬如我的好朋友、也是市面上最棒一本恐龍教科書的作者大衛・法斯托夫斯基（David Fastovsky）和他同僚彼得・席漢（Peter Sheehan），或是狄恩・皮爾森（Dean Pearson）領軍的研究團隊，還有幾位以泰勒・萊森（Tyler Lyson）這名天資聰穎的年輕科學家為首所組成的研究隊伍。（萊森從小在北達科塔州閒逸舒適的大牧場長大，那兒可是埋藏上等恐龍骨骼化石的心臟地帶。）他們的發現全都一樣，在地獄溪岩層形成期間，儘管印度火山猛烈噴發、全球氣溫和海平面波動劇烈，地獄溪的恐龍氏族仍興盛繁衍、活力旺盛，一直延續到小行星撞上地球的那一刻為止。他們甚至在銥土層下方幾公分處找到三角龍化石。看來，這顆小行星選在地獄溪幫眾們最輝煌的時日來襲，攻牠們個措手不及。

　　西班牙的情形也差不多，位於西法邊界的庇里牛斯山（Pyrenees）也冒出不少重要新發現。這塊區域由一對精力充沛、三十出頭的古生物學家搭檔負責搜羅挖掘──柏南特・維拉（Bernat Vila）和亞伯特・賽傑斯（Albert Sellés）。這兩傢伙是我認識最全心投入的人，常常一連工作好幾個月、卻沒拿到半毛錢。他們也是本世紀初西班牙金融危機、經濟復甦期的

受害者，但他們不以為意，持續發現恐龍骨頭、牙齒、足印或甚至恐龍蛋。化石顯示此地的生態社群多樣豐富——有獸腳類、蜥腳類和鴨嘴龍——同樣持續至白堊紀末，沒有任何跡象指出任何異狀。有趣的是，在小行星撞擊前數百萬年，這裡倒是發生過一場短暫的物種替換事件：當地的有甲恐龍消失，較原始的植食恐龍也被更進化的鴨嘴龍取代。雖然難以證明，不過這樁事件極有可能和北美大型植食恐龍衰微的趨勢有關。這一切可能都要歸咎於海平面劇烈波動，海水起起落落、瓜分恐龍的適存空間，進而導致生態系的組成分子發生微妙改變。

最後是羅馬尼亞和巴西，這裡的故事顯然也和北美、西班牙一樣。前幾章提過的馬提亞斯‧維米爾和佐坦‧西基薩瓦在羅馬尼亞採集到許多白堊紀末恐龍化石，種類繁多；而巴西的羅伯托‧甘德洛與學生們則持續挖出極可能撐到「最後一刻」的大型獸腳類和巨型蜥腳類恐龍的牙齒及骨骼。不過這兩處地方的缺點是岩石層尚未詳細定年，因此我們無法斬釘截鐵地說，這些恐龍化石形成的時間剛好落在白堊紀與古近紀交界。然而從年代上來看，兩隊人馬挖出的恐龍化石毫無疑問屬於白堊紀末期，同樣也沒有任何跡象顯示牠們遭遇任何類型的麻煩。

來自化石、統計數字和電腦模擬的新證據實在太多，於是巴特勒和我認為該是著手整合的時候了，我們想出一個挺危險的點子。說不定，我們可以邀請各路恐龍專家齊聚一堂，坐下來討論目前和恐龍滅絕有關的一切已知線索，然後試著彙整共

識，說明我們認為恐龍之所以滅絕的真正原因。古生物學家已為此爭論數十載，說真的，自從小行星撞擊假說於一九八〇年代問世以來，最忠實的懷疑與批判者就是咱們這群搞恐龍的人了。巴特勒和我以為，咱倆這個頗具顛覆意義的小陰謀可能走進死胡同，或者（最慘的情況）是在吵架大賽中畫下句點。結果完全相反：我們竟然達成共識了。

白堊紀末期，恐龍活得優遊自在。不論從物種數目或解剖構造變異度來看，牠們的多樣性是全方位的，並且穩定發展。當時既沒有已持續數百萬年或數億年的衰退趨勢，也沒有變異明顯增加的現象。幾種最主要的恐龍族群皆安安穩穩活到白堊紀末期——譬如大大小小的獸腳類和蜥腳類恐龍，長角的以及嘴喙像鴨子的恐龍，腦袋鈍圓的恐龍，自備盔甲的恐龍，小型植食恐龍，還有其他雜食恐龍等等，族繁不及備載。此外，在小行星摧毀大半個地球之前的那一刻，至少在化石紀錄一極棒的北美洲，我們知道霸王龍、三角龍和地獄溪的其他恐龍們都還活得好好的。這些事實徹底排除曾經喧騰一時的其他假設：譬如海平面和全球氣溫的長期劇烈變化導致恐龍逐漸消亡，又或者在撞擊發生前數百萬年（白堊紀晚期），印度火山就已經開始逐一挑選它的恐龍祭品了。

與前述兩項假說相反的是，我們發現，從地質證據來看，恐龍滅絕發生得相當突然。這點毋庸置疑。也就是說，恐龍滅絕的過程至多不超過數千年。恐龍一度十分活躍，卻突然失去蹤影，從全球各地的白堊紀末岩層中同步消失。我們不曾在小

行星撞擊後的古近紀岩層中找到恐龍化石，真的是丁點不剩，遍尋不著半根骨頭、半枚足印。這表示我們只能將恐龍滅絕歸咎於一場突然發生、戲劇化且災難性的重大事件，而希克蘇魯伯無疑就是罪魁禍首。

　　然而有一事值得細究。白堊紀結束前，大型植食恐龍的物種與數量確實呈現微微下降的趨勢，歐洲恐龍也正在歷經物種替換的過程，這種衰退造成的後果相當明顯：生態系更容易瓦解，少數物種滅絕即可能引發瀑布效應，擴散至整個食物鏈。

　　總體來說，對恐龍而言，小行星顯然來得相當不是時候。要是希克蘇魯伯早個幾百萬年撞上地球──在植食恐龍的變異度尚未趨緩、歐洲恐龍也還沒開始替換的時候到來──恐龍生態系說不定還握有些許優勢、也夠強固結實，足以應付這場衝擊。如果希克蘇魯伯晚個幾百年撞上地球，植食恐龍的變異趨勢說不定已恢復正常（畢竟在這之前的一億五千多萬年來，恐龍演化的變異度曾多次微幅下降、復又校正回來），整個恐龍生態系也會比白堊紀末更強健耐撞。就這麼一顆直徑六哩的天體來看，大概永遠都不會有所謂「從天而降的好時機」。然而對恐龍氏族而言，六千六百萬年前的那一天極有可能是「最糟時機」，一段牠們最脆弱敏感的狹窄空窗期。話說回來，假如撞擊事件當真早或晚個數百萬年發生，或許此刻聚集在我家窗外的就不會是海鷗，而是暴龍超科或蜥腳類恐龍了。

　　又或者並非如此。說不定，整個恐龍王朝最終仍會毀在這顆巨大的小行星手中。畢竟，希克蘇魯伯以雷霆萬鈞之姿全速

撞上猶加敦，這麼大的事，恐龍就算想逃也逃不掉。不論撞擊發生後引發哪些連鎖事件，我相信，小行星就是非鳥類恐龍滅絕的最主要原因。如果世上真有一個直截了當、值得我賭上事業的明確主張，那麼無疑會是這一句：沒有希克蘇魯伯小行星，就不會有恐龍滅絕事件。

眼前還有一塊拼圖我還沒提到，而這也是最後一塊拼圖：為什麼所有的非鳥類恐龍都在白堊紀末消失了？畢竟小行星並未把所有生物都殺光呀。有好多生物都挺過這場浩劫了，譬如青蛙、蠑螈、蜥蜴、蛇類、龜、鱷魚、哺乳類以及——沒錯——少部分恐龍（好歹牠外表像恐龍），更別提那許許多多、生活在海中的有殼無脊椎動物和魚類（不過這部分與本書主題無關）。所以，霸王龍、三角龍、蜥腳類及其近親到底有何特殊之處，使牠們成為這場浩劫的主要犧牲者？

這個問題至關重大。而我們之所以特別想找出答案，是因為答案與你我所處的今日世界息息相關。如果地球突然發生擴及全球的氣候與環境巨變，最後有哪些生物能活下來、又有哪些難逃一死？這無疑是重要的個案綜合研究——徹底研究化石標本的紀錄（譬如白堊紀末滅絕事件），給予世人決定性的洞見。

首先我們必須了解，儘管有些物種熬過緊接在撞擊後的地獄之火與長期氣候劇變，其實大多數的物種都死了。據估計，

大概有百分之七十的動物因此滅絕，其中包括絕大部分的兩棲類和爬行類，以及大多數的哺乳類和鳥類。所以，當年的情況並非如某些教科書和電視節目所說的那麼簡單（兩者機械式地反覆提及「只有恐龍死掉，哺乳類和鳥類幸運活下來」）。若不是咱們的哺乳類祖先身上帶著幾組好基因，或者當時運氣真的不錯，牠們也可能走上恐龍的路子，而我也就不會在這兒寫書了。

　　話說回來，在當年的受害者與倖存者之間，似乎確實存在某種區別或差異。以哺乳類來說，活下來的物種大多比滅亡者的體型小一些，食性則以雜食居多。由此看來，在撞擊過後的瘋狂世界裡，若能機靈地鑽來鑽去、遁入地道、並以各式各樣不同種類的食物維生，確實有其優勢。與其他脊椎動物相比，龜和鱷魚的命運還算不錯，大概是因為在混亂發生的最初幾小時內，牠們能躲進水中，避開石彈轟炸與地震襲擊。不僅如此，更因為水生生態系原本就奠基於腐植質——這群處於食物鏈底層的生物以腐爛植物及其他有機物為食，不吃樹葉、灌木和花朵，因此在光合作用被迫中止、植物逐漸凋零之際，牠們的食物網並未就此瓦解。事實上，植物腐爛反倒提供牠們更充足的食物。

　　恐龍的運氣就沒有這麼好了。牠們大多體型龐大，無法輕易逃進地道、等待大火風暴過去，亦無法潛入水中。此外，恐龍所屬的食物鏈主要由大型植食動物構成基礎，因此當陽光受阻、光合作用中止、植物凋零死亡之際，牠們肯定能感受到整

串食物鏈如骨牌逐一倒下。再加上絕大多數恐龍的食性都相當專一或絕對——牠們只吃肉、或者只吃某些類型的植物——不像後來倖存的哺乳類一樣，食性選擇較有彈性，因而較具優勢。恐龍的缺陷不只這些。不少恐龍可能都是溫血，或至少代謝率頗高的動物，需要大量食物，所以牠們不可能像某些兩棲類或爬行類一樣，餓著肚子好幾個月不進食。還有，恐龍蛋從產出到孵化大約需要三到六個月，足足是鳥蛋孵化的兩倍時間。小恐龍孵出來以後，又得花上好幾年才能成年，這段漫長又折騰的青少年期可能使牠們對環境變遷更加敏感，更易受害。

在小行星撞上地球之後，大概沒有哪一項因素能單獨決定恐龍的終極命運。恐龍的麻煩太多，大夥兒都跟恐龍過不去。體型小一點、食性隨興一點、又或者傳宗接代快一點，這些因素全都無法提供生存保證，然而在地球被迫屈服於反覆無常的賭局之際，這每一項因素或許都能增加動物在動亂中的生存機率。在毀天滅地的那一刻，若說生死取決於物種手中握著哪張牌，那麼恐龍就是拿到鬼牌的倒楣鬼。

不過，有些物種倒是在這場混亂中趁勢崛起，譬如咱們身形如鼠的哺乳類先祖。牠們成功跨越生死線，爾後迅速建立屬於自己的王朝。然後還有鳥類。大部分的鳥類和牠們的有羽毛恐龍近親也都死了（包括身上長了兩對翅膀、或是翅膀像蝙蝠的恐龍們，以及長尾巴、有牙齒的原始鳥類），然而具現代鳥類雛形的物種卻存活下來。牠們倖存的確切原因不明，有可能

是大翅膀和強壯的胸肌讓牠們能飛離混亂，覓得安全避難所。又或者是牠們的蛋孵化速度快，雛鳥一旦離巢就能迅速長為成鳥。再不然就是牠們專吃種子（這種富含營養的小堅果能在土裡待上好些年，數十或甚至數百年）。最有可能的是牠們結合前面幾項，以及其他還沒找到或還未確認的有利因素與優勢，再加上運氣。

　　追根究柢，演化──還有生命──大抵還是擺脫不了命運。兩億五千萬年前，恐龍在那場幾乎清光所有地球生物的劇烈火山侵襲後崛起，然後又幸運度過三疊紀末那場為牠們剷除異己（偽鱷類）的第二次大滅絕。這一回，風水輪流轉，霸王龍和三角龍消失不見，蜥腳類不再足聲隆隆橫越大地。但是別忘了，咱們還有鳥類──牠們也是恐龍──牠們活下來了。直到今天依舊和我們同在一起。

　　恐龍王朝或已不再，但恐龍還在。

終 曲

恐龍之後

每年五月，我都會前往新墨西哥州西北部、離「四州界」（Four Corners）不遠的沙漠區，或多或少算是緊接在「期末狂躁」——改不完的考卷、報告及其他例行雜事——之後的喘息。我通常會在那兒待上幾週。待假期接近終點時，沙漠的空曠、平靜以及每晚在帳棚裡烹調的辣呼呼美食，總能成功紓解我的壓力。

不過這不算是度假。一如往常，我來是為了工作，執行這十多年來跑遍波蘭採石場、蘇格蘭冷冽且潮起潮落的海蝕平台、外西凡尼亞的陰鬱城堡、巴西內陸、豔陽高照的地獄溪谷等全球各地的唯一目的。

我來這裡找化石。

不用說，我找到的絕大多數都是恐龍化石，而且是地球上最後一群恐龍——也就是白堊紀最後數百萬年間、生活在地獄溪南方千哩的恐龍族群。牠們在此興盛繁衍，身處看似恆定不變的歷史時光，彷彿將如過去一億五千萬年那般繼續統治地球，直到永遠。我們在這裡找到暴龍和巨型蜥腳類的骨頭，找到厚頭龍那圓鼓鼓、用來互相頂撞的頭骨，找到角龍和鴨嘴龍割劃植物的顎骨，還找到許多牙齒（屬於馳龍及其他在大傢伙腳邊鑽來竄去的小型獸腳類）。當時有這麼多不同種類的恐龍和諧相處，沒有任何跡象顯示這一切即將遭遇恐怖劇變。

不過，老實說，我並非完全為了恐龍而來（這麼說好像有點違背職業道德，橫豎我入行至今幾乎都在追逐霸王龍和三角龍足跡啊），而是想了解地球在恐龍消失後發生了什麼事，大

地如何復原、如何重新開始、如何打造一座嶄新世界？

　　新墨西哥州的這片莽原——算是納瓦荷保留區（Navajo Nation）周圍最遼闊、且幾乎無人居住的荒涼地帶——大地舉目盡是棒棒糖般的鮮豔條紋，其中絕大多數由河湖底部的沉積岩刻蝕而來，其形成時間約莫在小行星撞擊後數百萬年內。定年顯示這些岩層屬於六千六百萬至五千六百萬年前的古近紀，惟其中找不到半根暴龍牙齒或蜥腳類的粗壯骨骼——這些都是下方數呎的白堊紀末岩層最常見的化石。這種改變相當突然且明顯，小行星一口氣清掉一整個世界，接著再創造另一個新世界。許多恐龍就這麼突然消失。這和艾爾巴雷茲在古比奧峽谷觀察到的有孔蟲更替模式恐怖地相似。

　　我總是和湯姆・威廉遜（Tom Williamson）結伴走過這片新墨西哥的乾燥丘陵。湯姆是我在科學界的摯友之一，也是阿布奎基（Albuquerque）的自然史博物館館長。他在本地採集化石的資歷已有二十五年，念大學的時候就開始了。他經常帶著雙胞胎兒子萊恩與泰勒同行。這兩小子跟隨老爸歷經無數次野營訓練，早已培養出一身高超的化石搜尋本領，足以媲美我認識的任何一位專業古生物學家（甚至與波蘭的尼茨威茲基和羅馬尼亞的維米爾不相上下）。其餘時候，湯姆會帶學生一起來，而他的學生多半是世居於這片原住民聖域納瓦荷保留區的年輕納瓦荷族人。每年五月，湯姆會在這裡和我、還有我從愛丁堡帶來的學生會合，萊恩和泰勒（現在兩人都是大學生了）通常也會跟來；咱們一行人白天享受尋找化石的樂趣，晚上則

野地考察實景。美國新墨西哥州聖胡安盆地（San Juan Basin）。（感謝威廉斯提供照片）

正在採集哺乳類化石的我。哺乳類繼恐龍之後，成為主宰地球的霸主。

新墨西哥州出土的哺乳類牙齒。這種哺乳類的生存年代約莫介於白堊紀末撞擊事件至其後數萬年間。

圍著營火、分享一些多年並肩做田野所累積的內行笑話。

　　湯姆擁有一項我徹底缺乏的高強技能，而且這項技能對古生物學家尤其有用，那就是：照相般的記憶。（但他總推說他沒有。我看他不是故作謙虛，就是得了妄想症。）湯姆認得這片沙漠的每一座小山丘、每一面峭壁，而這些在我看來全都一模一樣。他曾在哪兒找到哪一塊化石、這塊化石有何細節，他幾乎全都記得——這實在驚人，因為截至目前為止，他大概已經在這裡採集到數千、或甚至數萬份化石了。

　　這些化石四散在大地上，持續從風化刻蝕的古近紀岩層暴露出來。除了隨處可見的多種鳥類骨骼外，這裡出土的大多不

是恐龍化石。這些骨頭和牙齒屬於另一個從恐龍手中接下霸權的物種，牠們承先啟後，開創地球史的下一個偉大王朝。這個王朝包括許許多多今日世界最熟悉且常見的物種，其中也包括你我。

是的，哺乳類。

各位應該還記得，哺乳類和恐龍同樣誕生於兩億多年前、環境惡劣且難以預測的三疊紀盤古大陸。但哺乳類和恐龍從此踏上截然不同的道路。當恐龍擊敗初期的鱷魚競存者，安然度過三疊紀末的滅絕時刻，接著長成龐然巨獸、足跡遍及全世界時，哺乳類始終在暗處討生活。牠們越來越嫻熟於低調生存，學習嘗試更多食物來源，學會躲進地道或神不知鬼不覺地活動，有些甚至想出滑行飛越樹冠或潛水泅泳的技藝。此外，哺乳類在這段期間亦始終維持小體型，與恐龍同期的哺乳類沒有一種體型大過海狸。牠們無疑是中生代時代劇的小角色。

然而在新墨西哥州這裡則完全不是這麼回事。在湯姆腦中一絲不苟、詳細分類的數千塊化石，大多分屬於數量龐大、多樣性驚人的不同物種。有些是迷你如鼩鼱的食蟲動物，活像在恐龍腳邊奔竄的小蟲。有些則是海狸大小、擅挖地道的齧齒動物，或齒利如劍的食肉動物，甚至也有大如牛隻、嗜吃植物的素食者。這些都是活躍在古近紀早期的動物，生存年代大約是小行星撞擊後五十萬年。

沒錯，地球在遭遇最毀天滅地的劫難之後，僅僅過了五十萬年，便已順利重建生態系，恢復生機。那時的氣溫已不如核

子冬天寒冷、亦不若溫室效應悶熱。針葉林、銀杏林或甚至更多元多樣的開花植物再一次現身大地，昂然直指天際。鴨子與潛鳥的原始親戚在湖邊閒晃，龜泅水岸邊，渾然不覺潛伏暗處、伺機撲擊的鱷魚。暴龍、蜥腳類和鴨嘴龍完全不見蹤影，取而代之的是多樣性暴增的各種哺乳動物。牠們終於等到了期盼數億年的大好機會：一座沒有恐龍的寬闊遊樂場。

在這群哺乳類化石中，湯姆和他的團隊發現一種骨架跟幼犬差不多的生物「托雷洪獸」（*Torrejonia*）。牠四肢纖瘦，前後指趾皆頗修長。恕我斗膽這麼說：牠看起來實在非常非常可愛。這種動物大約生活在撞擊事件的三百萬年後，即使以今日世界的標準來看，牠優雅的骨架與身形再順眼不過。各位幾乎能想像牠骨感的前肢攀抓樹枝、靈活跳躍林間的畫面。

托雷洪獸是目前已知最古老的靈長類，和你我已算是近親。這個簡單明確的事實提醒了我，在那史上最糟糕的一日，你、我、還有全人類的老祖先其實早已在場目睹巨石從天而降，承受火燒、地震與核子冬天，設法撐完白堊紀、熬到古近紀。然後，當機會終於站在牠們這一邊，牠們立刻踏上演化之路，進化為托雷洪獸這種林間跳躍好手。之後又過了六千萬年，演化將這群謙卑的原始靈長類變成雙足行走、誇誇其談、會寫書（或讀書）還會蒐集化石的無尾猴。假使希克蘇魯伯小行星不曾撞上地球，不曾點燃滅絕與進化的連鎖反應，那麼今日站在這裡的說不定還是恐龍，而非你我。

這是更為震撼的一記警鐘，也是恐龍滅絕傳授給人類更重

要的一堂課。白堊紀末發生過的一切再再告訴我們，即使是最占盡優勢的物種也會滅絕──而且是突然發生。當召喚恐龍的喪鐘響起時，牠們已經在地球生活超過一億五千萬年了。牠們挺過最初的困苦，進化成代謝特快和體型巨大的超級強權，最後擊敗對手、統治整個星球。牠們有些長出翅膀，飛越陸地疆界；有些光是走走路便足以撼動大地。當時，從地獄溪谷到歐洲島嶼，全世界大概有數十億頭恐龍。牠們在六千六百萬年前的那個早上醒來，自認穩居大自然的最上座，地位不可動搖。

然後，不過是電光火石的一瞬間，好日子結束了。

人類此刻戴上的皇冠，過去一度屬於恐龍。我們確信自己是萬物之靈，但我們的作為正在快速改變這顆孕育你我的星球。這個想法令我不安。走在新墨西哥州的酷熱沙漠中，望著恐龍骨頭突然將整片大地拱手讓給托雷洪獸和其他哺乳類化石，有個念頭始終在我腦中徘徊不去：

如果連恐龍都會碰上這種遭遇，歷史是否也可能在人類身上重演？

致謝

　　我進入「恐龍研究」這個領域的時間還不長，貢獻相對也小。而我就像其他所有科學家一樣，站在前人的肩膀上，並得力於許許多多和我並肩工作的伙伴。希望這本書能傳達古生物學界目前令人振奮的多項進展，同時讓各位理解，你我所學到關於恐龍的一切，都是過去數十年來、集眾人之力——包括來自全球各領域的高手，男男女女，志願與業餘野地工作者，學生和教授——所通力完成的。我無法逐一列名致謝，而且若我試著這個做，肯定會落掉一大堆重要人物。所以，對於所有出現在本書裡的學界先進與工作伙伴，我要感謝各位接納我進入古生物學家的全球社群，並且讓我這十五年來過得豐富又精采。

　　不過，我必須特別向其中幾位表達謝意。我實在非常非常榮幸，擁有三位最傑出的顧問，分別是我在芝加哥大學的指導老師保羅‧塞瑞諾，布里斯托大學碩士班指導老師麥克‧班頓（Mike Benton），以及我在哥倫比亞大學和美國自然史博物館的博士班指導老師馬克‧諾列爾。我明白我有多幸運，也深知自己肯定是個煩人的學生。這三位大師提供珍貴的化石讓我揣摩，多次帶我下鄉做田野，跑遍全球做研究；最重要的是，他

們會在我思緒太過天馬行空時明白點醒我。我實在無法不這麼想：在跟隨指導教授這方面，大概沒有哪個年輕研究員比我更幸運的了。

　　這一路上，我和許多伙伴並肩奮鬥，他們幾乎都是非常棒的學術伙伴（至少是年輕一代、專攻恐龍的古生物學家），個個愉快風趣，超級好相處。不過，其中有幾位已和我結為好友，早已跨過工作伙伴的界線——首先要特別感謝湯瑪斯·卡爾和湯姆·威廉遜，還有理查·巴特勒、羅伯托·甘德洛、佐坦·西基薩瓦、葛萊姆·洛依德、奧塔維歐·馬提厄斯、斯特林·內斯彼特、格奇戈茲·尼茨威茲基、馬提亞斯·維米爾、史提夫·王、史考特·威廉斯、Roger Benson、Richard Butler、Tom Challands、Junchang Lu、Dugie Ross及Scott Williams。

　　在這段不算太長的職業生涯裡，我運氣頗佳，遇上不少好事，其中最重要的當屬莫名其妙說服愛丁堡大學僱用剛拿到博士學位的我。Rachel Wood無疑是所有剛到職的年輕成員最渴望結識的前輩與導師，而且她到現在還不讓我付咖啡錢、餐費、啤酒或威士忌酒資。Sandy Tudhope、Simon Kelley、Kathy Whaler、Andrew Curtis、Bryne Ngwenya、Lesley Yellowlees、Dave Robertson、Tim O'Shea和Peter Mathieson，你們是最棒的老闆，永遠給我足夠的支持卻從不盛氣凌人，挑剔難搞。還有Geoff Bromiley、Dan Goldberg、Shasta Marrero、Kate Saunders、Alex Thomas和其他諸位年輕好手們，感謝各位讓我在愛丁堡的日子有趣又開心。感謝Nick Fraser與Stig Walsh邀請我加入

蘇格蘭歷史博物館群組，感謝 Neil Clark 和 Jeff Liston 引薦我進入蘇格蘭古生物學界這個規模更大的社群。身為學系一分子的追加好處是能夠親自指導學生，因此我要感謝所有進過我實驗室、各種各款天資聰穎又出色的學生們：Sarah Shelley、David Foffa、Elsa Panciroli、Michela Johnson、Amy Muir、Joe Cameron、Paige DePolo、Moji Ogunkanmi。你們大概不會明白，其實我也從你們每一個人身上學到好多東西。

　　科學已經夠難了，寫作更難。我的兩位編輯——Peter Hubbard（美國 William Morrow 出版社編輯）和 Robin Harvie（英國編輯）——幫我把原本叨叨絮絮、雜亂無章的個人經驗修整為條理分明的敘事集。好些年前，Jane von Mehren 聽見我上廣播訪談，認為我說不定有故事可以分享；她說服我設法擠出一份出書提案，而且從那時候起就開始擔任我了不起的經紀人一職。此外，我還要大大感謝 Aevitas 公司的 Esmond Harmsworth 與 Chelsey Heller，謝謝你們幫我議定合約、處理付帳、海外版權和其他大小事。然後我要大大讚美我的「換帖」好兄弟、無與倫比的藝術家 Todd Marshall，你原創十足的繪圖賦予我的文字靈動活潑的生氣。謝謝我親愛的朋友米克・埃力森，你是全世界最厲害的恐龍攝影師，感謝你讓我使用那些驚嘆迷人的照片。另外還要感謝我家的兩位律師——我爸 Jim 和我哥 Mike，感謝你們確認每一份合約詳盡完美，讓我安心。

　　我一直很喜歡寫東西，而我在這條路上受到非常多的幫助。感謝 Lonny Cain、Mike Murphy 和 Dave Wischnowsky 給我

機會，讓我在家鄉報社——伊利諾州《渥太華時報》（Times）
——新聞編輯室做了四年。截稿的恐慌和追查消息來源的驚險
使我學得更快。另外在我青少年時期，許多好心人在他們的雜
誌、網站刊登我寫的恐龍文章（大多很糟），所以我尤其要感
謝 Fred Bervoets、Lynne Clos、Allen Debus 和 Mike Fredericks。
而近年，《科學人》的 Kate Wong，《Quercus》網站的 Richard
Green，《Current Biology》的 Florian Maderspacher，還有《The
Conversation》網站的 Steven Vass 與 Akshat Rathi 亦紛紛給我發
聲平台與愛之深責之切的嚴謹社評。在我剛開始寫這本書的時
候，Neil Shubin（我的大學教授）和 Ed Yong 也都給了我極有
用的建議。

　　我也想感謝多個經費補助委員會（族繁不及備載），感謝
各位經常駁回我的補助申請，讓我有大量的時間和自由好好寫
書。不過，在此我要誠心感謝美國國家科學基金會（National
Science Foundation）和美國土地管理局（以及所有支持其運作
的美國納稅人），還有國家地理學會、英國皇家學會及萊弗爾
梅信託基金（Leverhulme Trust），歐盟撥款運作的歐洲研究委
員會（European Research Council）與瑪麗·居里行動計畫獎學
金（Marie Skłodowska-Curie actions），以及歐盟政府和所有支
持其運作的納稅人，感謝各位對我的支持。此外我也收到許多
來自不同管道的小額補助款，還有美國自然史博物館及愛丁堡
大學的全力支持，為此我誠心感謝。

　　我的家人是全世界最棒的家人。感謝爸媽 Jim 和 Roxanne

容忍我在度假時拖著全家去博物館，確保我將來能進大學念古生物學。謝謝兩位兄長Mike和Chris始終支持我。現在，就連我太太Anne也同樣支持我：她容忍我經常不在家（出門野地考察）、常常溜上樓寫東西，並且經常邀請形形色色的恐龍痴迷人士和酒友來家裡聚會（我總是不由自主受這類人吸引）；即使她對恐龍什麼的一點興趣也沒有，她竟然還讀了這本書的草稿，超愛妳的！另外也感謝Anne的爸媽Peter和Mary讓我盡情窩在他們布里斯托的家，讓我有個安靜的地方可以寫作。當然，我可不能漏了另外兩位大好人：小姨子Sarah和Mike的妻子Stephenie。

最後我要感謝所有無名英雄，那些通常沒沒無聞、但少了他們即可能導致古生物學滅絕的各界人士：化石標本製作師、野地技術員、大學助理、學校祕書與行政人員，參觀博物館或捐款給大專院校的善心人士、科學記者與專欄作家，畫家和攝影師，期刊編輯及同儕審查委員，好心把採集到的化石捐給博物館的業餘收藏家，管理國家土地和處理申請許可的公務員（在此特別感謝我在美國土地管理局、蘇格蘭自然遺產協會〔Scottish Natural Heritage〕及蘇格蘭政府的多位好友），支持科學研究、挺身對抗冥頑不靈的政治家與聯邦局處，透過納稅及投票支持科學研究的普羅大眾，各級學校的自然科學老師，還有更多更多無法逐一列舉的人。

各章文獻註記

　　這本書的主要資訊來源，大多是我個人的經歷或經驗——
我研究過的化石、我做過的野地考察、我調查過的博物館館藏
以及許許多多和朋友、同僚的討論內容。寫書期間，我不時
翻閱自己投稿科學期刊的文章、我寫的教科書《恐龍化石生
物學》（*Dinosaur Paleobiology*, Hoboken, NJ: Wiley-Blackwell,
2012）、還有我為《Scientific American》及《The Conversation》
網站所寫的科普文章。以下是我的其他參考補充資料和資源，
在此提供給各位，方便大家進一步搜尋更多資訊。

序曲　大發現的黃金時代

　　我在某篇投稿《Scientific American》的文章裡（*Taking
Wing*, vol. 316, no. 1（Jan. 2017）: 48–55），描述我在中國錦
州研究振元龍的故事。呂君昌和我於二〇一五年發表論文
（*Scientific Reports 5*, article no.11775）描述振元龍。

第一章　恐龍現蹤

　　目前有兩本詳盡介紹二疊紀末滅絕事件的科普書籍，其
一是我碩班指導教授麥可·班頓寫的《*When Life Nearly Died:*

The Greatest Mass Extinction of All Time》（Thames & Hudson, 2003），另一本是史密森尼學會考古學巨擘Douglas Erwin的《*Extinction: How Life on Earth Nearly Ended 250 Million Years Ago*》（Princeton University Press, 2006）。Zhong-Qiang Chen和麥可・班頓也以這次滅絕事件及其後的復原為題，為《Nature Geoscience》合寫一篇簡短的論文回顧。Seth Burgess等人將導致二疊紀滅絕的火山爆發的時間與條件等最新資訊，發表在《PNAS USA》（*Proceedings of the National Academy of Sciences USA* 111, no. 9 (Sept. 2014): 3316–21）與《Science Advances》（Science Advances 1, no. 7 (Aug. 2015): e1500470）。此外，Jonathan Payne、Peter Ward、Daniel Lehrmann、Paul Wignall、我的愛丁堡同事Rachel Wood及她的博班學生Matt Clarkson等人，也對本次滅絕事件貢獻不少精采專文。說到Matt Clarkson，就在他剛完成博士論文之後沒幾天，我還曾經拜託他代我出席系務會議呢。

格奇戈茲・尼茨威茲基發表過多篇關於「波蘭聖十字山脈之二疊紀至三疊紀足跡化石」的論文報告。其中有幾篇是他和波蘭地質學會（Polish Geological Institute）的朋友們合力完成的（Tadeusz Ptaszyński、Gerard Gierliński、Grzegorz Pieńkowski）。其中，Pieńkowski這老兄魅力十足，在一九八〇年代的「波蘭團結工聯運動」（Solidarity movement）算是活躍分子，而他積極從事政治運動的態度也替他在共產主義瓦解、民主制度上台之後，弄到一個「駐奧地利總領事」的

職位。在我們途經波蘭東北湖區、前往立陶宛搜尋化石的路上，Pieńkowski不僅慷慨出借客房，還拚命端出波蘭燻腸餵飽我們。二〇一〇年，我們將怪趾足跡屬及其他早期恐龍形類動物足跡的共同研究成果，首度於二〇一一年發表（*Proceedings of the Royal Society of London Series B*, 278 (2011): 1107–13），題名為〈*Footprints Pull Origin and Diversification of Dinosaur Stem Lineage Deep into Early Triassic*〉；後來又以尼茨威茲基為第一作者，發表篇幅較長的專題論文〈*Anatomy, Phylogeny, and Palaeobiology of Early Archosaurs and Their Kin*, ed〉（Sterling J. Nesbitt, Julia B. Desojo, and Randall B. Irmis (*Geological Society of London Special Publications* no. 379, 2013), pp. 319–51）。至於其他地區的三疊紀足跡化石研究，也有保羅‧奧森、Hartmut Haubold、Claudia Marsicano、Hendrik Klein、Georges Gand、Georges Demathieu等人發表的多篇重量級報告。

我在碩班期間製作的恐龍及其近親系譜樹，曾以〈*Higher-Level Phylogeny of Archosauria*〉為名發表（*Journal of Systematic Palaeontology* 8, no. 1 (Mar. 2010): 3–47）。

本章把重點擺在我研究過的早期恐龍形類動物足跡，另簡要提及這些動物的骨骼化石；然而像是「西里龍」（*Silesaurus*）──即文中所指，由德高望重的波蘭教授Jerzy Dzik所研究的神祕爬行類化石──以及「兔蜥」（*Lagerpeton*）、「馬拉鱷龍」（*Marasuchus*）、「*Dromomeron*」、「阿希利龍」（*Asilisaurus*）等幾個物種，目前亦已累積不少骨骼化石紀錄。Max Langer等

人亦曾針對這群動物發表過半學術性的文獻綜述（*Anatomy, Phylogeny, and Palaeobiology of Early Archosaurs and Their Kin*, pp. 157–86）。至於「尼亞薩龍」這頭可能是最古老恐龍、又或者只是恐龍近親的謎樣生物，則由 Sterling Nesbitt 等人於二〇一二年發文描述（*Biology Letters* 9 (2012), no.20120949）。

Cherry Lewis 所寫的亞瑟‧荷姆斯傳記《*The Dating Game: One Man's Search for the Age of the Earth*》（Cambridge University Press, 2000）算是了解放射性定年及其發現史、岩石定年運用等概念的良好入門讀物。至於三疊紀岩石難以定年的棘手問題，在 Claudia Marsicano、Randy Irmis 等人發表的重要論文中有詳盡討論（*Proceedings of the National Academy of Sciences USA*, 2015, doi: 10.1073/pnas.1512541112）。

保羅‧塞瑞諾、Alfred Romer、Jose Bonaparte、Osvaldo Reig、Oscar Alcober 及他們的同僚、學生寫過不少關於伊沙瓜拉斯托恐龍及同期動物的論文報告。不過最棒的要屬收錄於二〇一二年《*Memoir of the Society of Vertebrate Paleontology*》的〈*Basal Sauropodomorphs and the Vertebrate Fossil Record of the Ischigualasto Formation (Late Triassic: Carnian–Norian) of Argentina*〉，包括幾次出征伊沙瓜拉斯托的歷史回顧，以及始盜龍的詳盡解剖描述，作者都是保羅‧塞瑞諾。

本書即將付梓之際，學界碰巧發表了兩項與伊沙瓜拉斯托相關、饒富興味的新進展。其一是伊沙瓜拉斯托出土的植食恐龍「皮薩諾龍」——我在本章將其歸類為鳥臀目早期成

員——已重新描述並歸入非恐龍的恐龍形類動物，且是西里龍的近親（F. L. Agnolin and S. Rozadilla, *Journal of Systematic Palaeontology,* 2017, http://dx.doi.org/10.1080/14772019.2017.1352623）；照這樣看來，目前，整個三疊紀大概沒有一塊像樣的鳥臀目恐龍化石了。其次是劍橋大學博士生 Matthew Baron 等人發表了一份新的恐龍系譜樹（*Nature,* 2017, 543: 501–6）：排除蜥腳亞目，將獸腳類和鳥臀目歸為一類，命名為「鳥腿龍類」（*Ornithoscelida*）。這個主意挺刺激的，卻也引發極大爭議。目前，我個人屬於由 Max Langer 領軍的審核小組，負責審查 Baron 等人的資料集，而我也傾向支持傳統的「鳥臀目—蜥臀目」分類方式（*Nature,* 2017, 551: E1–E3, doi:10.1038/nature24011）。這個題目肯定還會吵上好幾年。

第二章　恐龍崛起

　　討論三疊紀恐龍崛起的論文所在多有。我自己就和「欽利鼠黨」斯特林・內斯彼特及藍迪・艾爾米斯等人合寫過一篇〈*The Origin and Early Radiation of Dinosaurs*〉（*Earth-Science Reviews* 101, no. 1–2 (July 2010): 68–100）。其餘還包括 Max Langer 與各路伙伴合著的多篇論文，包括：Langer et al., *Biological Reviews* 85 (2010): 55–110，Michael J. Benton et al., *Current Biology* 24, no. 2 (Jan. 2014): R87–R95，Langer, *Palaeontology* 57, no. 3 (May 2014): 469–78，Irmis, *Earth and Environmental Science Transactions of the Royal Society of*

Edinburgh, 101, no. 3–4 (Sept. 2010): 397–426，Kevin Padian, *Earth and Environmental Science Transactions of the Royal Society of Edinburgh* 103, no. 3–4 (Sept. 2012): 423–42。

　　和我在同一條路上工作的好友——蘇格蘭國立博物館（National Museum of Scotland）的 Nick Fraser——針對三疊紀以及如何將恐龍嵌入更大的「現代生態系組合」，寫了兩本超棒的半學術書籍，分別是二○○六年出版的《*Dawn of the Dinosaurs: Life in the Triassic*》（Indiana University Press）和二○一○年，他與 Hans-Dieter Sues 合寫的《*Triassic Life on Land: The Great Transition*》（Columbia University Press）。這兩本書的插圖豐富精美（前者甚至請來偉大的古生物畫家 Doug Henderson 操刀），納入許多三疊紀脊椎動物演化的主流重要文獻資料。Ron Blakey 與 Christopher Scotese 繪製的盤古大陸地圖是我見過最棒的。他們根據可追溯至遠古海岸線、進而決定各大陸在數百萬年前的位置等多項地質證據，精心製作這些地圖。我在本書解釋盤古大陸分裂過程時，大量且十分依賴這幾份地圖。

　　關於在葡萄牙的挖掘過程，我們發表過好幾篇報告，其中包括在恐龍墳場發現方顎蜥骨骼的詳盡描述（Brusatte et al., *Journal of Vertebrate Paleontology* 35, no. 3, article no. e912988 (2015): 1–23），還有一篇專門描述與超級蠑螈同期的「植龍類」（Octavio Mateus et al., *Journal of Vertebrate Paleontology* 34, no. 4 (2014): 970–75）。首位在阿爾加維省發現三疊紀化石

標本的德國學生名喚 Thomas Schroter，而那篇描述這份化石的「沒沒無聞」報告由 Florian Witzmann 與 Thomas Gassner 撰寫完成（*Alcheringa* 32, no. 1 (Mar. 2008): 37–51）。

「欽利鼠黨」——艾爾米斯、內斯彼特、史密斯、透納——和他們的同事發表過多篇論文報告，主題圍繞他們在幽靈牧場發現的化石標本、該區的古生物環境、以及他們的發現如何與三疊紀恐龍演化的全球脈絡搭上線。其中最重要的幾篇有：（Nesbitt, Irmis, and William G. Parker, *Journal of Systematic Palaeontology* 5, no. 2 (May 2007): 209–43），（Irmis et al., *Science* 317, no. 5836 (July 20, 2007): 358–61），（Jessica H. Whiteside et al., *Proceedings of the National Academy of Sciences USA* 112, no. 26 (June 30, 2015): 7909–13）。艾德溫・柯伯特在一九八九年的專題論文（*The Triassic Dinosaur Coelophysis*, *Museum of Northern Arizona Bulletin* 57: 1–160）詳盡描述幽靈牧場出土的腔骨龍骨架；爾後，他也在多本引人入勝的恐龍書籍中，敘述這段探勘經歷。Martin Ezcurra 對真腔骨龍的描述記錄在（*Geodiversitas* 28, no. 4: 649–84）這篇論文中。二〇〇六年，內斯彼特先以一篇幅較短的論文描述靈鱷（*Proceedings of the Royal Society of London, Series B*, vol. 273 (2006): 1045–48），後來寫成專文發表（*Bulletin of the American Museum of Natural History* 302 (2007): 1–84）。

我在三疊紀恐龍與偽鱷類的形態變異方面的研究，發表於二〇〇八的兩篇論文（Brusatte et al., "*Superiority, Competition, and Opportunism in the Evolutionary Radiation of Dinosaurs,"* *Science* 321, no. 5895 (Sept. 12, 2008): 1485–88），與（Brusatte et al., *"The First 50 Myr of Dinosaur Evolution," Biology Letters* 4: 733–36）。這兩篇都是和麥可・班頓、Marcello Ruta、格萊姆・洛依德、我在布里斯托大學的碩班指導教授、以及今天我在這個領域最最信任的幾位伙伴共同完成的，論文也引述不少由巴克和查里共筆、對我深具啟發意義的相關發表及著作。在建立形態變異標準方法方面，我受益於多位無脊椎古生物學家，特別是Matt Wills與Mike Foote（我念芝加哥大學時，Foote也在系上教書，可惜我從沒聽過他的課），我在寫書時亦大量引用他們的論文報告。

　　這一節似乎經常跳出麥可・班頓的名字。與另外兩位學術導師（塞瑞諾及諾列爾）相比，我在本書正文裡鮮少提及麥可。這或許是因為我在布里斯托的時間太短，來不及累積夠多生動有趣、能融入我為這本書設定的敘事風格的精采故事。但這無損麥可・班頓的耀眼光芒。他是學界的超級明星，專攻脊椎動物演化；數十年來，他寫的教科書（尤其是《*Vertebrate Palaeontology*》，Wiley-Blackwell已多次再版，最新版於二〇一四年發行）主導整個古脊椎生物學領域。儘管他的地位如此崇高，受人景仰，麥可・班頓是個謙遜、悉心指導、廣受無數研究生愛戴的好老師。

第三章　恐龍攻城掠地

前章引用過的兩本書《*Dawn of the Dinosaurs: Life in the Triassic*》、《*Triassic Life on Land: The Great Transition*》對三疊紀末的滅絕事件提供了全面且詳盡的觀點。本章提到的幾項主題，在前章探討早期恐龍演化的幾篇文獻綜述中也有詳盡討論。

三疊紀末爆發的熔岩流形成大量玄武岩（譬如新澤西州帕利塞茲），覆蓋今日四大陸的部分地表，在地質學稱為「中大西洋大型火成岩區域」（Central Atlantic Magmatic Province, CAMP），Marzoli 等人在發表於《Science》的論文中有詳盡描述（*Science* 284, no. 5414 (Apr. 23, 1999): 616–18）。關於CAMP噴發時間，Blackburn、保羅・奧森等人同樣將研究結果發表（*Science* 340, no. 6135 (May 24, 2013): 941–45）：研究顯示，該區域在六十萬年間總計有過四次大型洪流。懷賽德（與我們同赴葡萄牙及幽靈牧場的好友）的研究顯示，在三疊紀末，海洋與陸上生物滅絕的時間點幾乎相同，而滅絕事件的初始跡象約莫與摩洛哥的第一道熔岩流同時發生（*Proceedings of the National Academy of Sciences USA* 107, no.15 (Apr. 13, 2010): 6721–25）。保羅・奧森也參與了這部分的研究，因為他是懷賽德在哥倫比亞大學攻讀博士時的指導教授。

研究三疊紀—侏儸紀交界的大氣層二氧化碳含量、全球氣溫及植被的人不少，相關論文包括：Jennifer McElwain 等人（*Science* 285, no. 5432 (Aug. 27, 1999): 1386–90 及 *Paleobiology*

33, no. 4 (Dec. 2007): 547–73），Claire M. Belcher等人（*Nature Geoscience* 3 (2010): 426–29），Margret Steinthorsdottir等人（*Palaeogeography, Palaeoclimatology, Palaeoecology* 308 (2011): 418–32）；Micha Ruhl及其同僚（*Science* 333, no. 6041 (July 22, 2011): 430–34），還有Nina R. Bonis與Wolfram M. Kurschner（*Paleobiology* 38, no. 2 (Mar. 2012): 240–64）。

　　保羅・奧森在青少年狂熱後的數年內，一連發表多篇有關北美東岸張裂盆地及化石的論文研究。他寫過兩篇探討盤古大陸張裂盆地系統（地質學家稱為「紐沃克超群」〔Newark Supergroup〕）的學術文獻綜述，兩篇都與Peter LeTourneau共同執筆（分別是 *The Great Rift Valleys of Pangea in Eastern North America*, vols. 1–2 (Columbia University Press, 2003)以及另一篇非常好用的文獻綜述（*Annual Review of Earth and Planetary Sciences* 25 (May 1997): 337–401）。二〇〇二年，奧森發表了一篇重要論文，總結他多年來研究足跡的成果；該論文為恐龍在三疊紀末大滅絕後的蓬勃發展，提供有力佐證（*Science* 296, no. 5571 (May 17, 2002): 1305–7）。

　　蜥腳類的相關文獻資料實在多不勝數。關於這個恐龍指標物種，最棒的一本專業書籍當屬Kristina Curry Rogers與Jeff Wilson編纂的《*The Sauropods: Evolution and Paleobiology*》（University of California Press, 2005）。Paul Upchurch、保羅・巴瑞特、Peter Dodson也為二版的經典恐龍學術百科全書《*The Dinosauria*》（University of California Press, 2004）合寫過一篇

很棒的學術摘要。我個人在二〇一年出版的教科書《恐龍化石生物學》（Hoboken,NJ: Wiley-Blackwell）也寫過一篇學術味較輕的文獻綜述。我初入行時的伙伴 Phil Mannion 與 Mike D'Emic 最近在 Upchurch、Barrett、Wilson 幾位教授指導之下，對蜥腳類的研究大有斬獲，做了許多精采描述。

我們在二〇一六年發表的報告（Brusatte et al., *Scottish Journal of Geology* 52: 1–9）描述在蘇格蘭天空島發現的蜥腳類行跡。蘇格蘭蜥腳類的其他早期零碎記錄，有些可以從以下幾篇論文找到：（*Scottish Journal of Geology* 31 (1995): 171–76）（作者是我在格拉斯哥的好兄弟 Neil Clark 和 Dugie Ross），（*Scottish Journal of Geology* 40, no. 2 (2004): 19–22）（作者是我無與倫比的蘇格蘭國家主義同志 Jeff Liston），以及保羅・巴瑞特發表的（*Earth and Environmental Science Transactions of the Royal Society of Edinburgh* 97: 25–29）。

以恐龍體重計算方式為題的研究也不少。這門領域的先鋒 J. F. Anderson 等人是第一批找出現代及絕種動物「長骨厚度」（正確說法是「周長」）和「體重」（拗口地說是「重量」）關係的人（*Journal of Zoology* 207, no.1 (Sept. 1985): 53–61）。近期則有 Nic Campione、David Evans 等人改善了這套方法（*BMC Biology* 10 (2012): 60、*Methods in Ecology and Evolution* 5 (2014): 913–23）。Roger Benson 和論文共同作者利用這套方法，幾乎把所有恐龍的估計重量全都算過一遍（*PLoS Biology* 12, no. 5 (May 2014): e1001853）。

以「攝影測量學」為基礎、估算恐龍重量的方法，Karl Bates 和他的博班指導老師 Bill Sellers、以及 Phil Manning 算是第一人（*PLoS ONE* 4, no. 2 (Feb. 2009): e4532）。從那時候起，他們又陸續發表多篇論文，譬如（Sellers et al., *Biology Letters* 8 (2012): 842–45）、（Brassey et al., *Biology Letters* 11 (2014): 20140984）和（Bates et al., *Biology Letters* 11 (2015): 20150215）等。Peter Falkingham 為剛入門的人寫過一篇文章，簡述如何蒐集攝影測量學資料（*Palaeontologica Electronica* 15 (2012): 15.1.1T）。至於我個人參與的蜥腳類測量工作（由 Karl、Peter 及 Viv Allen 領軍），相關內容發表在（*Royal Society Open Science* 3 (2016): 150636）。

值得注意的是，這兩套方法——根據長骨圓周推導體重的算式、以及攝影測量學法——都有誤差來源。恐龍體型越大，誤差越大，特別是那些無法透過現代動物印證、體型相差十萬八千里的巨無霸蜥腳類恐龍。前面引述的論文皆針對這些誤差來源進行廣泛討論，而且其中仍有不少在理解這種不確定因素的前提下，為各種恐龍提出頗為可信的體重數字範圍。

由 Nicole Klein 和 Kristian Remes 編纂的《*Biology of the Sauropod Dinosaurs: Understanding the Life of Giants*》（Indiana University Press, 2011）是一本收錄許多探討蜥腳類恐龍生物學及演化學知識的精采論文集。該書有一章由 Oliver Rauhut 及其同僚負責編寫，鉅細靡遺討論蜥腳類「體型呈現」的種種問題，探討蜥腳類的生理特徵如何在數百萬年內逐漸堆聚而

成。關於「蜥腳類恐龍何以能長成這麼大隻」這個問題，不久前，Martin Sander和一群探討這道謎題多年的研究團隊，在德國某大型學術贊助單位的支援下，交出了一篇淺顯易懂又十分精采的論文回顧，嘗試解謎（*Biological Reviews* 86 (2011): 117–55.）。

第四章　恐龍與漂移的大陸

關於札林格壁畫的相關資訊，讀者可參閱Richard Conniff的著作《*House of Lost Worlds: Dinosaurs, Dynasties, and the Story of Life on Earth*》（Yale University Press, 2016），或Rosemary Volpe的《*The Age of Reptiles: The Art and Science of Rudolph Zallinger's Great Dinosaur Mural at Yale*》（Yale Peabody Museum, 2010）。不過呢，若是有機會的話，建議各位走一趟皮博迪自然史博物館，親眼瞧瞧這幅藝術巨作，鐵定教你震撼萬分。

柯普與馬許的「化石戰爭」有許多膾炙人口的文獻資料傳世，不過您若想參考較學術性、以事實為根據的版本，我推薦John Foster的《*Jurassic West: The Dinosaurs of the Morrison Formation and Their World*》（Indiana University Press, 2007）。Foster在美國西部挖掘恐龍的經歷長達數十年，他的書無疑是摘要「莫里森恐龍」的大師之作；書中詳盡描述莫里森恐龍身處的世界，以及世人發現這群恐龍的過程。我在撰寫這一章時，把他的書當作各種史料的主要參考資料；而這本書也引用

多篇重要文獻，包括柯普和馬許在劍拔弩張的對立期間發表的多篇研究報告。

「大艾爾」的故事摘自兩份參考資料。一份是以前懷俄明大學提出的報告，另一份是美國土地管理局古生物學家 Brent Breithaupt 為國家公園遊客服務中心所寫的介紹〈*The Case of 'Big Al' the Allosaurus: A Study in Paleodetective Partnerships*〉收錄於（*Proceedings of the 6th Fossil Resource Conference*, National Park Service, 2001, 95–106），由 V. L. Santucci 與 L. McClelland 共同編纂。

另外還有不少關於大艾爾的有趣研究，譬如體型（Bates et al., *Palaeontologica Electronica*, 2009, 12: 3.14A）和病理報告（Hanna, *Journal of Vertebrate Paleontology*, 2002, 22: 76–90）等等。我在本章提到的異特龍攝食行為電腦模擬研究，主要摘自 Emily Rayfield 等人發表的報告（*Nature*, 2001, 409: 1033–37）。Kirby Siber 的資料是我好不容易從《*Rocks & Minerals Magazine*》（2015, 90: 56–61）人物側寫挖到的寶，作者是 John S. White。為了讓各位對「化石商業買賣」有更平衡的了解，Heather Pringle 於二〇一四年發表的文章（*Science*（2014, 343: 364–67））應是不錯的敲門磚。

關於莫里森層的蜥腳類恐龍，精采高明的文獻資料多不勝數，而最佳起點要屬學術教材《*The Dinosauria*》的蜥腳類章節。這本書由蜥腳類專家 Paul Upchurch、保羅・巴瑞特、Peter Dodson 共同執筆（University of California Press, 2004）。

過去二十年來，關於蜥腳類恐龍如何支撐牠們長長的脖子，學界始終互有爭論、各執一詞；我把這些辯論內容摘要編入我寫的教材《恐龍化石生物學》，書中大量引述相關文獻，其中大多又以Kent Stevens和Michael Parrish的論文為主。另外在蜥腳類恐龍的攝食習慣方面，相關研究資料量多質優，最重要的幾篇同樣出自Upchurch和Barrett之手。在我寫的教材和Sander等人於二〇〇一年發表的論文裡（即第三章筆記提到的同一篇），亦針對長頸恐龍的攝食行為有相當程度的討論與摘要。近年，Upchurch、Barrett、Emily Rayfield與他們的博士班學生David Button、Mark Young等人在探討蜥腳類恐龍彼此互異的攝食行為方面，透過電腦模擬獲得突破性進展（可參見Young et al., *Naturwissenschaften*, 2012, 99: 637–43及Button et al., *Proceedings of the Royal Society of London, Series B*, 2014, 281: 20142144兩篇報告）。

　　關於恐龍在侏儸紀晚期各大陸上的生活描述，《*The Dinosauria*》是相當不錯的資料來源。我的好友兼挖掘伙伴Octávio Mateus（我倆一起挖到「超級蜥蜴」骨層）對於葡萄牙出土、現已十分出名的侏儸紀晚期恐龍有深入研究，相關內容可參考Antunes and Mateus, *Comptes Rendus Palevol* 2 (2003): 77–95。坦尚尼亞出土的侏儸紀晚期恐龍化石，大多是二十世紀初、多次由德國領軍的探險隊所挖出來的，Gerhard Maier在《*African Dinosaurs Unearthed: The Tendaguru Expeditions*》（Indiana University Press, 2003）一書中詳盡描述了這段歷史故

事。

　　我在寫侏儸紀―白堊紀交界發生的變化時，主要資訊來源是一篇相當出色的文獻綜述（*Biological Reviews*, 2016, 92 (2017): 776–814），作者是Jonathan Tennant等人。我是這篇論文的同儕審查委員。在我審過的數百篇投稿當中，這篇無疑是我從中學習到最多的一份。Jonathan寫這篇論文時，還在倫敦讀博士。各位讀者若有所謂「網宅」（Intermet geeks）之人，或許聽過這號人物――他不僅是個多產的推特人，也是相當熱情、善於利用部落格和社群媒體進行科學交流的傢伙。

　　關於保羅・塞瑞諾，介紹他的書籍、雜誌、新聞報導多不勝數，其中有些還是我在「迷弟時期」寫的（九〇年代末至本世紀初）；但我不會告訴各位任何具體線索，如此至少給那些有心搜出這堆「自以為是新聞報導的破文章」的人，提高些許搜尋難度。將來，保羅說不定會寫下他自己的故事（拜託！），不過各位目前就可以在他實驗室的網站上（paulsereno.org），讀到一大堆他探險與發現的故事。我把他在非洲比較重要的幾次探勘及相關文獻列給各位參考：（*Afrovenator* (*Science*, 1994, 266: 267–70)），（*Carcharodontosaurus saharicus and Deltadromeus* (*Science*, 1996, 272: 986–91)），（*Suchomimus* (*Science*, 1998, 282: 1298–1302)），（*Jobaria and Nigersaurus* (*Science*, 1999, 286: 1342–47)），（*Sarcosuchus* (*Science*, 2001, 294: 1516–19)）和（*Rugops* (*Proceedings of the Royal Society of London Series B*, 2004, 271: 1325–30)）。保羅和我在二〇〇七年共同描述伊吉迪

鯊齒龍（Brusatte and Sereno, *Journal of Vertebrate Paleontology*
27: 902–16），並於一年後共同描述始鯊齒龍（Sereno and
Brusatte, *Acta Palaeontologica Polonica*, 2008, 53: 15–46）。

　　在運用「支序分類學」（cladistics，親緣分析）建立系
譜樹（親緣關係樹）這方面，相關教材與操作訣竅的資料非
常多。這套方法的理論依據乃是德國昆蟲學家 Willi Hennig
發展出來的，他在某篇論文（*Annual Review of Entomology*,
1965, 10: 97–116）和畫時代巨著《*Phylogenetic Systematics*》
（University of Illinois Press, 1966）勾勒這項概念。這些文獻
資訊量大、讀起來也辛苦，各位或可選擇以下幾本較好理解
的入門教科書：Ian Kitching 等人寫的《*Cladistics: The Theory
and Practice of Parsimony Analysis*》（Systematics Association,
London, 1998）、Joseph Felsenstein《*Inferring Phylogenies*》
（Sinauer Associates, 2003）以及《*Biological Systematics:
Principles and Applications*》（Cornell University Press, 2009），
由 Randall Schuh 和 Andrew Brower 合著。在我寫的教科書《恐
龍化石生物學》提到系譜學（或「系統發生學」）的章節裡，
我也以恐龍為例，做了概略說明。

　　我和保羅・塞瑞諾在二〇〇八年，將我為鯊齒龍（及其
異特龍親屬）建立的系譜樹以論文形式共同發表（*Journal of
Systematic Palaeontology* 6: 155–82）。翌年我又發表更新版，
這回是和另一群同僚共同為亞洲首度發現的鯊齒龍假鯊齒
龍命名及描述（Brusatte et al., *Naturwissenschaften*, 2009, 96:

1051–58）。這篇論文的共同作者之一是Roger Benson，當時
他和我都還在學校讀書。Roger和我一拍即合，常常一起逛博
物館（包括二〇〇七年那趟精采的中國之旅），也多次合作
鯊齒龍及其他異特龍的研究計畫，包括一篇描述英國鯊齒龍
新獵龍的專題論文（Brusatte, Benson, and Hutt, *Monograph of
the Palaeontographical Society*, 2008, 162: 1–166）。Roger還邀
請我參與一項「鯊齒龍科／異特龍／獸腳類」親緣關係的進
階研究，不過大部分的工作都是他在做就是了（Benson et al.,
Naturwissenschaften, 2010, 97: 71–78）。

第五章　暴龍一族

　　這章多少有點像我二〇一五年五月論及「暴龍演化」專文
的擴編版本（*Scientific American* of May 2015（312: 34–41）），
而那篇文章的靈感又來自我在二〇一〇年與同事共同發表的另
一篇論文（Brusatte et al., *Science*, 329: 1481–85），兩篇文章都
納入不少關於「暴龍」這類動物的一般資訊來源。此外，學術
教科書《*The Dinosauria*》（University of California Press, 2004）
由Thomas Holtz負責撰寫的章節，也非常值得參考。

　　呂君昌和我在二〇一四年發表論文（Lü et al., *Nature
Communications* 5: 3788），描述中華虔州龍（皮諾丘暴龍）。
Didi Kirsten Tatlow在《紐約時報》寫了一篇文章（sinosphere.
blogs.nytimes.com/2014/05/08/pinocchio-rex-chinas-new-
dinosaur），把這段故事再詳細說了一遍。而我研究的那頭「奇

特的暴龍」歧龍——也就是讓君昌因此找我協助他研究中華虔
州龍的那頭恐龍——我在幾篇論文裡也陸續描述過（Brusatte
et al., *Proceedings of the National Academy of Sciences USA* 106
(2009): 17261–66、Bever et al., *PLoS ONE* 6, no. 8 (Aug. 2011):
e23393、Brusatte et al., *Bulletin of the American Museum of
Natural History* 366 (2012): 1–197、Bever et al., *Bulletin of the
American Museum of Natural History* 376 (2013): 1–72 以及 Gold
et al., *American Museum Novitates* 3790 (2013): 1–46）。

　　將近有十年時間，由於新種暴龍的化石持續出土，我也
隨之研究暴龍系譜、想建立一套有史以來規模最大的系譜
樹。這項工作由我和我在威斯康辛迦太基學院的好友兼伙伴
Thomas Carr 共同完成。我們在二〇一〇年，以文獻綜述的形
式於《Science》發表第一版暴龍系譜樹（就是第一段提到的那
篇）。二〇一六年，我們發表了完整修正版（Brusatte and Carr,
Scientific Reports 6: 20252）。本章討論暴龍演化的架構就是來
自二〇一六年版的系譜樹。

　　不論是大眾讀物或科學專刊，都有許多描述霸王龍發現
過程的文獻資料。要想了解 Barnum Brown 和他的偉大發現，
傳記《*Barnum Brown: The Man Who Discovered Tyrannosaurus
rex*》（University of California Press）——作者是 Lowell Dingus
和我博士指導教授馬克‧諾列爾——無疑是最佳選擇。我引用
Lowell 的那句話（言及 Barnum Brown 是「史上最厲害的恐龍
化石採集高手」），摘自美國自然史博物館官網為這本書所寫

的獻詞。此外，Brian Rangel也為Henry Fairfield Osborn寫過一本精采傳記《Henry Fairfield Osborn: Race and the Search for the Origins of Man》（Ashgate Publishing, Burlington, VT, 2002），本章所有關於他的生活描述都源自這本書。

Sasha Averianov描述哈卡斯龍的相關資訊都收在二〇一〇年的論文中（Averianov et al., Proceedings of the Zoological Institute RAS, 314: 42–57）。徐星等人於二〇〇四年描述了帝龍（Xu et al., Nature 431: 680–84），二〇〇六年描述冠龍（Xu et al., Nature 439: 715–18），二〇一二年又描述了羽暴龍（Xu et al., Nature 484: 92–95）。中國暴龍的描述則由季強等人完成（Ji et al., Geological Bulletin of China, 2009, 28: 1369–74）。Roger Benson和我根據他多年前描述的一份標本（Benson, Journal of Vertebrate Paleontology, 2008, 28: 732–50），為其定名為侏儸暴龍（Brusatte and Benson, Acta Palaeontologica Polonica, 2013, 58: 47–54）。至於來自英格蘭美麗的懷特島（Isle of Wight）的始暴龍，則由Steve Hutt及其同僚描述命名（Hutt et al., Creta ceous Research, 2001, 22: 227–42）。

關於我們為烏茲別克出土的白堊紀中期恐龍「帖木兒龍」命名和描述的論文報告，發表於二〇一六年（Brusatte et al., Proceedings of the National Academy of Sciences USA 113: 3447–52）；除了Sasha、Hans和我，參與這次發表的成員還有我的碩士班學生Amy Muir（負責處理電腦斷層掃描資料）和伊恩・巴特勒（他是我系上的同仁，特別為我們客製一座專門

研究恐龍化石的電子斷層掃描儀）。若想了解更多在白堊紀中期仍略勝暴龍一籌的相關資料，可以參考以下幾份報告：噬人龍（Zanno and Makovicky, *Nature Communications*, 2013, 4: 2827），吉蘭泰龍（Benson and Xu, *Geological Magazine*, 2008, 145: 778–89），假鯊齒龍（Brusatte et al., *Naturwissen schaften*, 2009, 96: 1051–58）和氣腔龍（Sereno et al., *PLoS ONE*, 2008, 3, no. 9: e3303）。

第六章　恐龍霸王

這章的開場景象無疑是我想像出來的。相關細節除了參考實際發現的化石紀錄（請參考本章內文及稍後提及的參考文獻），也加上一些我對霸王龍、三角龍及鴨嘴龍行為反應的臆測。

至於霸王龍的一般背景資料——譬如體型、身體特徵、習性和年齡——請參考前章引述的多份論文報告。本章對霸王龍體重的估計值，則是按先前Roger Benson等人研究恐龍體型演化的論文所推算出來的。

研究霸王龍攝食習性的相關文獻非常多。霸王龍每日攝食量的資訊來自兩篇探討該主題的重要論文：其一作者是James Farlow（*Ecology*, 1976, 57: 841–57），另一篇由Reese Barrick和William Showers共同發表（*Palaeontologia Electronica*, 1999, vol. 2, no. 2）。將霸王龍歸入食腐動物的點子已遭當代最知識淵博、最滿腔熱忱的暴龍專家Thomas Holtz徹底推翻，讀者

可參考其著作《*Tyrannosaurus rex: The Tyrant King*》（Indiana University Press, 2008）。（是說，「霸王龍吃腐肉」這個說法剛冒出來、被新聞媒體大肆披露宣傳的時候，著實令包括我在內的好一大票恐龍古生物學家萬分沮喪。）那塊嵌著霸王龍牙齒的埃德蒙頓龍骨骼化石由 Robert DePalma 團隊完成描述（*Proceedings of the National Academy of Sciences USA*, 2013, 110: 12560–64），因「滿是骨頭渣渣」而的出名的暴龍糞化石則由 Karen Chin 及同僚完成描述（*Nature*, 1998, 393: 680–82），David Varricchio 則完成骨質胃內容物的描述（*Journal of Paleontology*, 2001, 75: 401–6）。

葛瑞格·艾立克森團隊詳細研究暴龍的「戳刺─拖取獵食法」，亦針對這個主題發表多篇重要論文（如 Erickson and Olson, *Journal of Vertebrate Paleontology*, 1996, 16: 175–78 及 Erickson et al., *Nature*, 1996, 382: 706–8）。其他相關重量級研究者還包括 Mason Meers（*Historical Biology*, 2002, 16: 1–2）、François Therrien 等人（研究收錄於 *The Carnivorous Dinosaurs*, Indiana University Press, 2005）以及 Karl Bates 和 Peter Falkingham（*Biology Letters*, 2012, 8: 660–64）。Emily Rayfield 在本世紀發表過兩篇研究暴龍頭骨結構與咬合行為最精采突出的報告，分別是 *Proceedings of the Royal Society of London Series B*, 2004, 271: 1451–59 和 *Zoological Journal of the Linnean Society*, 2005, 144: 309–16。此外，她還針對「有限元素分析」寫了一篇對該領域門外漢相當有助益的入門介紹（*Annual*

Review of Earth and Planetary Sciences, 2007, 35: 541–76）。

　　在暴龍的運動能力方面，John Hutchinson團隊貢獻多篇研究報告，其中最重要的有四篇（*Nature,* 2002, 415: 1018–21，*Paleobiology,* 2005, 31: 676–701，*Journal of Theoretical Biology,* 2007, 246: 660– 80和*PLoS ONE,* 2011, 6, no. 10: e26037）。此外，John和Matthew Carrano共同發表過一篇關於霸王龍恥骨及後肢肌肉系統的重要研究報告（*Journal of Morphology*, 2002, 253: 207–28）。John還寫過恐龍運動能力的入門概論，收錄於《*Encyclopedia of Life Sciences*》（Wiley-Blackwell, 2005），不過各位可以直接造訪他妙趣橫生的部落格，篇篇都是精采佳作（https://whatsinjohnsfreezer.com/）。

　　針對現代鳥類的高效率肺部結構及其運作，我在《*Dinosaur Paleobiology*》也有更進一步的細節解說。另外再提供兩篇值得拜讀的專業文獻：Brown et al., *Environmental Health Perspectives*, 1997, 105: 188–200以及Maina, *Anatomical Record*, 2000, 261: 25–44。Brooks Britt在修讀博士期間，曾相當專業地研究過恐龍骨骼內的氣囊構造（專有名詞為「氣腔」pneumaticity）的化石證據（Britt, 1993, PhD thesis, University of Calgary）。近期關於同一主題的重要研究團隊及文獻還有：Patrick O'Connor等人（*Journal of Morphology*, 2004, 261: 141–61，*Nature*, 2005, 436: 253–56，*Journal of Morphology*, 2006, 267: 1199–1226，*Journal of Experimental Zoology*, 2009, 311A: 629–46），Roger Benson等人（*Biological Reviews*, 2012, 87: 168–93），以及Mathew Wedel

（*Paleobiology*, 2003, 29: 243–55; *Journal of Vertebrate Paleontology*, 2003, 23: 344–57）。

Sara Burch的博士論文詳述她對暴龍前肢的深入研究（Stony Brook University, 2013），另外也曾在古脊椎動物學會年會上發表。寫作本書時，該論文還未完整發表。

Phil Currie和他的團隊寫過幾篇亞伯達龍墳場的相關報告，收錄於《*Canadian Journal of Earth Sciences*》特刊（2010, vol. 47, no. 9）。Josh Young執筆的《恐龍幫派》（*Dinosaur Gangs*, Collins, 2011）書名吸睛、大受好評，內文也概略描述Phil在亞伯達龍、特暴龍群獵行為方面的研究。

利用電腦斷層掃描研究恐龍腦袋的文獻資料，多如洪流。讀者若想了解操作細節，可參考Carlson等人及Larry Witmer團隊撰寫的精采綜述報告（分別是*Geological Society of London Special Publication*, 2003, 215: 7–22與*Anatomical Imaging: Towards a New Morphology*, Springer-Verlag, 2008）。關於暴龍的電腦斷層掃描研究，最重要的幾篇報告出自：Chris Brochu（*Journal of Vertebrate Paleontology*, 2000, 20: 1–6），Witmer與Ryan Ridgely（*Anatomical Record*, 2009, 292: 1266–96），還有Amy Balanoff、Gabe Bever雙人檔再加上包括我在內的多人團隊（*PLoS ONE* 6 (2011): e23393，以及*Bulletin of the American Museum of Natural History,* 2013, 376: 1–72）。伊恩・巴特勒和我把「暴龍腦部演化」研究計畫作為描述新種暴龍帖木兒龍報告的一部分，隨文發表（參見前章註記）。妲菈・澤勒

尼斯基於二〇〇九年發表嗅球研究成果（*Proceedings of the Royal Society of London Series B*, 276: 667–73），Kent Stevens 則發表過「暴龍雙眼視覺」的研究報告（*Journal of Vertebrate Paleontology*, 2003, 26: 321–30）。

　　近來，暴龍研究──更普遍來說是恐龍的整體研究──最令人振奮的題材之一，是利用骨骼組織學來了解恐龍的生長情形。我大推以下兩篇淺顯易懂的文獻綜述：一是葛瑞格·艾立克森的短文（*Trends in Ecology and Evolution*, 2005, 20: 677–84），另一份則像本小書（*The Microstructure of Dinosaur Bone*, Johns Hopkins University Press, 2005）作者是 Anusuya Chinsamy-Turan；此外，Greg 二〇〇四年於《*Science*》發表了描述暴龍成長的劃時代之作（*Nature*, 430: 772–75）。其他研究團隊也針對同一主題繳出重要成績單：譬如 Jack Horner 與 Kevin Padian 的論文（*Proceedings of the Royal Society of London Series B*, 2004, 271: 1875–80），還有近期由 Nathan Myhrvold 這位博學之士所寫、關於「統計技術用於估算恐龍成長率的應用與偶爾誤用」此一教人眼睛一亮的專文報告（*PLoS ONE*, 2013, 8, no. 12: e81917）。（Nathan Myhrvold 是物理學博士，曾任微軟技術長、也是多產的發明家。此外他還是廣受讚譽的知名餐廳「Modernist Cuisine」的主廚兼創辦人，閒暇之餘還兼職恐龍古生物學家。）

　　Thomas Carr 寫過許多論文描述霸王龍及其他恐龍的成長期變化，其中最重要的兩篇分別發表在（*Journal of Vertebrate*

Paleontology, 1999, 19: 497–520）和（*Zoological Journal of the Linnean Society*, 2004, 142: 479–523）。

第七章　恐龍稱霸全世界

我承認，我把白堊紀末塑造成恐龍時代的顛峰確實有點主觀，學界同僚們大概也會挑剔或批評我的某些陳述吧；不過這得歸因於我們實在很難依化石紀錄量測其多樣性，所以這部分總是會因為各種偏見而略顯主觀，有些疑問我們甚至還沒徹底搞清楚呢。關於恐龍物種多樣性的研究非常多，有些利用統計方法估算恐龍自出現至消亡的總物種數。這些估算在細節方面不見得完全一致，不過倒是有一項共同點：不論是實際記載或估算的物種數，白堊紀末期都是整個恐龍家族多樣性最豐富的一段時期。就算恐龍的物種多樣性並未在白堊紀末達到顛峰，大概也相去不遠。我和多位工作伙伴曾利用不同的統計方法，推算恐龍在整個白堊紀呈現的物種變異度（Brusatte et al., *Biological Reviews*, 2015, 90: 628–42），發現白堊紀末的恐龍族群要不是已經達到白堊紀物種豐富度的最高峰、就是非常接近頂點了。目前研究恐龍多樣性演變趨勢的人員或團隊包括：我和我同事（*Proceedings of the Royal Society of London Series B*, 2009, 276: 2667–74），Upchurch 等人（*Geological Society of London Special Publication*, 2011, 358: 209–240），Wang 和 Dodson（*Proceedings of the National Academy of Sciences USA*, 2006, 103: 601–5）以及 Starrfelt 和 Liow（*Philosophical Transactions of the*

Royal Society of London Series B, 2016, 371: 20150219）等等。

　　讀者可上官網查詢「伯比自然史博物館」相關資訊，
（http://www.burpee.org）。至於伯比的鎮館之寶——少女霸王龍
「珍」——目前正由Thomas Carr領軍研究。雖然寫述本書時，
Carr尚未發表完整描述，不過這份標本倒是古脊椎生物學會研
討會的常客，經常有人撰文報告。

　　地獄溪層的相關資料量多質精。David Fastovsky和Antoine
Bercovici寫過一份淺顯易讀的入門級論文回顧（*Cretaceous
Research*, 2016, 57: 368–90）。各位如果還想知道更多細節，
可以參考美國地質學會發行的兩份專刊（Hartman et al., 2002,
361: 1–520與Wilson et al., 2014, 503: 1–392）。Lowell Dingus
也曾以地獄溪及其恐龍為主角，寫過一本暢銷書《*Hell Creek,
Montana: America's Key to the Prehistoric Past*》（St. Martin's
Press, 2004）。學界針對地獄溪恐龍做過兩次重要調查，本章
關於生態系內各恐龍物種占比的資料就是從這兒來的：一次由
Peter Sheehan和Fastovsky領軍，並於其後發表一系列文章，其
中最重要的兩篇為Sheehan et al., *Science*, 1991, 254: 835–39與
White et al., *Palaios*, 1998, 13: 41–51。第二次調查就在幾年前，
由Jack Horner團隊執行（Horner et al., *PLoS ONE*, 2011, 6, no.
2: e16574）。

　　Peter Dodson的半學術著作《*The Horned Dinosaurs*》
（Princeton University Press, 1996）無疑是研究三角龍或
整個角龍科的最佳資訊來源。此外，各位也可以在《*The*

Dinosauria》（University of California Press, 2004）由Dodson負責的章節裡，理解更多學術觀點。同樣地，讀者也能在《*The Dinosauria*》由Horner、David Weishampel及Forster合寫的章節中，進一步了解鴨嘴龍這種動物；而另一本納入近期多篇鴨嘴龍研究論文的專書（Eberth and Evans, eds., *Hadrosaurs*, Indiana University Press, 2015）亦值得參考。《*The Dinosauria*》也有一章專門描述厚頭龍這個腦袋渾圓的奇特族群，由Teresa Maryanska等人撰文介紹。

　　我本人也參與了「荷馬」——出自世上首度發現的三角龍骨層——的描述與論文撰述工作（*Journal of Vertebrate Paleontology*, 2009, 29: 286–90）。該論文的第一作者是Josh Mathews（他是我二○○五年探險隊的學生成員），共同作者為Scott Williams；我們在論文中討論並引述不少近期發現的其他角龍骨層。David Eberth也寫過一篇討論角龍骨層的上乘之作（*Canadian Journal of Earth Sciences*, 2015, 52: 655–81），文中亦引用多篇重要文獻。在Eberth等人合著的《*New Perspectives on Horned Dinosaurs*》（Indiana University Press, 2007）中，Eberth也在他負責的章節裡詳細描述了發現「荷馬」的那片三角龍骨層。

　　關於白堊紀晚期南美洲恐龍、或者更廣泛的「南方大陸恐龍」一般參考資料，最精采的莫過於Fernando Novas的著作《*The Age of Dinosaurs in South America*》（Indiana University Press, 2009）。羅伯特・甘德洛寫過不少巴西恐龍的專題報

告，其他關於獸腳類牙齒的重要研究成果還包括二〇〇七年的博士論文（Universidade Federal do Rio de Janeiro）以及二〇一二年的一篇報告（Candeiro et al., *Revista Brasileira de Geociências* 42: 323– 30）。另外，Roberto、Felipe等人曾共同為巴西出土的一份鯊齒龍顎骨撰寫描述（Azevedo et al., *Cretaceous Research*, 2013, 40: 1–12），而Felipe描述南方海神龍的論文（Bandeira et al., *PLoS ONE* 11, no. 10: e0163373）則在二〇一六年發表。本章提及在巴西境內發現的多種奇怪動物骨骸，也有多篇相關描述報告（Carvalho and Bertini, *Geologia Colombiana*, 1999, 24: 83–105，Carvalho et al., *Gondwana Research*, 2005, 8: 11–30以及Marinho et al., *Journal of South American Earth Sciences*, 2009, 27: 36–41）。

因為某些不可思議的理由，至今不曾有人拍過恐龍男爵法蘭茲・諾普查的傳記電影或為其立傳，不過我們仍然可以在許多文獻資料中覓得他的身影，最棒的幾篇當屬Vanessa Veselka、Stephanie Pain和Gareth Dyke三人的文章（*Smithsonian,* July– August 2016 issue，*New Scientist*, April 2–8, 2005，*Scientific American*, October 2011）。古生物學家David Weishampel常撰文提及諾普查，他也依循男爵足跡、在羅馬尼亞挖掘恐龍化石許多年；二〇一一年，他出版《*Transylvanian Dinosaurs*》（Johns Hopkins University Press）回憶男爵的生平事蹟，另外也和Oliver Kerscher合作整理男爵的信件與發表過的文章，共同為他寫了一篇簡短的人物傳記和科學研究背景資料（*Historical*

Biology 25: 391–544）。

　　Weishampel的《*Transylvanian Dinosaurs*》也是了解外西凡尼亞侏儒恐龍的最佳通論參考書目。若想進一步了解學術界觀點，亦可參閱Zoltán Csiki-Sava與Michael Benton編纂的論文特刊（*Palaeoclimatology, Palaeoecology* in 2010 vol. 293）。此外，Weishampel等人（*National Geographic Research*, 1991, 7: 196–215）及Dan Grigorescu（*Comptes Rendus Paleovol*, 2003, 2: 97–101）所寫的兩篇文獻綜述應該也能提供不少幫助。我個人曾加入Csiki-Sava團隊，針對歐洲白堊紀末的動物相，協助他發表一篇範圍較廣的回顧報告。在那個時期，歐洲的許多島嶼上確實都有恐龍存在，而外西凡尼亞碰巧是其中研究得最透徹、也最有名的地方（*ZooKeys*, 2015, 469: 1–161）。

　　Mátyás Vremir、Zoltán Csiki-Sava、馬克‧諾列爾和我共同發表過兩篇巴拉烏爾龍的研究論文，第一篇是命名與初步描述（Csiki-Sava et al., *Proceedings of the Na tional Academy of Sciences USA*, 2010, 107: 15357–61），篇幅較短；第二篇是長篇專文（Brusatte et al., *Bulletin of the American Museum of Natural History*, 2013, 374: 1–100），記述我們針對每一塊骨頭的思考過程及描述結果。此外，我們也和其他學界伙伴合作，發表一篇層面更廣、探討外西凡尼亞恐龍的年代與其重要性、著重近期新發現的研究報告（Csiki-Sava et al., *Cretaceous Research*, 2016, 57: 662–98）。

第八章　恐龍飛上天

本章涵蓋的主題衍伸自我寫過的三篇文章：一篇登在（*Scientific American,* Jan. 2017, 316: 48–55），第二篇偏學術，討論早期鳥類演化（Brusatte, O'Connor, and Jarvis, *Current Biology*, 2015, 25: R888–R898），第三篇則是學術評論（*Science*, 2017, 355: 792–94）。這一章的靈感與動力主要來自我的博士研究，也就是鳥類及其近親系譜學、以及恐龍過渡至鳥類這段期間的模式與演化率。我在二〇一二年通過論文口試（*The Phylogeny of Basal Coelurosaurian Theropods and Large Scale Patterns of Morphological Evolution During the Dinosaur-Bird Transition*, Columbia University, New York），於二〇一四年完整發表（Brusatte et al., *Current Biology*, 2014, 24: 2386–92）。

關於鳥類的起源，以及鳥類與恐龍之間的關係，相關文獻極多。以下三篇論文好讀易懂，算是取得概略資訊的最佳參考資料：Kevin Padian、Luis Chiappe（*Biological Reviews*, 1998, 73: 1–42），馬克・諾列爾、徐星（*Annual Review of Earth and Planetary Sciences*, 2005, 33: 277–99）以及徐星等人（*Science*, 2014, 346: 1253293）。恩師馬克・諾列爾的著作《*Unearthing the Dragon*》（Pi Press, New York, 2005）是我永遠的心頭好：這本書記錄他嘻嘻鬧鬧跨越中國、研究有羽毛恐龍的歷險故事，搭配古生物學界攝影師高手（也是我「換帖」兄弟米克・埃力森）躍然紙上的精采照片。前陣子，Luis Chiappe 與

Meng Qingjin 合出了一本圖鑑《*Birds of Stone*》（Johns Hopkins University Press, 2016），收錄中國出土的有羽毛恐龍及原始鳥類的美麗圖片。

Pat Shipman 在《*Taking Wing*》（Trafalgar Square, 1998）描述科學家首度發現恐龍與鳥類之間的關聯、以及各方為這個頗具爭議的假設一路激辯、最後漸成主流共識的過程。出場人物包括赫胥黎、達爾文、奧斯特倫姆及羅伯特・巴克。赫胥黎曾發表多篇論文，闡述他認為恐龍與鳥類有關的理論（比較重要的有（*Annals and Magazine of Natural History* (1868, 2: 66–75)）及（*Quarterly Journal of the Geological Society* (1870, 26: 12–31)）。Paul Chambers 在其著作《*Bones of Contention*》（John Murray, 2002）記載學界歷年針對始祖鳥身分的論證過程，引述大量近期文獻（至二〇〇〇年初期）；而 Christian Foth 團隊近期描述了一份新出土的始祖鳥標本（*Nature*, 2014, 511: 79–82），讓這個研究領域又向前跨進一步。目前有多篇論文主張，獸腳類翅膀的最早功能為「展示用」，此篇為其中之一。本章提到的丹麥藝術家是 Gerhard Heilmann，其主張可參見《*The Origin of Birds*》（Witherby, 1926）一書。

羅伯特・巴克以他獨樹一格的方式寫過恐龍復興運動，其一是一九七五年的文章（*Scientific American* article, 1975, 232: 58–79），另一份是一九八六年的著作（*Dinosaur Heresies*, William Morrow, 1986）。John Ostrom 發表過一系列構思縝密、探討恐龍與鳥類關聯的科學論文，其中最重要的幾篇包

括：鉅細靡遺描述恐爪龍的專題報告（*Bulletin of the Peabody Museum of Natural History*, 1969, 30: 1–165），發表在《*Nature*》的研究論文（*Nature*, 1973, 242: 136），一九七五年的文獻綜述（*Annual Review of Earth and Planetary Sciences*, 1975, 3: 55–77）以及發表於期刊《*Biological Journal of the Linnean Society*》的大師級宣言（*Biological Journal of the Linnean Society*, 1976, 8: 91–182）。還有一點很重要的是，Jacques Gauthier於一九八〇年代率先進行親緣分析研究時，堅定認為鳥類應該屬於獸腳類支序（參見*Memoirs of the California Academy of Sciences*, 1986, 8: 1–55）。

　　史上第一頭有羽毛恐龍中國暴龍最初由Ji Qiang和Shu'an Ji完成描述，並認為牠屬於原始鳥類（*Chinese Geology*, 1996, 10: 30–33），後來Pei-ji Chen等人重新闡釋，將其歸入有羽毛的非鳥類恐龍（*Nature*, 1998, 391: 147–52），最後再由Phil Currie補上細節描述（Currie and Chen, *Canadian Journal of Earth Sciences*, 2001, 38: 705–27）。就在學界意識到中國暴龍屬於有羽毛恐龍之後不久，某國際團隊宣布又在中國新發現兩種有羽毛恐龍（Ji et al., *Nature*, 1998, 393: 753–61）；從此以後，中國的有羽毛恐龍發現工作猶如閘門全開、源源不斷。徐星等人將過去二十年發現的有羽毛恐龍做了一次統整描述，並由諾列爾完整摘要，連同前面提到的多篇近期文獻收錄在《*Unearthing the Dragon*》一書中。關於有羽毛恐龍如何保存下來、以及火山活動在化石化過程所扮演的角色，也有許多學

界伙伴參與研究，其中比較晚近且詳盡完整的要屬Christopher Rogers等人的研究（*Palaeogeography, Palaeoclimatology, Palaeoecology*, 2015, 427: 89–99）。

鳥類的體型呈現也是諸多研究人員經常討論的題目。我自己就在博士論文裡提過，而那篇發表在《*Current Biology*》的論文靈感就是從這兒來的（參見第一段）。Pete Makovicky和Lindsay Zanno在《*Living Dinosaurs*》（Wiley, 2011）負責的章節裡，也深入淺出地闡述了鳥類體型呈現。我最喜愛的恐龍科普書之一《*Dinosaurs of the Flaming Cliffs*》（Anchor, 1996）以編年史的方式，將美國自然史博物館團隊至中國戈壁探險的過程記載下來，作者是探險隊隊長Mike Novacek——他是馬克・諾列爾在紐約的工作伙伴，也是南加州出身的衝浪好手。透過Norell等人描述孵蛋中的竊蛋龍（*Nature*, 1995, 378: 774–76）以及Balanoff等人探討鳥類大腦演化（*Nature*, 2013, 501: 93–96）等等，再再展現戈壁化石數一數二的重要研究成果——闡述這些化石在了解現代鳥類體型呈現上的重要意義。關於單向肺和恐龍生長的背景參考資料，讀者可參考前幾章的參考書目或文獻資料。中國遼寧省出土、保存形式有如睡鳥姿的美麗化石，後來由徐星和諾列爾連袂描述發表（*Nature*, 2004, 431: 838–41）；而質地近似鳥蛋殼的恐龍蛋化石，則由Mary Schweitzer等人首度鑑定確認（*Science*, 2005, 308, no. 5727: 1456–60）。

以「恐龍羽毛演化」為題的研究和文獻，數量多、範圍

廣，徐星和Yu Guo共同執筆的文獻探討（*Vertebrata PalAsiatica*, 2009, 47: 311–29）應是不錯的起點。若想從發生生物學的角度來理解羽毛演化，絕不能錯過Richard Prum的多篇優質論文。Darla Zelenitsky等人在二〇一二年描述他們發現的有羽毛似鳥龍（*Science*, 338: 510–14），而我則是在《*Calgary Herald*》的某篇文章裡（*Calgary Herald*, October 25, 2012）蒐集到那次野地考察工作的細部資料。Jakob Vinther在二〇〇八年的一篇報告中，首度公開他判定化石羽毛顏色的方法（*Biology Letters* 4: 522–25），從此開啟Vinther及其他人對有羽毛恐龍的大規模研究。Jakob發表了一篇文獻綜述（*BioEssays*, 2015, 37: 643–56）、並且在《*Scientific American*》以第一人稱細數這些令人振奮的研究發展（*Scientific American*, Mar. 2017, 316: 50–57）。早期有翅膀恐龍的鮮豔體色由一支中國團隊領軍研究（Li et al., *Nature*, 2014, 507: 350–53），Marie-Claire Koschowitz等人則在某期《*Science*》的內容概覽中（*Science*, 2014, 346: 416–18）討論翅膀的展示功能。最後，古怪的奇翼龍也是由徐星團隊描述發表（*Nature*, 2015, 521: 70–73）。

　　關於早期鳥類和有羽毛恐龍的飛行能力，不僅文獻量龐大、內容大多也相當複雜。Alex Dececchi——就是他發現小盜龍和近鳥龍的飛行能力、體力可能相當不錯——等人近期發表的研究（*PeerJ*, 2016, 4: e2159），應該是不錯的起點。Gareth Dyke等人（*Nature Communications*, 2013, 4: 2489）與Dennis Evangelista團隊（*PeerJ*, 2014, 2: e632）都曾經從工程學的角度

探討有羽毛獸腳類的滑行方式，而兩篇文章也都回顧了前人的相關重要研究。

　　幾位同事和我聯合發表過一篇有關「早期鳥類型態演化率」的報告（*Current Biology*, 2014, 24: 2386–92）。該論文採用的方法最早由葛萊姆・洛依德和史蒂夫・王研發，兩人早年發表的論文詳細了描述這套方法（Lloyd et al., *Evolution*, 2012, 66: 330–48）。Roger Benson 和 Jonah Choiniere 也曾撰文呈現恐龍至鳥類過渡期內爆量的物種形成過程與肢體演化（*Proceedings of the Royal Society Series B*, 2013, 280: 20131780）；而 Roger Benson 針對恐龍體型所做的研究也顯示，在系譜樹上約莫同一個時間點，恐龍體型亦大幅縮水。近期其他研究大多也把重點放在這段過渡期的演化率上。前面提到的兩篇論文也針對這個問題做了引述及討論。

　　鄒晶梅曾為中國出土的幾份新種鳥類化石命名，而她最重要的兩項研究成果分別是早期鳥類的親緣分析（O'Connor and Zhonghe Zhou, *Journal of Systematic Palaeontology*, 2013, 11: 889–906）以及她在《*Living Birds*》與 Alyssa Bell、Luis Chiappe 合寫的章節。她的博士指導教授 Luis Chiappe 在過去二十五年來，也曾發表過好幾篇關於早期鳥類的重要論文。

第九章　恐龍哀歌

　　我為《*Scientific American*》寫過恐龍滅絕的故事（Dec. 2015, 312: 54–59），有些於該文首次披露的題材也收在這一

章裡。Richard Butler 和我召集咱們的跨國小組坐下來，試著在「恐龍滅絕」這個題目上取得些許共識之後，眾人共同發表了一篇現況報告（*Biological Reviews*, 2015, 90: 628–42）；這個小組的成員除了 Richard 和我，還有保羅・巴瑞特、Matt Carrano、David Evans、Graeme Lloyd、Phil Mannion、馬克・諾列爾、Dan Peppe、Paul Upchurch 與 Tom Williamson。另外，Richard 和我也在二〇一二年與 Albert Prieto-Márquez 及馬克・諾列爾合作「形態變異導致滅絕」這項研究計畫（*Nature Communications*, 3: 804）。

話說回來，我對「恐龍滅絕」這場世紀辯論的貢獻其實非常渺小。關於這道最難解的恐龍之謎，各界人士發表過數百、甚至數千篇研究論文，在此無法一一列舉，因此我會建議好奇的讀者去翻一翻 Walter Alvarez 的《暴龍與末日隕石坑》（*T. rex and the Crater of Doom*, Princeton University Press, 1997）。這本書淺顯易懂，趣味十足，從第一人稱的角度一絲不苟地描述 Walter 團隊解開白堊紀末滅絕之謎的過程；所有和這個題目有關的重要論文——陳述撞擊證據、鑑定希克蘇魯伯隕石坑並為其定年、各方爭議——亦大量引述討論。我在本章開頭描述的場景雖略嫌加油添醋，不過都是依據 Alvarez 的描述以及他整理的證據所寫出來的。

在 Alvarez 之後，圍繞這個題目發表的論文越來越多，其中大多都被我們收進二〇一五年發表於《*Biological Reviews*》的論文裡，文中也有若干討論。而近期最令人振奮的研究工作

之一當屬Paul Renne、Mark Richards以及他們在柏克萊的團隊已成功定年「德干火成岩體」（Deccan Traps，也就是印度境內的殘餘火山），顯示其主要噴發時期就在白堊紀與古近紀交界，並認為小行星撞擊可能導致火山系統超載、助長噴發之勢（參見Renne et al., *Science*, 2015, 350: 76–78與Richards et al., *Geological Society of America Bulletin*, 2015, 127: 1507–20兩篇報告）。不過，關於德干火山的噴發時機、以及火山噴發與小行星撞擊的關係，在我寫書當時尚無定論。

不用說，任何一位對科學史感興趣、熱愛第一手資料的讀者都應該拜讀一下Alvarez團隊發表的小行星理論（原始報告請見Luis Alvarez et al., *Science*, 1980, 208: 1095–1108）及其他多篇論文。此外，Jan Smit團隊約莫在同一時期也發表過數篇值得一讀的參考資料。

追蹤中生代（三疊紀、侏儸紀與白堊紀）恐龍演化進程的獨立研究很多，其中有不少特別鎖定白堊紀末。除了我們在《*Biological Reviews*》那篇論文列舉的最新資料庫以外，近期較關鍵的研究還有Barrett等人及Upchurch團隊發表的兩篇報告（*Proceedings of the Royal Society of London Series B*, 2009, 276: 2667–74，*Geological Society of London Special Publication*, 2011, 358: 209–40）。現在的研究報告幾乎都會嘗試修正採樣偏誤，不過這也是Dale Russell在一九八四年發表那篇非常重要、卻幾乎遭人遺忘的論文之後才有的事（*Nature*, 307: 360–61）。David Fastovsky和Peter Sheehan從這篇論文汲取經驗，於二

○○○年代中期發表了一篇關於白堊紀末恐龍變異度的重量級報告（*Geology*, 2004, 32: 877–80）。Jonathan Mitchell 於二○一二年將他所做的生態食物網研究撰文發表（*Proceedings of the National Academy of Sciences USA*, 109: 18857–61）。

關於地獄溪恐龍、以及牠們直至小行星撞擊前的各項研究，最重要的當屬 Peter Sheehan 和 David Fastovsky 團隊（*Science*, 1991, 254: 835–39; *Geology*, 2000, 28: 523–26）、Tyler Lyson 等人（*Biology Letters*, 2011, 7: 925–28），另外還有 Dean Pearson 團隊——包括 Kirk Johnson 與後來加入的 Doug Nichols——鉅細靡遺的化石分類報告（*Geology*, 2001, 29: 39–42; and *Geological Society of America Special Papers*, 2002, 361: 145–67）。

順帶一提，Fastovsky 和 David Weishampel 針對這個題目合寫一本相當精采的大學用教科書《*Evolution and Extinction of the Dinosaurs*》（Cambridge University Press）。這本書已陸續修過好幾版，另外也針對更年輕的學生族群出了較精簡且更為生動有趣的《*Dinosaurs: A Concise Natural History*》。

Bernat Vila 和 Albert Sellés 寫過不少庇里牛斯山一帶的白堊紀末恐龍研究報告，其中又以該區恐龍在白堊紀末的多樣性變化研究最廣為人知——他倆非常慷慨地邀請我加入合作（Vila, Sellés, and Brusatte, *Cretaceous Research*, 2016, 57: 552–64）。其他重要論文還有 Vila et al., *PLoS ONE*, 2013, 8, no. 9: e72579 及 Riera et al., *Palaeogeography, Palaeoclimatology, Palaeoecology*, 283: 160–71 等。至於白堊紀晚期的羅馬尼亞實況，請參見第七

章引用的多篇論文。此外，羅伯特・甘德洛、Felipe Simbras和我在二〇一七年共同發表論文（*Annals of the Brazilian Academy of Sciences* 2017, 89: 1465–85）描述白堊紀末的巴西恐龍概況。

「為何其他動物大多存活，僅非鳥類恐龍全數滅絕」這個疑問，到目前為止始終是熱門辯論題目。依我之見，以下幾篇論文頗具洞見，包括：Peter Sheehan比較以植物和腐屑（detritus）為基礎的兩種食物網、以及比較陸地和淡水環境的多篇論文（譬如*Geology*, 1986, 14: 868–70及*Geology*, 1992, 20: 556–60），還有Derek Larson、Caleb Brown及David Evans的食種子動物研究（*Current Biology*, 2016, 26: 1325–33），葛瑞格・艾立克森團隊的孵育研究（*Proceedings of the National Academy of Sciences USA*, 2017, 114: 540–45），Greg Wilson與指導教授Bill Clemens探討哺乳類生存與其小體型、廣食性（generalist diets）之重要性相關研究（譬如*Journal of Mammalian Evolution*, 2005, 12: 53–76與*Paleobiology*, 2013, 39: 429–69）等等。另外，Norman MacLeod團隊針對白堊紀末消失與續存的動物、以及可能的致死機制，寫過一篇很棒的文獻回顧（*Journal of the Geological Society of London*, 1997, 154: 265–92）。

我很喜歡恐龍是「拿到鬼牌的倒楣鬼」這個比喻。雖然我很想說那是我自己想出來的，不過就我所知，第一個採用這種說法的是葛瑞格・艾立克森，而那句話出現在Carolyn Gramling寫他研究恐龍孵育行為的新聞報導裡〈Dinosaur

Babies Took a Long Time to Break Out of Their Shells〉（*Science online*, News, Jan. 2, 2017）。

　　在此必須鄭重說明的是：恐龍滅絕大概是恐龍研究史上爭議最大的題目，至少就相關假說、研究報告、辯論攻防的數目來看，確實如此。我在這一章描述的場景——也就是小行星撞擊引發滅絕、以及滅絕是在轉瞬間突然啟動——乃是根據我大量且深入閱讀相關資料，以及我自己針對白堊紀末恐龍所做的研究，特別是我們在《*Biological Reviews*》勾勒的那篇大規模共識所寫出來的。我堅定認為，這個場景是最符合現有證據的狀態描述——包括地質紀錄（地球確實發生過毀天滅地的災難事件）與化石紀錄（顯示恐龍直到撞擊發生前的多樣性與變異度仍相當豐富）。

　　當然，也有人對此抱持不同觀點。雖然本章的重點不在頗析恐龍滅絕的各種理論（如此大概會寫成一本書吧），不過還是有些與我的主張相左或對立的意見，值得提出來供各位參考。過去數十年來，David Archibald 與 William Clemens 主張恐龍滅絕是漸進式的，肇因於全球氣溫以及／或海平面變化；Gerta Keller 等人則認為，德干火山爆發才是恐龍滅絕的罪魁禍首。近來，我的朋友 Manabu Sakamoto 採用複雜的統計方法、發表了相當反傳統的見解，認為恐龍當時已經處於長期的衰退趨勢，種類越來越少。請各位讀者盡可能多多鑽研相關資料，自行判定現有證據比較支持哪一方。除上述之外，其實還有許多異議或批評，不過我想說的就這麼多了。

終曲 恐龍之後

我曾經在投稿《*Scientific American*》描述哺乳類崛起的文章裡（*Scientific American*, June 2016, 313: 28–35），約略提過新墨西哥州的事。那篇文章的共同作者是羅哲西。羅哲西是全球首屈一指的哺乳類早期演化專家，最重要的是，他還是個非常慷慨可愛的傢伙。羅哲西和 Walter Alvarez 一樣，也曾是遭受我青少年時期那些恬不知恥的要求的受害者。一九九九年春天，我剛滿十五歲，我們全家去匹茲堡附近過復活節假期。我想去卡內基自然史博物館（Carnegie Museum of Natural History），但我不甘於只看特展，我超想來一場「不公開」的內部導覽。當時我已經讀過好幾篇羅哲西的早期哺乳類重大發現的新聞報導，也在博物館網站上找到他的詳細聯絡資訊，於是我就直接打給他啦——整整一個小時，羅哲西領著我和我家人參觀一間又一間館藏庫房；而且後來每一次見到他的時候，他總會問候我爸媽和兩位兄長。

我親愛的朋友兼同事兼職場導師湯姆・威廉遜已經把研究新墨西哥州的古新世（Paelocene）哺乳類——更籠統地說是胎盤哺乳類的早期演化——當成職志兼興趣了。他的代表作（源自他的博士研究）是一九九六年的一篇專題論文，探討新墨西哥州古新世哺乳類的解剖構造、年齡和演化（*Bulletin of the New Mexico Museum of Natural History and Science*, 8: 1–141）。湯姆多年來數次領我深入哺乳類古生物學的幽冥暗處，自二〇一一年開始攜手進行野地考察，共同發表好幾篇論

文，其中包括原始有袋類動物的系譜研究（Williamson et al., *Journal of Systematic Palaeontology*, 2012, 10: 625–51）描述一種體型似海狸、在恐龍滅絕後數萬年出現的植食哺乳類新種「*Kimbetopsalis*」（我們隨口稱之為「原始海狸」）（Williamson et al., *Zoo logical Journal of the Linnean Society*, 2016, 177: 183–208）。目前，湯姆和我共同指導一位博士班學生Sarah Shelley，她的研究方向是白堊紀—古近紀滅絕事件與其後的哺乳類崛起。我們十分看好她。

MX0013

恐龍一億五千萬年：

看古生物學家抽絲剝繭，用化石告訴你恐龍如何稱霸地球

The Rise and Fall of the Dinosaurs: A New History of a Lost World

作　　　者❖史提夫・布魯薩特（Steve Brusatte）
譯　　　者❖黎湛平
封 面 設 計❖廖勁智
內 頁 排 版❖張彩梅
總　 編　 輯❖郭寶秀
責 任 編 輯❖力宏勳
特 約 編 輯❖林怡君
行 銷 業 務❖許芷瑀

發　 行　 人❖涂玉雲
出　　　版❖馬可孛羅文化
　　　　　　10483台北市中山區民生東路二段141號5樓
　　　　　　電話：(886)2-25007696
發　　　行❖英屬蓋曼群島商家庭傳媒股份有限公司城邦分公司
　　　　　　10483台北市中山區民生東路二段141號11樓
　　　　　　客服服務專線：(886)2-25007718；25007719
　　　　　　24小時傳真專線：(886)2-25001990；25001991
　　　　　　服務時間：週一至週五9:00～12:00；13:00～17:00
　　　　　　劃撥帳號：19863813　戶名：書虫股份有限公司
　　　　　　讀者服務信箱：service@readingclub.com.tw
香港發行所❖城邦（香港）出版集團有限公司
　　　　　　香港灣仔駱克道193號東超商業中心1樓
　　　　　　電話：(852)25086231　傳真：(852)25789337
　　　　　　E-mail：hkcite@biznetvigator.com
馬新發行所❖城邦（馬新）出版集團【Cite (M) Sdn. Bhd.(458372U)】
　　　　　　41, Jalan Radin Anum, Bandar Baru Seri Petaling,
　　　　　　57000 Kuala Lumpur, Malaysia
　　　　　　電話：(603)90578822　傳真：(603)90576622
　　　　　　E-mail：services@cite.com.my
輸 出 印 刷❖中原造像股份有限公司
初 版 一 刷❖2021年8月
定　　　價❖540元

ISBN 978-986-0767-17-9
ISBN 978-986-0767-16-2（EPUB）

城邦讀書花園
www.cite.com.tw

國家圖書館出版品預行編目（CIP）資料

恐龍一億五千萬年：看古生物學家抽絲剝
繭，用化石告訴你恐龍如何稱霸地球／史提
夫・布魯薩特（Steve Brusatte）著；黎湛平
譯 .-- 初版 .-- 臺北市：馬可孛羅文化出
版：英屬蓋曼群島商家庭傳媒股份有限公司
城邦分公司發行, 2021.08
　面；　公分
譯自：The rise and fall of the dinosaurs: a new
history of a lost world
ISBN　978-986-0767-17-9（平裝）

1.爬行類化石　2.動物演化　3.古生物學

359.574　　　　　　　　　　110010581

The Rise and Fall of the Dinosaurs: A New History of a Lost World
Copyright © 2018, Steve Brusatte
Chinese translation copyright © Marco Polo Press, a division of Cité
Publishing Group, 2021
Published by arrangement with Zachary Shuster Harmsworth LLC,
through The Grayhawk Agency.